Friedrich Ratzel

Deutschland

Einführung in die Heimatkunde

Verlag
der
Wissenschaften

Friedrich Ratzel

Deutschland

Einführung in die Heimatkunde

ISBN/EAN: 9783957006158

Auflage: 1

Erscheinungsjahr: 2015

Erscheinungsort: Norderstedt, Deutschland

© Verlag der Wissenschaften in Vero Verlag GmbH & Co. KG. Alle Rechte beim Verlag und bei den jeweiligen Lizenzgebern.

Webseite: http://www.vdw-verlag.de

Cover: Foto ©Jörg Kleinschmidt / pixelio.de

Deutschland

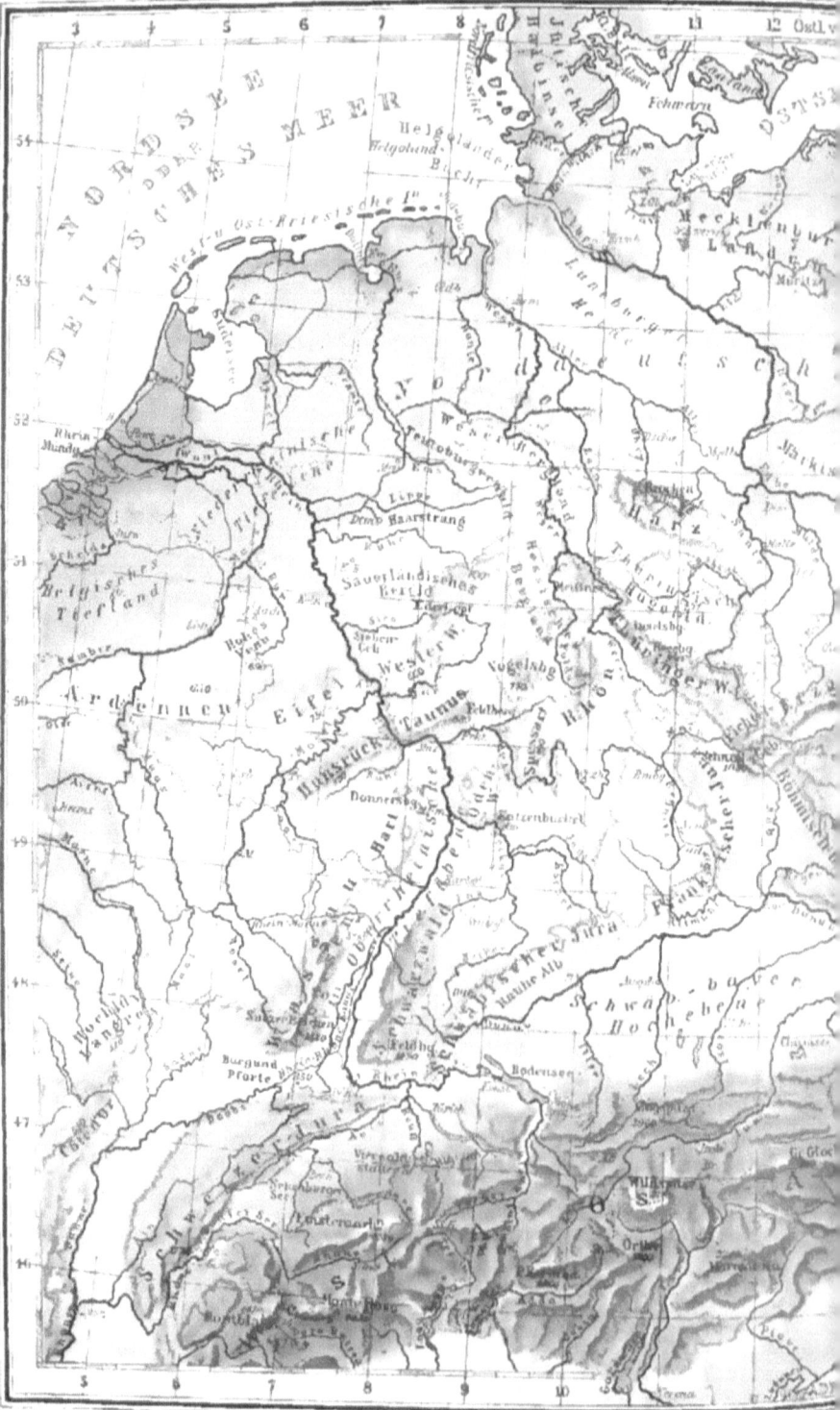

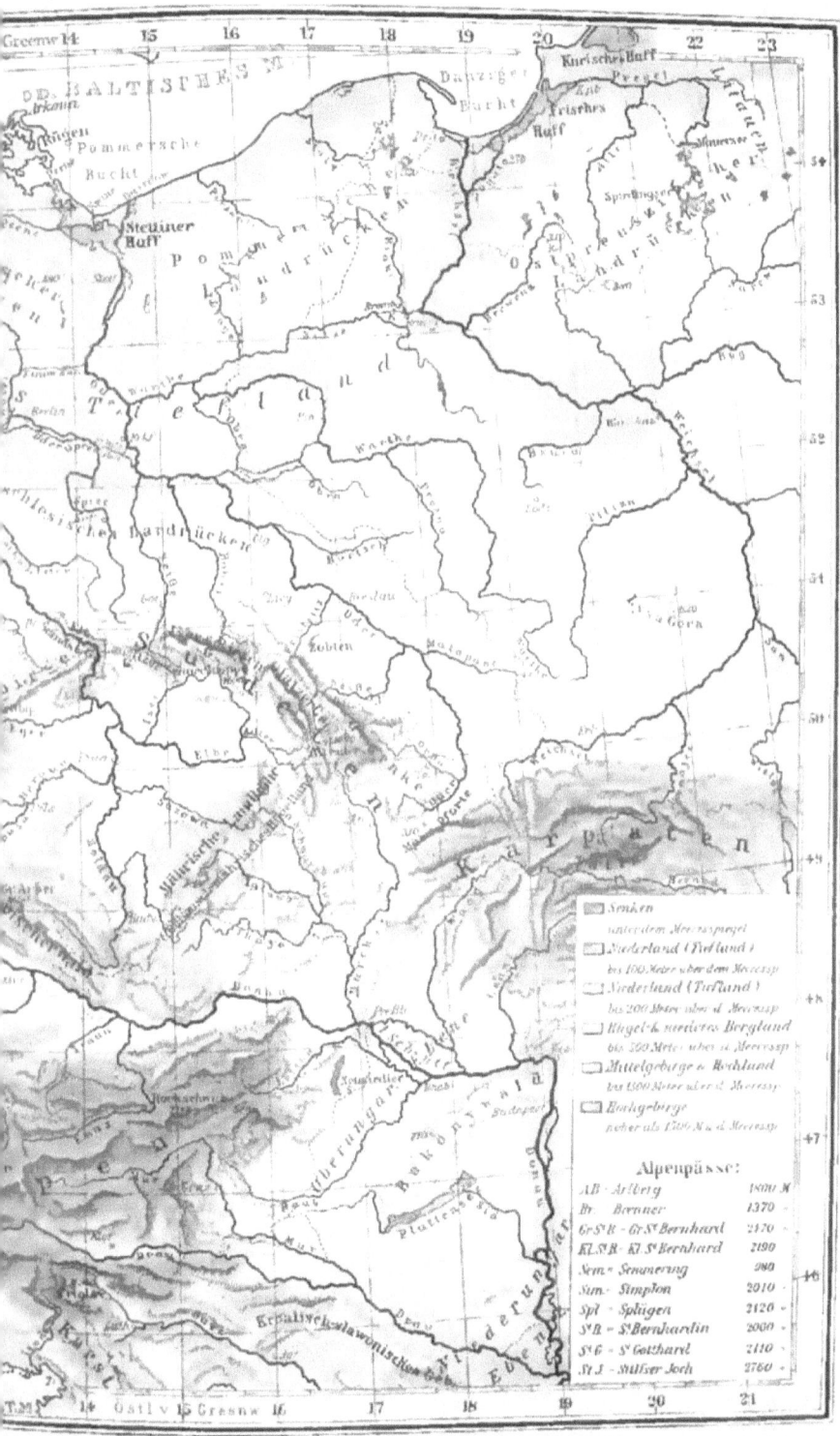

Deutschland

Einführung in die Heimatkunde

von

Friedrich Ratzel

Mit vier Landschaftsbildern und zwei Karten

Fünfte Auflage

Mit einem Begleitwort von
Erich von Drygalski

Berlin und Leipzig 1921
Vereinigung wissenschaftlicher Verleger
Walter de Gruyter & Co.
vormals G. J. Göschen'sche Verlagshandlung — J. Guttentag, Verlagsbuchhandlung
Georg Reimer — Karl J. Trübner — Veit & Comp.

Vorwort zur 3. Auflage.

In einer Zeit, wo es für viele Deutsche kein fremdes Land mehr in Europa gibt, und wo manche von unsern Landsleuten in außereuropäischen Ländern bewanderter sind als in der Heimat, muß man die Kenntnis des Vaterlandes vertiefen. Das Wissen von aneinandergereihten Tatsachen tut es nicht. Eine Vertrautheit wie die des Kindes mit seinem Vaterhause muß das Ziel der Heimatkunde sein. Vor allem soll der Deutsche wissen, was er an seinem Lande hat. Der vorliegende Versuch ist der Überzeugung entsprungen, daß man diesen Zweck nur erreichen kann, wenn man zeigt, wie der Boden und das Volk zusammengehören. Möge dieses Büchlein belebend auf den Unterricht in der Vaterlandskunde einwirken und die Lust wecken, sich von der Heimat eine Kenntnis und Anschauung zu erwandern, an der nicht bloß der Verstand beteiligt ist.

Der Verfasser.

Begleitwort.

Friedrich Ratzels „Deutschland" hatte vor dem Kriege mit der dritten Auflage das zwanzigste Tausend erreicht. Es hatte sein Ziel erfüllt, die Kenntnis des Vaterlands zu vertiefen und die Liebe zur Heimat zu mehren, in einer Zeit, als es für viele Deutsche kein fremdes Land in Europa mehr gab und die Wertung des Auslands stieg. Deshalb zeichnete uns Ratzel damals mit leuchtenden Farben die deutschen Lande und Meere, unsere Seen und Flüsse, unsere Pflanzen und Tierwelt, das Volk, den Staat und unsere Kultur. Und nicht ein einziger Wesenszug, den er geschildert, stand dabei allein, sondern jeder mit der unerschöpflichen Fülle der anderen durch Meisterhand zu einem Bilde verwoben, in dem der Deutsche die Heimat, sich selbst und die innersten Gründe des eigenen Wesens und Wirkens zu schauen sich freute.

Wieder gehen jetzt zahllose Deutsche in die Fremde hinaus und wiederum droht die Gefahr, daß sie dort den Blick auf die alte Heimat verlieren; sie droht viel härter, als es früher der Fall war, und vor allem nun auch in der ganz veränderten Heimat selbst. Darum mag man sich jetzt von neuem an Ratzels schönem Bilde erheben und zum Vaterlande zurückleiten lassen durch tausend feste Fäden, die er dazu wob. Das sei das Ziel dieser vierten Auflage, die somit ganz unverändert erscheint. Sie zeigt unser Land, wie es war und wie es sein kann und wie es ein großer Deutscher mit seiner tiefen Liebe zu ihm geschaut. Nicht auf den jetzigen Wirrwarr sollen wir blicken, den die Umarbeitung des Buches aus heutigen Quellen nur darstellen könnte, sondern auf die stolzen Höhen, zu denen die Heimat sich in dem einigen Reich vor Beginn des Weltkriegs und auch in demselben zu erheben vermocht hat.

München, im Januar 1920.

Erich von Drygalski.

Inhalt

Seite

Lage — Raum . . . . 1—14

1. Deutschlands Weltlage S. 3. — 2. Deutschland und Mitteleuropa S. 5. — 3. Deutschlands Nachbarn S. 6. — 4. Die überseeischen Nachbarn S. 9. — 5. Die zentrale Lage S. 12. — 6. Raumgröße S. 13.

Der deutsche Boden . . . . 15—84

7. Der Aufbau und die Geschichte des deutschen Bodens S. 17. — 8. Die Bodenschätze S. 23. — 9. Mittlere Höhe des deutschen Bodens, Hochland und Tiefland S. 26. — 10. Die drei Abdachungen S. 28. — 11. Das Mittelgebirgsland S. 29. — Senken des Mittelgebirges S. 31. Die Gruppen und Richtungen der deutschen Mittelgebirge S. 32. Rheinische Gebirgsgruppe S. 33. Gruppe der Fulda- und Wesergebirge S. 38. Gruppe der Elb- und Odergebirge S. 40. Die herzynische Gruppe S. 45. Die Mittelgebirgslandschaft S. 48. — 12. Die Alpen S. 51. — 13. Das norddeutsche Tiefland S. 53. Die Felsengrundlage S. 55. Die Schuttdecke S. 56. Die Landhöhen S. 58. Der Baltische Höhenrücken S. 61. Die großen Täler S. 64. Die Tieflandbuchten S. 65. — 14. Der Wasserreichtum und die Quellen S. 67. — 15. Die Seen S. 69. — 16. Ströme und Flüsse. Kanäle S. 73.

Das Meer und die Küsten . . . . 85—110

17. Die deutschen Meere S. 87. — 18. Die Lage der deutschen Küsten S. 89. Die Helgoländer Bucht und die Neustädter Bucht S. 89. Die Nordseeküste S. 90. Geest, Marsch und Watten S. 91. Die Ostseeküste S. 92. Die Dünen S. 94. Die Küstenlänge S. 97. Die Zerstörung der Küste und der Kampf um die Küste S. 97. — 19. Die Inseln vor den deutschen Küsten S. 102. Die Nordseeinseln

S. 103. Die Ostseeinseln S. 106. — 20. Die Landschaften der Nord- und Ostsee S. 106. — 21. Deutschlands Seegeltung S. 108.

Klima. Pflanzen- und Tierwelt. Bodenkultur . . . . 111—135
22. Klima S. 113. — 23. Die Pflanzen- und Tierwelt S. 119. — 24. Die Landwirtschaft S. 131.

Volk und Staat . . . . 137—215
25. Einige Betrachtungen über den Einfluß des deutschen Bodens auf die deutsche Geschichte S. 139. — 26. Volkszahl, Volksdichte und Wachstum S. 155. — 27. Die Städte, Dörfer und Höfe S. 159. — 28. Die deutsche Kulturlandschaft S. 165. — 29. Die Herkunft der Deutschen S. 177. Die Stämme S. 181. — 30. Nichtdeutsche in deutschen, Deutsche in fremden Ländern S. 185. Die Nachbarvölker S. 187. Fremdsprachige Bürger des Reiches S. 190. — 31. Das Reich und die Bundesstaaten S. 193. Volksgebiet und Staatsgebiet S. 194. Die Staatsgrenzen S. 195. Die Verbreitung der Deutschen und die Ausbreitung des Reiches S. 197. Einige politische Charakterzüge der Deutschen S. 201. Die geistigen Kräfte S. 207. Die Wehrkraft S. 210. Die wirtschaftlichen Kräfte 212.

Landschaftsbilder

1. Das Fichtelgebirge. Im Vordergrunde ein Stück Felsenmeer der Kösseine S. 32.
2. Der Gebaberg in der Rhön S. 38.
3. Die Zugspitz im Wettersteingebirge von der blauen Gumpe im Reintal gesehen S. 50.
4. Holsteinischer Buchenwald auf blockbestreutem altem Gletscherboden S. 60.

Lage — Raum

1
Deutſchlands Weltlage

Wenn ich ſage: Europa liegt zwiſchen den nördlichen Breite=
graden 72 und 35, Deutſchland aber zwiſchen 55 und 48,
ſo weiß ich, daß mein Land auf der Nordhalbkugel liegt;
ich weiß zugleich, daß es, als ein europäiſches Land, der öſtlichen
Halbkugel angehört, daß es geſchichtlich zur Alten Welt gehört.
Ich ſehe ferner, daß, wenn es auch in der gemäßigten Zone liegt,
ſeine Entfernung vom Wendekreis doch viel größer iſt als vom
Polarkreis, daß es, mit andern Worten, ein Land des kalten
gemäßigten Klimas iſt.

Europa iſt aber auch ein völkerreicher Erdteil. Wie liegt
nun Deutſchland zu den großen Völkergebieten? In Europa liegt
nördlich vom 50. Breitegrad eine Gruppe von Ländern mit vor=
wiegend germaniſcher Bevölkerung: Großbritannien, die ſkandi=
naviſchen Königreiche, die Niederlande; der weitaus größte Teil
von Deutſchland gehört zu dieſer Gruppe nördlicher germaniſcher
Staaten. Wie feindlich ſich auch Nord= und Südgermanen, Oſt=
und Weſtdeutſche manchmal gegenüber geſtanden ſein mögen,
immer bilden ſie eine Familie; und ſo wie ihre Völker ſtamm=
verwandt ſind, können wir ihre Staaten als lageverwandt be=
zeichnen. Es iſt ſehr wichtig, daß ebenſo die Romanen und die
romaniſchen Staaten in Europa eine ſüdliche Gruppe bilden, in
der Portugal, Spanien, Italien, der weitaus größte Teil von
Frankreich und Rumänien ſüdlich vom 50. Grad nördlicher Breite
liegen. Nur das halbgermaniſche Belgien liegt nördlich davon.
Und endlich iſt es eine ebenſo wichtige Tatſache, die in der Zu=
kunft noch wichtiger werden wird, daß die Maſſe der Slawen
in Europa öſtlich vom 17. Grad öſtlicher Länge wohnt; von
dieſer Maſſe ragen nur die Tſchechen in Böhmen wie ein Keil

nach Mitteleuropa herein. Die Deutschen sind also in der Hauptsache ein Volk des nördlichen und westlichen Mitteleuropas. Durch die deutsche Geschichte ist oft der Zug zur Losreißung von diesem Grunde und zur Verpflanzung in ein andres Land gegangen; aber alle die nach West- und Südeuropa ausgesandten Eroberungs- und Kolonisationsscharen sind gestorben und verdorben. Und so liegen denn auch heute die Sitze der Deutschen nicht gar viel anders als zu der Zeit, wo Tacitus ihnen Weichsel und Rhein zu Grenzen gab, und wo sie für den späteren Römer zwischen Alpen und Nordsee saßen. Es liegt etwas Großes, Beherzigenswertes in dieser Beständigkeit, die nach allen Ausbreitungen in die alte Schwerpunktslage zurückkehrt. Es ist auch eine tröstliche Lehre, die Deutsche nicht vergessen sollten, daß das Leben ihres Volkes immer am gesundesten war, wenn es fest dieses sein altes Gebiet zusammenfaßte. Wenn Italien, Spanien, Frankreich, als von der Natur selbst umgrenzte Länder, sich seit vielen Jahrhunderten wesentlich in derselben Lage und Größe erhalten haben, so liegt darin kein Verdienst; daß aber die Deutschen ihren alten Boden behauptet und immer wiedererworben haben, ist ein Werk der Kraft und Ausdauer, auf das sie stolz sein können.

Mit seiner nördlichen Lage erwirbt Deutschland den Vorzug, dem Ausstrahlungsgebiet der stärksten, über die ganze Erde wirksamsten geschichtlichen Kräfte anzugehören, wo die mächtigsten Staaten, die tätigsten und reichsten Völker wohnen, wo darum auch die meisten Fäden des Weltverkehrs zusammenlaufen und die Gewinne des Welthandels sich ansammeln.

Mit seiner Zugehörigkeit zur Alten Welt steht Deutschland in der Reihe der Länder, die als alte den jungen Gebilden des Westerdteils gegenüberstehen. Es trägt daher im Vergleich zu diesen die Merkmale der Reife, aber auch die Zeichen des Alters. Es ist ein Land der alten Geschichte, der geschichtlichen Landschaften, des dicht besetzten Bodens, zahlreicher Städte, der starken, ununterbrochenen, längst zur Notwendigkeit gewordnen Auswanderung. Unzählige Erinnerungen umweben seine Züge, in denen fast nichts Unorganisches mehr ist; jeder Berg, jeder Fels spricht zu uns und hat aus vergangnen Zeiten zu erzählen.

Deutschland hat mit den andern Ländern ähnlicher Lage und Geschichte in West- und Mitteleuropa gemein, daß man seine Bedeutung weniger in der Weite seines Raumes als in der Zahl, Tätigkeit und Bildung seiner Bevölkerung suchen muß. Dabei ist es sehr wichtig, daß die natürliche Gliederung dieses Teils von Europa die Bildung mehrerer Staaten begünstigte, die in dem Wettstreit um Macht zu ähnlicher Größe herangewachsen sind. Dadurch entstand das, was die Politiker das europäische Gleichgewicht nennen. Wichtiger scheint uns, daß die Ähnlichkeit der Machtstellung die Völker, in deren Mitte Deutschland liegt, ebenso wie die Deutschen selbst, zwingt, danach zu streben, daß ihre Kräfte nicht erlahmen, und besonders daß die von der Überlegenheit ihrer Kultur genährten Quellen ihrer Macht nicht versiegen.

2
Deutschland und Mitteleuropa

Zwischen den Alpen und der Nord- und der Ostsee, zwischen dem Atlantischen Ozean und dem Schwarzen Meer liegt ein Teil Europas, dem Alpen, Karpaten und Balkan, weite Tiefländer, Flüsse wie Rhein und Donau eine Ähnlichkeit der großen Formen des Bodens verleihen, ein Land, dessen Klima übereinstimmend geartet ist, und dessen Pflanzenwuchs fast von dem einen bis zum andern Ende denselben Teppich von Wäldern, Wiesen, Heiden, Mooren und Matten ausbreitet. Das ist Mitteleuropa im weitesten Sinne. Gehn wir von hier nach Süden, so kommen wir in Länder der mittelmeerischen Region, die in jeder Hinsicht anders geartet sind. Im Norden und Westen haben wir das Meer zur Grenze. Nur im Osten ist der Gegensatz zum östlichen Europa nicht so scharf ausgeprägt, und gerade darin haben wir sofort eine der wichtigsten Eigenschaften Mitteleuropas: weniger scharf im Osten als auf allen andern Seiten begrenzt zu sein. Da nun Deutschland der Osthälfte dieses Mitteleuropas angehört, ist gerade diese Eigenschaft für unser Land von der größten Bedeutung; es liegen darin die deutsch-russischen Beziehungen mit ihren weiten Aussichten und dahinter noch größer die künftigen mitteleuropäisch-asiatischen.

In diesem Mitteleuropa liegen alle Nachbarn Deutschlands außer Rußland; also Frankreich, die Schweiz, Belgien, Holland, Luxemburg, Dänemark, Österreich-Ungarn. Was von der Balkanhalbinsel nach der Donau zu liegt: Bosnien, Serbien, Nordbulgarien, Rumänien, wird durch diesen mächtigen Strom mit herangezogen. Läßt man aber die mitteleuropäischen Grenzgebiete: das westliche und das südliche Frankreich, die südliche Schweiz, die dänischen Inseln, Ungarn und die Balkanländer beiseite, dann erhält man ein engeres, vorwiegend von germanischen Völkern bewohntes Mitteleuropa, wo um Deutschlands Südost-, Süd- und Westseite wie ein breiter Grenzsaum, die Niederlande, Belgien, Luxemburg, die Schweiz und Österreich ohne Galizien und Dalmatien liegen. Eine engere, nicht bloß geographische Gemeinschaft verbindet hier natürlich, ethnisch, geschichtlich und wirtschaftlich näher verwandte Glieder zu einem Lande von drei Fünfteln des Areals des Deutschen Reichs. Von den 56 Millionen Bewohnern dieser Nachbarländer gehören rund 20 dem deutschen Sprachgebiet an. Das kann man das Europa der Südgermanen oder Deutschland und seine Nachbarländer nennen.

3
Deutschlands Nachbarn

Deutschland ist umgeben von drei Großstaaten: Rußland, Österreich-Ungarn, Frankreich, von drei kleineren Königreichen: Holland, Belgien und Dänemark, und von der Schweiz und Luxemburg. In Freud und Leid hat es die Folgen davon zu empfinden gehabt, daß es so das nachbarreichste Land Europas ist. Wenn sich die Nachbarn befehdeten, fochten sie ihre Streitigkeiten am bequemsten auf dem Boden aus, der sie trennte; vertrugen sie sich dann wieder, so lag es nahe, daß sie einander Zugeständnisse auf Kosten dieses Bodens machten, den sie fast schon wie ein gemeinsames „Niemandsland" ansahen. Im weiten Umkreis Europas gibt es kein Volk, von den Spaniern bis zu den Mongolen und von den Finnen bis zu den Mauren, das sich nicht auf deutschem Boden geschlagen hätte. Und wie zahlreich sind allein seit dem Westfälischen die Friedensschlüsse, aus denen unser Boden verkleinert hervorging. Das Wort Völkerschlacht ist bezeichnenderweise ein eigentümlich deutsches; leider gilt es nicht bloß von dem viertägigen Ringen bei Leipzig. Denn wie viele Schlachten sind seit den Hunnen- und Ungarneinfällen auf deutschem Boden mit und von nichtdeutschen Völkern geschlagen worden!

Die Natur und die Geschichte geben den Beziehungen Deutschlands zu jedem einzelnen Nachbar besondre Merkmale und Folgen, die man am besten versteht, wenn man das Beisammenliegen Deutschlands und seiner Nachbarländer in Mitteleuropa, dem engern wie dem weitern, betrachtet. Sehen wir zunächst Rußland. Das ist der größte und nach Natur, Geschichte und Zukunft fremdeste Nachbar, den Deutschland hat, denn an der deutsch-russischen Grenze grenzen Mittel- und Osteuropa aneinander. Osteuropa ist aber nicht von Asien zu trennen. So spinnen sich durch Rußland die einzigen Fäden unmittelbaren Zusammenhangs von Europa zu seinem großen Nachbarkontinent. Die selbständige Entwicklung Rußlands hat von Mitteleuropa asiatische Einflüsse abgehalten, und in dieser Beziehung stimmt die geschichtliche Stellung Rußlands mit der Österreichs und Ungarns überein. Aber zugleich ist damit auch das Wachstum Deutschlands nach der einzigen Seite gehemmt worden, wo Europa an Weite und Breite, kurz an Wachstumsmöglichkeiten gewinnt. Rußlands neueste, auf den Ausbau seiner innern und besonders der europäisch-asiatischen Verbindungen gerichtete Phase birgt für Deutschland die Hoffnung auf eine Aufschließung seiner bisher fast verschlossen gelegnen Ostseite nach Asien hin, zugleich aber die Gefahr eines neuen, nachhaltigern Druckes lang aufgesammelter europäisch-asiatischer Massen auf dieselbe Ostseite. Österreich-Ungarns Lage zu Deutschland ist in manchen Beziehungen der Rußlands ähnlich. Österreich-Ungarn trennt Deutschland vom Orient; während es früher Vormauer war, ist es in der Entwicklung zum Durchgangslande schon viel weiter fortgeschritten als Rußland. Aber so wie die Donau Deutschland und Österreich verbindet, sind sie auch in andrer Beziehung aufeinander hingewiesen. Beide liegen in Mitteleuropa, wo ihre heutige Lage die Folge eines bis in die Neuzeit fortgesetzten Ostwachstums deutscher Völker in slawische Gebiete ist. Sie sind im alten und im neuen römischen Reiche beisammen gewesen. Darum ist auch in dem Allianzvertrage von 1879 das feste Zusammenhalten beider Reiche „ähnlich wie in dem frühern Bundesverhältnis" ausgesprochen worden. Während aber Rußland über Deutschland nach Norden hinausragt, bedeutet Österreichs Überragen in südlicher Richtung die Verbindung mit dem Mittelmeer. In dieser Beziehung gleicht die Nachbarschaft der Schweiz der Österreichs. Beide Länder haben bei ihrer Loslösung aus dem Deutschen Reiche die alte Verbindung Deutschlands mit dem Mittelmeer abgeschnitten, die einst eine Lebensverbindung war. Daher sind sie auch heute die wichtigsten Durchgangsländer für den deutsch-mittelmeerischen Verkehr. Außerdem aber umschließt die Schweiz noch Teile des alten Burgund, der natürlichsten Verbindung Mitteleuropas durch Rhone und Saone mit dem westlichen Mittelmeer, zugleich der einzigen außeralpinen. Der größere Teil Burgunds ist an Frankreich gefallen. Deutschland und Frankreich liegen nebeneinander wie zwei Blätter eines Fächers, dessen Stiel einst beider Alpenanteile und Burgund gebildet haben. Süddeutschland und Nordfrankreich entsprechen einander in der Zonenlage, daher auch im Klima. Norddeutschland hat nichts Ähnliches in Frankreich, Südfrankreich nichts in Deutschland; Frankreichs Eigentümlichstes liegt also im Süden, Deutschlands im Norden. Nordfrankreich wäre daher Norddeutschland näher gerückt durch das Meer und das gemeinsame Tiefland, wenn nicht Belgien dazwischen läge, dessen ausgezeichnete, tief in der Richtung auf Deutschland einschneidende Scheldebucht den nordwestlich gerichteten Verkehr Deutschlands mächtig anzieht. Die Linie Berlin—Paris schneidet Brüssel. Belgien, überwiegend germanisch, aber leider auch überwiegend französiert, wird dem deutschen Verkehrsorganismus als Weg zum Meere für dessen gewerbtätigste Provinzen immer enger angegliedert. Luxemburg ist durch die Eisenbahnen und industriell ein Teil dieses Organismus, was die Zugehörigkeit zum Zollverein verbrieft. Von Aachen bis zum Dollart legen sich die Niederlande vor Deutschland, das sie von den Maas- und von den Rheinmündungen trennen. Dadurch entsteht Deutschlands unorganischste, in jedem Sinne schlechteste Grenzstrecke. Belgien, Luxemburg, die Niederlande sind Stücke des alten Lothringen und des jüngern burgundischen Reichs, und deshalb sind sie Länder der deutsch-französischen Übergänge, Übergriffe, Kämpfe und Verdrängungen. In dieser Hinsicht haben sie viel Ähnliches mit Elsaß-Lothringen und der Schweiz. Daß die Schweiz, Belgien und Luxemburg neutrale Staaten sind, macht, daß sie, um mit Clausewitz zu reden, wie große Seen an unsrer Grenze liegen. Solange diese Neutralität aufrechterhalten wird, liegt darin eine Verbesserung unsrer Lage zu diesen Ländern, die unser Reich wie herabgefallne Trümmer einen alten Turm umlagern. Als letzten Nachbar müssen wir Dänemark nennen, das sich unmittelbar nur in einem schmalen Streifen der cimbrischen Halbinsel mit Deutschland berührt. Der Schwerpunkt Dänemarks liegt aber auf den Inseln, von denen Fünen in Sicht der schleswigisch-jütischen Grenze, Seeland vor dem Eingang in die Ostsee, Bornholm der Odermündung gegenüberliegt.

4

Die überseeischen Nachbarn

Auch die Länder, die jenseits der deutschen Meere liegen sind unsre Nachbarn; wie oft haben sie sich mit ihren Kriegs- und Kaperschiffen und Landungstruppen viel unbequemer gezeigt als die Landnachbarn, deren Kräfte von schwerfälligerer Bewegung sind. Man spricht gewöhnlich nicht von Nordseemächten, weil die Nordsee zu wenig geschlossen, mehr nur Durchgangsmeer ist. Aber Englands Beziehungen zu Deutschland suchen den Weg über die Nordsee. Die Nordsee kreuzten einst die Angeln und Sachsen, die nach England übersetzten, und die Hansekaufleute, die jahrhundertelang den englischen Handel beherrschten. Als England selbständiger geworden war, erschien ihm das durch die Nordsee von ihm getrennte Deutschland weit hinter dem näher gelegnen Frankreich und den einst seemächtigen Niederlanden. Schwer gewöhnte es sich seit 1870 an die Vorstellung eines zweiten mächtigen Nachbars. Seitdem ist aber Deutschland immer größer am Nordseehorizont emporgestiegen; es nimmt heute auch mehr als jedes andre europäische Land von der englischen Ausfuhr auf. Die Niederlande dagegen, an demselben Südufer der Nordsee gelegen, standen stets näher bei Deutschland; in friedlicher Wechselwirkung und in scharfem Wettbewerb knüpfte sich ein Band tieferer Gemeinschaft. Es liegt auch darin begründet, daß Deutschland von dem Augenblick an, wo es die in seiner Nordseelage gegebnen Machtmittel kräftiger nützt, in die Stelle einrückt, die der Niederlande Niedergang offen gelassen hat.

Immer bleibt die Nordsee für Deutschland der Weg zum Ozean, und insofern hat die Nordsee für Deutschland eine größere Bedeutung als für irgendeine andre Macht der Welt.

Die Ostseemächte sind eine viel geschlossenere Gesellschaft. Man hat die Ostsee mit dem Mittelmeer verglichen. Das ist zu viel; denn an die Ostsee grenzen nicht Kontinente, und durch die Ostsee führt keine Weltstraße wie die, die den Isthmus von Suez schneidet. Die Ostsee ist auch siebenmal kleiner als das Mittelmeer. Daher ist sie ein dänisches, ein hansisches, ein schwedisches Meer gewesen. Deutschland und Rußland sind heute durch die Ausdehnung der Küste und des Hinterlands und die Stärke ihrer Flotten die ausschlaggebenden Ostseemächte. Dänemark ist noch immer durch den Besitz der Straße nach der Nordsee wichtig. Aber der Kaiser Wilhelm-Kanal hat Deutschlands Stellung an der Nordsee mit seiner Ostseestellung in Verbindung gesetzt und macht es möglich, daß Deutschland nun ein weitaus größeres Gewicht in die Wagschale der Ostseeinteressen legen kann als irgendeine andre Macht. Längst sind die Zeiten vorbei, wo England oder die Niederlande im Seeverkehr der Ostsee die ersten waren. Schweden pflegt vom Norden her, wohin es durch die kräftige Entfaltung Preußens aus seinen Pommern und Mecklenburg beherrschenden Südstellungen zurückgedrängt worden ist, heute mit Deutschland einen weit lebhafteren Verkehr als mit allen andern Ostseeländern.

Nord- und Ostsee sind Ausläufer des Ozeans. Deutschland ist also auch eine atlantische Macht. Aber da es nicht an den offnen Ozean grenzt, führen die Wege seiner Häfen zum Ozean alle an den Küsten der Niederlande, Belgiens, Frankreichs, Englands oder Schottlands und Norwegens vorbei. Unsre Bremer und Hamburger Ozeandampfer haben bei der Fahrt aus der Elbe und aus der Weser nach den atlantischen Häfen Nordamerikas ein volles Zehntel ihres Wegs in der Nordsee und im Kanal zurückzulegen. Das bedeutet bei der Natur dieser Meeresteile nicht bloß Zeitverlust, sondern auch vermehrte Gefahr.

Diese Lage hinter den eigentlichen atlantischen Mächten ist in der Natur gegeben; dagegen wurzelt in der traurigen Geschichte Norddeutschlands seit dem Niedergang der Hanse die Zurückdrängung Deutschlands nach dem Festlande. Weder in der Nordsee noch in der Ostsee hat Deutschland vorgeschobne Besitzungen. Die Zeiten sind lange vorbei, wo die Hanse auf Bornholm und Gotland saß. Darum haben wir in der Erwerbung Helgolands eine große Tat gesehen; denn es war der erste Schritt aus dieser Zurückdrängung heraus. Vergessen wir nicht der Zeiten, wo Dänen, Engländer, Schweden und Polen die Inseln, Flußmündungen und Küstenstrecken der deutschen Meere uns entfremdet, das Reich verstümmelt hatten, wo die Nation verkümmerte.

5
Die zentrale Lage

Indem eine Nachbarschaft immer auch eine lebendige Beziehung ist, müssen alle Staaten, die Deutschland umgeben, auf Deutschland wirken, und Deutschland muß mit Gegenwirkungen antworten. Das ist das Leben, die Größe und die Gefahr eines zentralen Landes. Für Deutschland liegt in seiner mittlern nachbarreichen Lage ebensowohl Schwäche als Kraft. Deutschland besteht nur, wenn es stark ist; ein schwacher Staat würde dem konzentrischen Druck erliegen. Und Deutschland kann die Vorteile der zentralen Lage nur nützen, wenn es stark ist. Für einen Staat in Deutschlands Lage gibt es nur die Möglichkeit, sich zusammenzuraffen und durch unablässige Arbeit seine Stelle in der Welt zu behaupten, oder zerdrückt zu werden wie Polen, oder sich unter den Schutz der Neutralität zu stellen wie die Schweiz. Bismarck erwies sich als ein trefflicher politischer Geograph, als er 1888 im Reichstage sagte: „Gott hat uns in die Lage versetzt, in der wir durch unsre Nachbarn daran verhindert werden, irgendwie in Versumpfung oder Trägheit zu geraten. Die französisch-russische Pression, zwischen die wir genommen werden, zwingt uns zum Zusammenhalten und wird unsre Kohäsion auch durch Zusammendrücken erheblich steigern, so daß wir in dieselbe Lage der Unzerreißbarkeit kommen, die fast allen andern Nationen eigentümlich ist, und die uns bis jetzt noch fehlt."

Daß die zentrale Lage den Vorteil gibt, nach allen Seiten hin aus dem Mittelpunkt mit gleicher Kraft zu wirken, und daß sie zugleich alle diagonalen Verbindungen beherrscht, machte es fremden Mächten immer wünschenswert, sich auf deutschem Boden festzusetzen. Aber die Überzeugung von der Bedeutung dieser Lage hat dann auch immer wieder den Widerstand Europas gegen den Übergang Deutschlands an eine fremde Macht wachgerufen. Auch im geistigen Wechselverkehr der Völker ist Deutschland ein geistiger Markt, wo Nord und Süd, Ost und West ihre Ideen tauschen, wohin Anregungen zusammenfließen und von wo Impulse ausströmen. Es ist nicht bloß die nationale Eigenschaft der Empfänglichkeit, die Deutschland zum klassischen Lande der Übersetzungen gemacht hat. Ist doch auch der Gedanke der Weltliteratur und die Würdigung der Völkerstimmen von hier ausgegangen.

In der Lage Deutschlands ist das Bedürfnis der Verbündung mit Ländern begründet, die die friedliche Ausbreitung in eine geschütztere Stellung erlauben. Indem sich Deutschland mit Österreich und Italien verbündete, hat es sich aus seiner karreeartigen Stellung, die man ebensogut Zusammenfassung wie Zusammendrängung nennen kann, zur Stellung in der beherrschenden Mitte eines breiten Aufmarsches zwischen der Nordsee und Sizilien entwickelt. Dadurch hat es im Süden die Anlehnung ans Mittelmeer und im Westen und Osten die Verlängerung und Deckung seiner eignen Front gegen Frankreich und Rußland gewonnen.

6
Raumgröße

Deutschland hat eine Landoberfläche von 540 777 Quadratkilometern. Dazu kommen die Küstengewässer an der Nord- und der Ostsee und der deutsche Anteil am Bodensee von 309 Quadratkilometern. Diese Größe ist gering, wenn man sie an den Größen der eigentlichen Weltmächte mißt, von denen das Britische Reich 54mal, das Russische Reich 41mal, die Vereinigten Staaten von Amerika 18mal so groß sind. Das europäische Rußland ist selbst ohne Polen und Finnland noch 9mal so groß wie Deutschland. Aber man muß diese Größen auf ihrer Umgebung und ihrem Werden heraus verstehn. Da sehen wir bald, daß Deutschlands Größe eine echt europäische ist. Deutschland bildet mit Schweden-Norwegen, Österreich-Ungarn, Frankreich, Spanien, England und Italien eine Gruppe, wo die Flächenräume sich von 772 000 bis 296 000 Quadratkilometern abstufen; und es nimmt darin die dritte Stelle ein. In Europa, das 7,4 Prozent der ganzen Landmasse der Erde bedeckt, kann ein Land wie das Deutsche Reich, mit 5 Prozent des Raumes von Europa, noch ein hervorragende Rolle spielen. Zumal da es für seine räumliche Enge den Vorteil eintauschte, frei zu sei von dem Ballast wenig bewohnter oder unbewohnbarer Länder und nicht, wie England, empfindlich berührt zu werden von jeder Machtverschiebung in jedem Teil der Erde. Dem Grundgedanken eines vor allem die eignen Kräfte zusammenhaltenden vorsichtigen Wachstums entspricht es auch, wenn Deutschlands spät und zögernd erworbner Kolonialbesitz, jetzt fast 5 mal so groß wie die Fläche des Mutterlandes, noch mäßig ist im Vergleich zu dem Englands, der 90 mal so groß ist wie England, und dem Frankreichs, der mehr als 11 mal so groß ist wie Frankreich.

Der deutsche Boden

7

Der Aufbau und die Geschichte des deutschen Bodens

Deutschland liegt als ein vielgestaltiges Land vor dem einheitlichen Bau der Alpen. Vielgestaltig ist der deutsche Boden, weil er eine wechselreiche Geschichte hat. Ein uraltes Gebirge, das ihn einst überragte, ist abgetragen, ein jüngeres, das im Vergleich mit den Alpen alt ist, blieb erhalten; von jenem sieht man im norddeutschen Tieflande kaum die Grundlinien, von diesem stehn in Mitteldeutschland noch die verwitterten Grundbauten. An manchen Stellen sind Stücke des Erdbodens versunken, deren Lücken durch angeschwemmte Ebenen ausgefüllt sind, an andern sind aus einer von den zahllosen Spalten, die diesen Boden verwerfen und zerklüften, Vulkane emporgestiegen oder haben sich vulkanische Gesteine breit ergossen. Besonders häufig sind Senkungen, die stufenweis abfallen, wo jüngere Gesteine sich über ältern zu Riesentreppen aufbauen, wie am Fuße des Schwarzwalds, der Vogesen, des Bayrischen Waldes. Große Teile des Mosel-, Neckar- und Donaugebiets sind so gebaut. Oder zwischen Senkungen sind mächtige Blöcke als Horste stehn geblieben. Endlich sind jüngere und jüngste Niederschläge zwischen dem alten Felsgerippe liegen geblieben, zum Teil es verhüllend, so wie sich der Schlamm einer Überschwemmung zwischen die Säulenstümpfe eines alten Tempels legt. Darin beruhen die größten Unterschiede der Landschaft zwischen Tiefland und Hochgebirge: In den deutschen Mittelgebirgen ragt nur noch das widerstandsfähigste Gestein hervor, während alles zersetzlichere in die Tiefen gegangen ist. In ihren Zwischenräumen kommen dagegen die jüngern zwischen die alten hineingelagerten

Formationen noch in der ganzen Eigentümlichkeit ihrer Lagerungsweise und Stoffzusammensetzung zur Geltung. Sie bilden hier Platten und dort Hügelländer, aber immer auf einer massigen geschichteten Unterlage, nicht selten in verschiedenfarbigen Schichten so deutlich Quader auf Quader übereinanderbauend, daß der Vergleich mit dem Werke eines mit Riesenkräften schaffenden Architekten naheliegt, wobei es denn, wie in den in den Jura geschnittnen Donau- und Altmühltälern, auch nicht an kleine n und selbst zierlichen Werken der Gebirgsarchitektur, an Pfeilern und Gesimsen fehlt, oder an Felsenfenstern und schmalen Seitentoren, die uns den Einblick in ein kleines Tal eröffnen, auf dessen grünem Grunde ein stilles Bächlein seine Bogenlinien beschreibt.

Die Bodengestalt Deutschlands hat keinen Mittelpunkt, kein Zentralgebiet. Zwischen Süden und Norden liegen die Streifen der Alpen, des Mittelgebirgs und des Tieflands hintereinander, in denen wieder untergeordnete Streifen oder Gürtel hervortreten, die besonders in dem anscheinend so einförmigen norddeutschen Tieflande deutlich ausgesprochen sind. Diese werden gekreuzt von Senkungen, in denen Ströme und Flüsse von Süden nach Norden fließen. So wenig wie ein Schachbrett ein Mittelgebiet hat, um das sich alles anordnet, und dem sich alles unterordnet, so wenig hat Deutschland ein solches aufzuweisen. Seine Eigentümlichkeit ist, ein vielgestaltiges Land zu sein. Nur ein großer Zug knüpft alles Land vom Alpenrande bis zum Meere zusammen; das ist, daß ganze Gebirge und einzelne Rücken, Falten, Brüche Spalten, Bergreihen, Täler, Flüsse zwei wiederkehrenden Richtungen folgen, die in vielen Fällen genau rechtwinklig aufeinander stehen.

In diesen Richtungen haben gebirgsbildende Kräfte gewirkt, von denen oft keine andre Spur mehr übrig ist als ein abgelenkter Flußlauf oder sogar nur ein mit Kalkspat ausgefüllter Riß im Felsen. Die eine geht von Südwesten nach Nordosten und wird wegen ihres Vorwaltens in den mittelrheinischen Gebirgen die niederländische, rheinische, auch die erzgebirgische genannt; die andre geht von Südosten nach Nordwesten und wird die herzynische oder sudetische genannt. Zwar treffen und

kreuzen sie sich und kommen in einzelnen Gebirgen, wie dem
Fichtelgebirge, dem vogtländischen Berglande und Harz, dicht
nebeneinander vor; aber doch sind im Bau des deutschen Bodens ihre Züge groß und deutlich zu sehen. Die herzynische
Richtung ist nun in den größten und zusammenhängendsten
Höhenzügen nördlich von der Donau ausgesprochen, vor allem
in der großen Diagonale Linz—Osnabrück; sie beherrscht im
ganzen den Unter- und Mittellauf aller Ströme, die aus dem
mittlern Deutschland zur Nord- und Ostsee gehn, und bestimmt
damit eine Reihe der wichtigsten Verkehrswege. Deswegen
kommt sie auch selbst in der Lage und Richtung der großen Gebiete dichter Bevölkerung im Elb-Odergebiet und den dazwischen
liegenden Gebieten dünner Bevölkerung zum Ausdruck. Die
rheinische Richtung waltet mehr im westlichen Deutschland vor,
wo von Höhenzügen ihr vor allem das ganze System der rheinischen Schiefergebirge angehören. Im Harz ist sie die ältere,
wenn auch zurücktretende Richtung, aber sehr ausgesprochen
tritt sie im Erzgebirge auf.

Spalten und Einbrüche des Mittelgebirges, die viel jünger
sind als die alten Faltungen, zeigen dieselben Richtungen. Ein
Blick auf die Donau zeigt sie uns in den Schenkeln des Winkels
Ulm—Regensburg—Linz.

Deutschland ist auch im erdgeschichtlichen Sinne keine
Einheit. So bunt wie seine Geschichte, so groß ist der Wechsel
der seinen Boden aufbauenden Gesteine. Es liegt auf diesem
Boden das Gebiet jüngerer Gebirgsfaltungen südlich von der
Donau neben einem Gebiet alter, zerfallner und zersetzter Gebirge nördlich davon; und von Norden und aus den Alpen her
haben sich Schuttmassen der Eiszeit darüber gebreitet. In dieser
Geschichte liegt es, daß unser Boden einfacher gebaut ist im Süden und Norden als in der Mitte. Wo am längsten die Meere
ausgehalten haben, und wo am weitesten die Gletscher der Eiszeit ihren Schutt ausgestreut haben, da haben wir die einfachsten
geologischen Verhältnisse. Das ist im norddeutschen Tiefland
und im Voralpenland. Verhältnismäßig einfach ist auch noch
der breite Streifen mächtiger Kalke und Dolomiten, die die
Kalkalpen aufbauen. In jenem alten Gebirgsland aber, das

heute die wie ein Trümmerwerk auseinandergerissnen deutschen Mittelgebirge umschließt, sind älteste kristallinische Gesteine entblößt, die von den Vogesen bis zu den Sudeten als kuppenförmige Granit- und Gneisinseln den Kern und die Höhen der Gebirge bilden. Zwischen und neben ihnen haben mächtige Ablagerungen alter Meere Platz gefunden. Am Mittelrhein nehmen alte Kalke und Schiefer der devonischen und Kohlenformation weite Gebiete ein, deren schwer zersetzliche Granwacke durch Undurchlässigkeit Sumpfbildung begünstigt und dem Ackerbau wenig günstig ist, während an ihren Rändern, in eisenreiche Tone und Sandsteine gehüllt, die unermeßlichen Schätze der Kohlenflöze liegen, den Hochöfen nächst zur Hand. Im Zechstein treten Dolomite auf, die in der kleinen Landschaft Niederhessens dieselbe Neigung zu kühnen Felsbildungen zeigen wie in den himmelanstrebenden Zinnen der Alpendolomiten. Weit verbreitet sind von den nördlichen Vogesen an durch den nördlichen Schwarzwald, den Odenwald, Spessart, das hessische Bergland, Thüringen und das obere Wesergebiet die roten, oft leuchtend purpurbraunen Gesteine des Rotliegenden und des bunten Sandsteins, eine mächtige, aber einförmige Bildung, die dem Walde günstiger als dem Acker ist. In weiten Gebieten Mittel- und Südwestdeutschlands breitet sie über Ackerland und Stadtarchitektur einen rötlichen Hauch. Von Basel bis Frankfurt sind die Münster und Dome aus rotem Sandstein gebaut. In Lothringen, Franken, Schwaben und am Nordrand des Thüringer Waldes folgen darüber graue Kalksteine, helle Sandsteine und bunte Mergel des Muschelkalkes, Keupers und der Juraformation. Die einförmigen, wenig fruchtbaren und oft noch dazu wasserarmen Muschelkalke, die landschaftlich einfache Stufen mit fast horizontalen Begrenzungslinien bilden, sind im mittlern wie im südlichen Deutschland etwas zu weit verbreitet. Wir erkennen sie in Thüringen wie im Tauberland an den grauen Zyklopenmauern, die der Bauer um seinen Acker aufschichtete, als er die Platten und Fladen des Muschelkalkes herauspflügte. Viel mannigfaltiger sind die in welligen Hügelländern auftretenden Keuper- und die manchen fetten, fruchtbaren Schieferboden umschließenden und in rasch wechselnden Abstufungen auftretenden

Juraformationen. Die Kreide hat in Deutschland keine große Verbreitung, aber wo sie erscheint, ist sie auch charakteristisch. So finden wir sie in den strahlend hellen Klippen von Rügen und in den phantastischen, im kleinsten Rahmen kühnen und doch so lockern Quadersandsteinfelsen der Sächsischen Schweiz. Auch der ehrwürdige Dom von Quedlinburg steht auf solchem Gestein. Leicht zersetzlich, weich in den Formen, meist auch fruchtbar sind die Tertiärbildungen in den Becken von Mainz, Kassel, längs des Oberrheintales, am Fuß der Alpen und zerstreut am Fuß der Mittelgebirge.

Als die Wärme abnahm, die in der mittlern Tertiärperiode Deutschland ein subtropisches Klima gegeben hatte, floß das Eis von den Gebirgen Skandinaviens nach Süden und von den Alpen nach Norden vor. Wo heute die Nordsee liegt, trafen damals die Gletscher Skandinaviens und Britanniens zusammen, und das Eis lag von der Rheinmündung bis zum Harz; sein Rand zog dann im Elbtal bis Dresden und umsäumte die Sudeten. Erratische Blöcke liegen in den Weinbergen von Naumburg. Von den Alpen aber stieg das Eis herunter, bis es vor den Toren von München und Augsburg, in Oberschwaben und auf den südlichen Vorbergen des Schwarzwaldes stand. Dieses Eis hat nicht bloß da gewirkt, wo es Felsboden schliff und Schutt ablagerte, sondern weit darüber hinaus durch den kalten Hauch, der von ihm ausging und in den polaren Bürgern unsrer Flora und Fauna seine Zeugen hinterlassen hat. Es kam dann eine Zeit, in der das Eis zurückging, und auf dem frei gewordnen Boden entwickelte sich eine reiche Vegetation, deren Reste wir mit denen großer Säugetiere und auch des Menschen in dem Glimmersande, Spatsande, Korallensande des norddeutschen Tieflandes finden. Dann legte sich eine neue Eisdecke über das Land, die nicht ganz so ausgedehnt war wie die erste. Als auch sie zurückging, ließ sie, ebenso wie die erste, einen „Geschiebelehm" zurück, worin geschliffne und geritzte Geschiebe von scharfen Umrissen neben gerollten Steinen liegen. Wo die Ablagerungen der Eiszeit vollständig sind, haben wir daher einen untern Geschiebelehm, der meist grau ist, darüber interglaziale Ablagerungen, oft aus Sand bestehend, und dann einen obern meist braunen Geschiebelehm. In den deutschen Mittelgebirgen stiegen Gletscher im Schwarzwald, in den Vogesen, im Böhmerwald, im Riesengebirge bis 700 Meter herab; überall haben die alten Moränen kleine Seen abgedämmt, die als grüne und blaue Edelsteine dem ernsten Gestein und dunkeln Wald dieser Gebirge eingesetzt sind.

Deutschland ist ein vulkanreiches Land; besonders in einem mittlern Strich zwischen dem 50. und 52. Grad sind von der Mosel bis zur Neiße alte Vulkane weit verbreitet. Man braucht nur die Eifel und die Rhön, den Meißner und die Landeskrone, im Süden den Hohentwiel und den Kaiserstuhl zu nennen, um an ihre Verbreitung und an ihre Rolle in der deutschen Landschaft zu erinnern.

Große Massenergüsse vulkanischer Gesteine, die weite Gebiete mit oft mächtigen Lagen bedecken, bilden ganze Gebirge, wie den über 2000 Quadratkilometer umfassenden Vogelsberg, oder überlagern in großer Ausdehnung andre Gebirgsglieder, wie den Meißner und Habichtswald, wo die über·hundert Meter hohe Basaltdecke über Tertiärschichten mit Braunkohlen und über Buntsandstein liegt und mächtige Äste, ausgefüllte Ergußspalten, in die Tiefe sendet. Eine hessische Landschaft ist unvollständig ohne die Kuppen, Decken oder Mauern der Basalte. Meist erscheinen die altvulkanischen Gesteine bei uns als rundliche Kuppen von flacher Wölbung. Wo indessen das fließende Wasser diese Gesteine zerschnitten hat, da kommen scharfe Klippen zum Vorschein. Nichts gleicht im Harze an Kühnheit den Porphyritklippen der Fels- und Steinwüste von Ilfeld, die im denkbar schärfsten Gegensatz zu den rundlichen Diabaskuppen am Rande des Gebirges bei Goslar und Stolberg stehn. Wo Ströme vulkanischer Gesteine erkaltet sind, hat sich die Masse in regelmäßige Prismen zerlegt, die vier- und fünfkantig und 25 Meter hoch an der Maulkuppe in der Rhön vorkommen. Wo sie auseinanderfallen, bilden sie „Steinerne Meere" von besondrer, fast kristallinischer Art.

Echte Krater sind erhalten, so frisch, als ob sie erst gestern ihre Eruptionen eingestellt hätten; die meisten in der Eifel und am Laacher See, wo sich die vulkanische Tätigkeit länger fortgesetzt hat als rechts vom Rhein. Dort sprechen auch die heißen Quellen und die Kohlensäureaushauchungen von dem Feuer, das sich noch nicht lange in die Tiefe zurückgezogen hat. Auch die Explosionstrichter der Maare, in denen so mancher stille Eifelsee steht, gehören zur vulkanischen Landschaft.

Der Reichtum an den verschiedensten Eruptivgesteinen ist in unsern Mittelgebirgen von großer wirtschaftlicher Bedeutung, indem er wertvolle Bruchsteine liefert. Die minder wertvollen kommen den Landstraßen zugute, die nirgends besser sind, als wo sie mit dunkelm Basalt beschottert werden. Das Fichtelgebirge, das ostthüringische Bergland, der Harz ziehen gerade in ihren rauhen, unergiebigen Gegenden Gewinn aus mancherlei harten Felsgesteinen. Die Gebirgsbildung hat auch vorhandne Gesteine erst in nutzbaren Zustand versetzt, indem sie durch Druck Schiefer erzeugte, die als dünne Platten brechen. Sie verleihen manchen deutschen Berglandschaften im Frankenwald, im Westerwald u. a., wo die Häuser und Hütten nicht bloß damit gedeckt, sondern auch bekleidet werden, ein eigentümlich düsteres und doch sauberes Ansehen.

8

Die Bodenschätze

Zu Deutschlands Bodenschätzen gehörten schon vor der Römerzeit Metalle, die von Kelten mit primitiven, zuerst aus Stein gearbeiteten Werkzeugen in Gruben von beträchtlicher Tiefe gewonnen wurden. Die Kelten bauten auch Steinsalz ab oder gewannen Salz aus Solen. Auf deutschem Boden lagen auch die Bernsteinküsten, zusammen mit den Zinninseln eins der großen Lockmittel des Verkehrs im Altertum, der wichtigste Zielpunkt kaufmännischer Unternehmungen jenseits des Mittelmeers. Die Wege führten über Weichsel und Oder nach der mittlern Donau, wohl auch nach dem mittlern Rhein. Das Neißegebiet, das den kürzesten Weg von Böhmen zur mittlern Oder bildet, hat sich durch seine reichen Bernstein- und Bronzefunde als ein wichtiges Glied in diesem alten Verkehr erwiesen. In Talhintergründen des Erzgebirges und Fichtelgebirges liegt von unbekannter Zeit her aufgeschüttetes Geröll an aufgestauten Seen und abgeleiteten Bächen, ein wirres moränenartiges Schuttland, heute von großen Fichten beschattet, die in tiefem Moos stehn: Zinnwäschen unbekannten Ursprungs. Die in allen deutschen Gebirgen noch lebendigen Gnomen- und Venedigersagen sind sicherlich nicht rein erdacht. Ob dieser alte Bergbau ganz erloschen war, als die Römer eintraten?

Der Bergbau blühte bei uns erstaunlich früh. Im Harz ist der Silberbergbau schon im zehnten Jahrhundert rege gewesen, und deutsche Bergleute haben im frühen Mittelalter überall in Europa die Erzadern erschlossen. Im heutigen Deutschland beschäftigt der Bergbau über 690 000 Arbeiter in 1862 Bergwerken und fördert Kohlen, Salze und Erze im durchschnittlichen Wert von 1637 Millionen Reichsmark. Vier Fünftel dieses Ertrags fällt den Kohlen und Braunkohlen zu, die für die alten Bergleute wertlos waren. Die Kohle ist die Nährerin der großen Industrie geworden, mit deren Blüte deshalb der Aufschwung des deutschen Kohlenbergbaus eng verknüpft ist. Deutschland steht in Kohlen- und Eisenerzeugung an der Spitze der kontinentalen Mächte Europas. Daß seine Eisenerzförderung ungefähr doppelt so groß ist als die französische, hat wesentlich dazu beigetragen, daß die französische Industrie von der deutschen überholt wurde. An Blei, Kupfer und Zink ist Deutschland reich. Aber der einst bedeutende Wert der edeln Metalle verschwindet hinter dem für die Industrie wichtigern unedeln. 1906 betrug der Wert der in Deutschland geförderten Steinkohlen und Braunkohlen 1356 Millionen, der des Eisens, Kupfers, Bleis und Zinks 198 Millionen, der des Goldes und Silbers nur noch 1,2 Millionen Reichsmark.

Steinsalzlager und Salzquellen sind in Deutschland reichlich vorhanden, und die Kalisalze von Staßfurt und Leopoldshall sind von großer Bedeutung für unsre chemische Industrie und unsern Ackerbau geworden. 1906 betrug die Menge der geförderten Salze, einschließlich der Kalisalze gegen 7 Millionen Tonnen im Werte von 71 Millionen Mark. Die lithographischen Steine von Solnhofen gehn durch die ganze Welt. Einzelne Landschaften blühen durch die Förderung und Verarbeitung ihrer Steine. Nachdem im Fichtelgebirge der Erzbergbau erloschen war, ist die Granitindustrie an dessen Stelle getreten. Auch die räumlich ganz beschränkte Gewinnung des Specksteins spielt dort eine Rolle. Tausende leben im Frankenwald und Westerwald vom Schiefer, am mittlern Main von den Buntsandsteinbrüchen, in der Sächsischen Schweiz von den Quadersandsteinbrüchen. Kalksteine der verschiedensten Formationen werden zu Zement verarbeitet. Ein kleines Steinvorkommen mitten im Schutt des Tieflandes kann von gewaltiger Bedeutung werden, wie der Muschelkalk von Rüdersdorf, der die Fundamente von Berlin bauen hilft.

Für Deutschland ist die Lage der Bodenschätze von der größten Bedeutung. Immer ist ein mittlerer Strich in den Mittelgebirgen und an deren Rändern durch seinen Erzreichtum berühmt gewesen. Auch die reichsten Kohlenlager Deutschlands an der Saar, Ruhr, Mulde und Oder gehören ihm an. Diese Lage ist sehr günstig für die Nährung der Industrie des Innern und in den Küstenstädten. Das schlesische Kohlenlager hat über die Grenze weg ein schlesisch-polnisches Industriegebiet ins Leben gerufen. Dafür sind weite Gebiete im Norden und Süden mit Mineralschätzen ungenügend bedacht. Und da Deutschland nachgerade ein altes Land geworden ist, so sind in einigen einst reichen Erzgebieten die Lager erschöpft. Der Schwarzwald und die Vogesen sind heute bergmännisch von geringer Bedeutung, und im Thüringer Wald, Harz und Erzgebirge verkünden begrünte Halden und die mit Wasser gefüllten Trichtergruben (Pingen) eingesunkner Stollen in hundert Plätzen verlassene Bergwerke. Die Silberbergwerke haben durch das Fallen des Silberpreises viel von ihrem Wert verloren. Sachsens Silberbergwerke waren die Hauptursache der frühen Reife dieses Koloniallandes; 1907 brachten sie nur den 38. Teil des Ertrags der sächsischen Kohlengruben. Die einst durch sie angezogne Bevölkerung bildete den Grundstock der dichten Industriebevölkerung in rauhen Gegenden des Erzgebirges. Auch die Goldwäscherei hat in deutschen Flüssen seit mehr als einem Menschenalter gänzlich aufgehört. Sie war einst besonders am Rhein und in Thüringen ertragreich gewesen. Die hellgelben Dukaten aus Rheingold und die aus Gold thüringischer Bäche geschmiedeten Brautringe deutscher Fürstenkinder gehören schon der Geschichte an.

9
Mittlere Höhe des deutschen Bodens; Hochland und Tiefland

In einer Zone, wo nur in tiefern Lagen mildes Klima und günstige Lebensbedingungen herrschen, ist es von entscheidender Bedeutung, wenn ein Land im allgemeinen nur mäßig hoch ist. Wenn man den deutschen Boden vollständig gleich machen, die Gebirge in die Täler füllen und das Hochland über das Tiefland ausbreiten würde, erhielte man eine Fläche, die überall 215 Meter hoch wäre. Diese Zahl gibt uns die mittlere Höhe Deutschlands an. Es ist nur eine Durchschnittszahl, und man wird sie vielleicht unpraktisch nennen. Aber sie ist der kürzeste Ausdruck für die Höhe dieses Landes. Es ist nicht unwichtig zu wissen, daß die mittlere Höhe Europas auf 330 Meter, die Spaniens auf nahezu 700, die der skandinavischen Halbinsel auf 430 zu schätzen ist. Diese Zahlen erlauben uns immerhin vorauszusehen, daß Deutschland wenigstens hinsichtlich der Höhe günstiger ausgestattet ist als manche andre Länder. Und ebenso bestimmt läßt sich aussprechen, daß die Ausbreitung der tiefsten Teile unsers Landes im Norden die klimatische Gesamtwirkung seiner geographischen Lage mildern muß.

Liegt in der mittlern Höhe der allgemeine Ausdruck der Lebensbedingungen, so tritt uns in der Verteilung der Höhen und Tiefen schon die unmittelbare Ursache großer geschichtlicher Gegensätze entgegen. Norddeutschland umschließt ein zusammenhängendes Tiefland, das sich zu dem vorwaltenden Hochland Süd- und Mitteldeutschlands wie 4 zu 3 verhält. Daß dieses

Tiefland im Westen, Osten und Norden in andre Tiefländer übergeht, und daß es breit ans Meer grenzt, verstärkt das Übergewicht seiner Ausdehnung. Und dieses Übergewicht ist eine Ursache des Vortritts des Nordens vor dem Süden in der neuern Entwicklung Deutschlands.

Das Hochland grenzt an das Tiefland in einer Linie, die sich vom südlichen Oberschlesien an der Oder bis Liegnitz zieht, sich dann auf dem Parallel von Meißen westwärts zieht und im Weser- und Emsgebiet nach Norden vorspringt. Dieser Vorsprung, worin ein Teil des Rheinischen Gebirges, das hessische Bergland, das Wesergebirge, der Harz und das Hügelland zwischen dem Harz und Thüringer Walde liegen, wird dadurch zu einer der merkwürdigsten Erscheinungen im Bau des deutschen Bodens. Fast bis auf Sehweite baut sich Gebirgs- und Hügelland gegen das Meer hinaus; Hannover liegt im Horizont des Brockens. Das norddeutsche Tiefland wird dadurch nach Westen zu immer schmäler. Weniger beträchtlich treten das Riesengebirge auf dem östlichen, das Hohe Venn auf dem westlichen Flügel ins Tiefland vor. In dieser ganzen Begrenzung macht sich die im Bau der Gebirge so entschieden überwiegende subetische Richtung von der Weichsel bis zur Weser geltend. Sudeten, Harz, Wesergebirge und Teutoburger Wald springen daher nordwestlich ins Tiefland vor wie kleine Halbinseln, und eine größere Zahl von einzelnen Höhenzügen sendet gleichsam Vorgebirge hinaus. Dazwischen liegen große und kleine Buchten, und es entsteht eine vielgegliederte Grenzlinie, die für das Verkehrsleben Mitteldeutschlands und die nord-süddeutschen Verbindungen die Bedeutung einer buchtenreichen Küste hat, an der der Tieflandverkehr landet, um neue Wege ins Gebirgsland zu beschreiten. Wie Hafenstädte sammeln Plätze wie Görlitz, Leipzig, Braunschweig und viele kleinere an dieser Grenze die Linien des Verkehrs und lassen sie nach den andern Seiten wieder ausstrahlen.

10
Die drei Abdachungen

Durch Deutschlands Bodengestalt geht der große Zug einer Abdachung nach Norden. Von der Zugspitze (2960 Meter) am Südrand steigen wir hinab zu den tiefsten Stellen unsers Bodens an der Nord- und der Ostsee. Dieser Richtung folgen die Flüsse und Ströme von der Maas bis zur Memel. Daß diese Grundrichtung eine Ablenkung nach Nordwesten im Mittelgebirgsland und im Tiefland des Nordwestens erfährt, zeigen die entschieden nordwestlichen Wege des Rheins und der Elbe sowie der obern und mittlern Oder und Weichsel. Aber der Unterlauf der Oder und Weichsel biegen ebenso entschieden nach Nordosten ab.

Allein das Voralpenland macht von dieser vorwaltend nördlichen Abdachung eine Ausnahme. Zwar sinkt auch dieses Land vom Fuße der Alpen bis zur Donau, also in nordöstlicher Richtung, aber es hat zugleich eine entschiedne Neigung nach Osten. Ulm liegt 590, Passau 290 Meter hoch. Es ist dieselbe Ostneigung, die aus dem Innern der Ostalpen Flüsse und Wege dem ungarischen Tieflande zuführt. Daher die Verbreitung des bayrischen Stammes in südöstlicher Richtung und die engere Verbindung Österreichs und Ungarns mit dem südöstlichen Deutschland. Während aber die nördliche Abdachung das Land dem Meer und dem Weltverkehr erschließt, führt die südöstliche in ein Tiefland, wo durch Jahrhunderte die Grenze des türkischen Reichs fast jeglichen Verkehr abschloß.

Da die Ströme und Flüsse eines Landes jeder Richtung und jedem Wechsel der Abdachung folgen, bildet das Flußnetz ein treues Abbild der Oberflächenbeschaffenheit. Das fließende Wasser gräbt in den Boden seine Rinnen und verstärkt dadurch noch dessen natürliches Gefälle. Zugleich legt es in den Tälern die Grundlinien eines künftigen Verkehrs aus. Wir werden daher in dem Abschnitt über die fließenden Gewässer vor allem auch den Abdachungen des Bodens wieder begegnen.

11
Das Mittelgebirgsland

Den Alpen und Voralpen steht das Mittelgebirge Deutschlands als eine in Höhe und Zusammenhang schwächere, dafür breitere und mannigfaltigere Erscheinung gegenüber. In den Alpen herrscht gerade in dem dem mittlern Deutschland gegenüberliegenden Abschnitt eine Richtung und ein Bauplan, in den deutschen Mittelgebirgen sind alle Richtungen der Windrose vertreten. Allerdings walten zwei Hauptrichtungen vor (f. S. 18), aber das ganze Bergland besteht aus einer Anzahl von besondern Gebirgen, und selbst die Einheit fehlt dem deutschen Mittelgebirge, die dem französischen Mittelgebirge das unbedingt vorherrschende Zentralmassiv verleiht. Die größern Erhebungen, wenige messen über 1000 Meter, sind räumlich beschränkt. Mächtige Tieflandbrücken greifen zwischen sie hinein, und zahlreiche einzelne Senkungen liegen zwischen ihnen zerstreut. Im einzelnen ist jedes deutsche Mittelgebirge weit entfernt von der zusammengedrängten und -gehaltnen Kraft der Alpen, aber in ihrer Gesamtheit bilden sie dann doch einen Wall, auf dem wir, wenn wir Mitteldeutschland vom Schwarzwald bis zu den Sudeten durchschreiten, nicht unter 300 Meter herabsteigen. Und so breiten sie über ein Drittel des Reichs die Hindernisse des Verkehrs und die Schwierigkeit des Ackerbaues, aber auch den Waldreichtum, den Reiz und die Lieblichkeit der Waldwellenberge und sanften grünen Wölbungen aus. Rein als Erhebung betrachtet liegt doch besonders dem Tiefland der Wall der Mittelgebirge mächtig genug gegenüber.

Allerdings sind die Formen nicht die Zacken und Türme der Alpen, sondern es herrschen die breiten Massen von welligen Umrissen vor. Denn hier sind die Gesteine von energischen, durch Jahrhunderttausende in derselben Richtung wirkenden Kräften erfaßt und gründlich verändert worden, so daß ihre ursprüngliche Natur nicht mehr erkennbar ist und in den flachgebuchteten Tal- und Bergformen jedenfalls nicht mehr zum Ausdruck kommt. Da haben wir echte Tafelgebirge im Rheinischen Schiefergebirge nördlich vom Main und Nahe, im Schwäbischen Jura und in der Schwäbisch-Bayrischen Hochebene. Wir finden solche Gebilde auch an den Schwarzwald und die Vogesen angelehnt. Außerdem tritt aber im Bau dieser Gebirge der scharfe Kamm weit hinter den flachen Bergrücken. Von unten hinaufblickend, sind wir gewohnt, ein Bergland oder Hügelland zu sehen, wo nur tiefeingerissene Täler häufig dem mittlern Tafelland den Schein des Gebirgshaften geben. Der Rennsteig des Thüringer Waldes, der als breiter, zum Teil fahrbarer Pfad 90 Kilometer lang auf dem Rücken des Gebirges hinzieht, ist der bezeichnendste Ausdruck dieses Baues, durch den in allen unsern Mittelgebirgen ausgedehnte und bequeme Kammwanderungen möglich werden. Zugleich liegt aber darin der Grund, warum unsre Mittelgebirge dem Verkehr größere Hindernisse entgegenstellen, als ihre geringen Gipfelhöhen erwarten lassen. Einförmige trennende Erhebungen ohne tiefe Paßeinschnitte sind in ihnen weit verbreitet.

Die Fülle mannigfaltiger Naturbedingungen ist in den in ihren Grundzügen einander so ähnlichen Mitte'gebirgen Deutschlands ungemein groß. Es wäre verfehlt, aus allgemeiner Ähnlichkeit einförmige Wirkungen zu folgern. Kein Gebirge gleicht dem andern, jedes Tal hat seine eigne Art. Schwarzwald und Vogesen sind sich orographisch und nach ihrer Bildungsweise sehr ähnlich. Sehen wir sie aber im einzelnen an, so weichen sie so weit wie möglich voneinander ab. Der Kamm der Vogesen ist einer der massigsten, unwegsamsten Gebirgsteile, kein Paß, wenig Wege, kurze, steile Täler; der Schwarzwald ist schon im Süden viel reicher gegliedert, eine Auswahl von Tälern und Gebirgsstufen, eine Anzahl von Pässen, daher schon früh ein Netz von Wegen zwischen Schwaben und dem Rheintal nach Westen und Süden und gegen den Bodensee. Innerhalb der einzelnen Gebirge, welche Unterschiede der Bewohnbarkeit, Wegsamkeit, der Landschaftsbilder! Wie weit verschieden sind Oberharz, Unterharz und Brockengebirge auf dem engen Raume von kaum 2000 Quadratkilometern. Besonders erzeugt der überall wiederkehrende Gegensatz eines steilen und eines langsamen Abfalls große Unterschiede. Zeigen ihn landschaftlich wirksam der imposantere Anblick des Harzes von Norden und die tiefern, steilern Täler von Ilsenburg und Harzburg her, so legt er grundverschiedne Länder im sanftwelligen bis oben bewohnten und bebauten sächsischen Erzgebirge und im tiefzerschnittnen, waldreichen böhmischen Erzgebirge, im malerischen Waldland des westlichen Schwarzwaldes und im industriereichen östlichen Schwarzwald nebeneinander.

Senken des Mittelgebirges

Bei den Spaltungen und Zerklüftungen, die diese alten Gebirge in tertiärer Zeit erfuhren, sind große Teile des deutschen Bodens in die Tiefe gegangen, nicht ohne Reste in Stufen zurückzulassen, und an ihrer Stelle haben sich jüngere Gebilde abgelagert. Es sind dadurch sehr wesentliche Züge in der Physiognomie des deutschen Bodens und große Leitlinien des Verkehrs entstanden. Außer dem großen 300 Kilometer langen und 30 Kilometer breiten Graben des obern Rheintales zwischen Basel und Mainz fließt so mancher deutsche Fluß und Bach in uralten Klüften. Die Saale bei Kissingen, die Leine bei Göttingen zeigen auch landschaftlich die kräftigen Züge, die solchen Bildungen eigen sind. Der Graben des Leinetals ist zwischen Friedland und Salzderhelden 40 Kilometer lang. Eine bedeutende, auch geschichtlich wichtige Versenkung ist das 10 Kilometer breite Helmetal zwischen Kyffhäuser und Harz, die vielgepriesene Goldne Aue. In Mittelhessen zieht von Kassel südwärts eine Landschaft kleiner Ebenen und unzähliger Basaltkuppen hinaus; es ist die Versenkung, in der Tertiärablagerungen die milde und fruchtbare jüngere Landschaft von Kassel gebildet haben. Nicht selten sind nutzbare Gesteine, besonders Kohlen, in solchen Versenkungen erhalten geblieben, und selbst die Erzgänge des Oberharzes, ausgefüllte Gebirgsklüfte, zeigen in ihren vorwaltend südöstlich-nordwestlichen Richtungen den Zusammenhang mit dem Gebirgsbau. Auch der Ackerbau erfreut sich der Erhaltung sonst längst zerstörter fruchtbarer Gesteine im Schutz der Versenkungen.

Die Gruppen und Richtungen der deutschen Mittelgebirge

In der Anordnung der deutschen Mittelgebirge weist die Natur den Weg zu drei Gruppen, deren einzelne Glieder nicht die Zufälligkeit der räumlichen Zusammenlagerung, sondern die Ähnlichkeit des Baues miteinander in Verbindung setzt. Die eine lehnt sich an die Alpen, die andre an die Karpaten an, und die dritte erhebt sich frei aus dem Tieflande. Für die erste gibt unzweifelhaft der Rhein die Mittellinie ab, während die zweite sich an die Elbe anschließt, und die dritte sich um die Weser gruppiert. Auch der Anschluß an diese Stromgebiete ist nichts Erdachtes, denn das obere Rheintal, die hessische Senke und das obere Elbgebiet sind untereinander verwandte Lücken, Einbrüche der alten Gebirge. Geologisch betrachtet ist endlich der Kern der einen das Urgebirge des Schwarzwalds und der Vogesen, der zweiten das böhmisch-sächsisch-thüringische Urgebirge, der dritten das Urgebirge des Harzes. An diese Kerne gliedern sich die ihnen zunächst gelegnen Mittelgebirge als langsam nach außen abfallende Stufenbauten an. Dabei ergibt sich durch die Verbindung mit den Nachbargebirgen für die deutschen Mittelgebirge eine Anzahl von bevorzugten Lagen für bestimmte Stellen des deutschen Bodens, die in geschichtlicher und wirtschaftlicher Beziehung, zum Teil aber auch in landschaftlicher ausgezeichnet sind. Wir haben die Verbindungen mit den Alpen, zuerst durch die Vogesen mit dem Jura in der burgundischen Pforte, auf deren weltgeschichtliche Öffnung Belfort von einem Vogesenvorsprung herabschaut, dann durch den Randen mit dem schweizerischen Hügelland in dem Kalkriff des Schaffhausener Rheinfalls. Ausläufer des Bayrischen Waldes übersetzen die Donaugrenze und verbinden sich mit dem Donaugebirge und Hausruck zwischen Passau und Schärding. Die Sudeten und das Gesenke bilden eine Brücke zu jenem Teil der Nordkarpaten, die als Beskiden bezeichnet werden; diese Brücke trägt die Weichsel-March-Wasserscheide.

Noch tiefer reicht die in den vorwaltenden Richtungen unsrer Gebirge sich aussprechende Verwandtschaft. Die Faltung der alten Gebirge Deutschlands geschah zuerst durch eine aus

Das Fichtelgebirge.
Im Vordergrund ein Stück Felsenmeer der Kösseine.

Südost wirkende Kraft, daher jene südwest-nordöstliche Richtung, die wir die rheinische oder niederländische genannt haben; dann aber kam die Wirkung aus Südwest, also rechtwinklig zur vorherigen, und die Falten bogen sich über Nord in die nordwest-südöstliche Richtung, die herzynische oder sudetische. Jünger ist die mehr zurücktretende nordsüdliche Richtung, die vom Bodensee bis Mainz besonders in den großen rheinischen Senken zum Ausdruck kommt.

Rheinische Gebirgsgruppe

Der Schwarzwald mit dem Odenwald und die Vogesen mit der Hardt sind Zwillingsbrüder. Ihre Ähnlichkeit ist in der Entstehung und im Aufbau begründet. Aus einem uralten Gebirge brach und sank das Stück ein, das heute unter der Sohle des oberrheinischen Tieflands liegt, und quer darauf schuf eine leichtere Senkung die mildern Formen der Nordvogesen, des Kraichgaus und des Baulandes. Daher die Übereinstimmung der Richtung, der Ausdehnung, der Lage, der höchsten Gipfel im Süden und dicht am Rande der Ebene, des sanften Abfalles nach außen und des steilen nach innen, zur Rheinebene. Wer von der Breisacher Brücke die Gebirge mit einem Blick umfaßt, mag leicht irre werden, wo der badische Belchen und wo der Elsässer steht in den von Kamm zu Kamm in langgedehnten Wellen weit hinauswogenden Gebirgen. Die Gipfelformen, die nur manchmal einen Anlauf zum Markigen nehmen, und lange Kämme sind zum Verwechseln ähnlich; die tiefeingeschnittnen Täler, die ernsten Seen hinter Blockwällen, das dunkle Waldkleid der Tannen, an den rheinwärts gewandten Abhängen die sonnigen Rebengelände mit den Ansiedlungen südlicher Pflanzen sind auf beiden Seiten gleich. Beide Gebirge sind im Süden aus den alten kristallinischen Gesteinen aufgebaut, während nach Norden zu der bunte Sandstein überwiegt. Dort breite, gerade nicht sehr wasserreiche Täler und einzelne tiefe Schluchten mit klippigen Wänden, hier schmale, tiefe, steilwandige, vielgewundne, quellenreiche Täler. Die blühenden Städte und Flecken am Rand, die Walddörfer, die Burgen auf den rheinwärts vortretenden Hügeln und die alten Klöster in stillen Talgründen sind beiden gemein. Zwischen Freiburg (293 Meter) und dem höchsten Punkt des Schwarzwalds (Feldberg 1490 Meter) beträgt der in einem Tagmarsch zu überwindende Höhenunterschied 1200 Meter, und von dem 1366 Meter hohen Hohneck auf der Vogesenwasserscheide sind es 20 Kilometer zu der 200 Meter hohen Rheinebene bei Kolmar, während fünfmal so groß die Entfernung in der entgegengesetzten Richtung nach Nancy zu ist. Der höchste Vogesengipfel, der Sulzer Belchen, mißt 1420 Meter. Wer vom Schwarzwald, vom Odenwald oder vom Spessart nach Osten hinabsteigt, betritt überall Muschelkalk, der sich als flachwellige Ebene an das Gebirge anschließt. Der landschaftliche Gegensatz wird durch die ausgedehnte Kultur und die Zurückdrängung des Waldes verstärkt. Die weiten Getreidefelder der Baar sind eine ganz ungewohnte Erscheinung für den, der die Waldhügel des Schwarzwalds hinter sich gelassen hat. Steigt er dann von Donaueschingen aus der jungen Donau nach, deren Oellbäche in dem flachwelligen Land einen umherirrenden Lauf zeigen, so führt ihn das enge klippige Tal in die Schwäbische Alb, einen Teil des Jurazuges, der als Randen (928 Meter) aus dem Rheintal auftaucht. Bei Schaffhausen kreuzt er es und zieht als hellfarbiger Wall dürren Kalkes, unter- und umlagert von den dunklern und fruchtbaren Lias- und Doggerschichten und umgeben von Basaltkuppen, bis zur vulkanischen Senke des Ries. Am Rande der Baar und nach dem Ries hin bergig, ist er im mittlern Hauptzug Hochebene, aus der die höchsten Gipfel flach ansteigen. So tritt man auch aus dem tief eingeschnittnen Tale der Zorn mit seinen dichtbewaldeten Hängen westwärts wandernd in eine wellige seenreiche Ebene von 200 bis 300 Meter Höhe, die Lothringische Muschelkalkplatte oder Seenplatte. Im Westen sind ihr flache Lias- und Dolithhügel aufgesetzt, die die schöne Hügellandschaft von Metz und Diedenhofen, den im kleinen Maßstab kühnen und malerischen Steilabfall zur Saar und im Norden endlich jene Stufe bilden, auf der sich einst Luxemburgs Feste erhob. In den Grundzügen des Baues der rechtsrheinischen Muschelkalk- und Juraplatte ähnlich, ist die linksrheinische doch infolge der geringern Höhe und der nach Westen offnen Lage viel milder. Wo die Profile der Hügel so schöne Linien zeigen wie bei Metz, und auch die Höhen der Hügel mit fruchtbarer Erde bedeckt sind, breitet sich ein letzter südlicher Hauch über die wein- und obstreiche Gartenlandschaft.

Zwischen den alten Gebirgen füllt ein großes Gebiet jüngerer Ablagerungen geschichteter Gesteine den Raum zwischen Schwarzwald und Böhmerwald, Donau und Thüringer Wald aus, ein Land von runden Sandsteinhügeln und niedrigen Kalksteinplateaus mit gelegentlich aufgesetzten altvulkanischen Kuppen, voll kleinern Brüchen, Stufenabsätzen und Senken. Zwischen Odenwald und Schwarzwald tritt diese Landschaft als Kraichgau unmittelbar an die Rheinebene heran. Nach Norden tritt sie als Grabfeld wasserscheidend zwischen Main und Werra und fällt steil gegenüber den Thüringer Vorbergen ab. Nach Süden verschmälert sie sich zum Neckar- und Nagoldtal. Darüber erhebt sich im Osten in Form weicher Wellenhügel, die meist schön bewaldet sind, die schwäbisch-fränkische Keuperstufe 200 bis 300 Meter über diese Grundlage. Ihr gehören die Haßberge, der Steigerwald, die Frankenhöhe in Franken, der Ellwanger Forst, die Limburger Berge, der Mainhardtwald, Schurrwald und Schönbuch in Schwaben an. Es ist im Grunde eine einzige, von Waldtälern zerklüftete Platte, deren Vorposten da und dort zerstreute Höhen sind, zu denen der Asberg (356 Meter) gehört.

Schärfer hebt sich die Stufe des Jura vom Südrand des Schwarzwaldes ab im Randen und bleibt auf ihrem ganzen Zuge quer durch Schwaben und Franken als Rauhe Alb und Frankenjura zuerst durch die Höhe (Lemberg 1015 Meter), dann durch die kühnen Felsformen hellgrauer Kalksteine ausgezeichnet. Als ein kleines Sondergebiet liegt westlich vom Bodensee der vulkanische Hegau ihr gegenüber. Wo die obere Donau nach Ulm zu den schwäbischen und die Altmühl nach Eichstätt zu den fränkischen Jura durchschneidet, entstehen in den tief eingeschnittnen Tälern Landschaften, die zu den eigentümlichsten auf deutschem Boden gehören. Oben die klippigen grauen Jurakalke mit den dunkeln Streifen und Flecken eines spärlichen

Pflanzenwuchses, unten im flachen Wiesental zwischen dunkeln Tannenwaldstreifen der langsame und doch regsame Fluß. Die Wiesen ziehen so sanft zum Weg herab, man vergißt die Felskolosse, deren Fuß sie umsäumen, und ist überrascht, wenn helle rasche Bächlein unterm Gras hervorspringen. Von oben schauen Burgen und Kirchen herab. Es sind echte deutsche Landschaften, die schon in den frühesten Werken deutscher Maler erscheinen. Die einschneidenden Täler lösten einige steile Hügel von der Masse der Alb los, und so entstanden natürliche vorgeschobne Stellungen, wie der Hohenstaufen und der Hohenzollern. Während in Schwaben die Masse des Jura imposant hinter diesen Absprenglingen steht, ist in Franken das ganze viel niedrigere Gebirge in Klippen zerlegt, die in der Fränkischen Schweiz eine ungemein formenreiche Landschaft in kleinen Ausmessungen bilden.

Zwischen Main und Ruhr, Nahe und Maas liegt das Rheinische Schiefergebirge, ein Ganzes, das nur durch den Rhein, die Mosel und die Lahn in Taunus und Hunsrück, Westerwald und Eifel zerschnitten ist. Diese Abschnitte verleugnen nicht ihre uralte Familienverwandtschaft. Den Hunsrück hat man treffend den linksrheinischen Taunus genannt, und auch die Höhen der beiden (Feldberg 885 Meter, Walderbeskopf 815 Meter) sind nicht weit verschieden. Und so ist der vulkanreiche westliche Westerwald dem Vulkangebiet der Eifel ähnlich. Im übrigen sind diese beiden nördlichen Glieder hochebenenhafter als die südlichen; ihre höchsten Erhebungen (Hohe Acht in der Eifel 760 Meter) sind vereinzelt. Ehe der Rhein, der von Mainz bis Bingen noch in der Richtung des Mains westlich fließt, die enge steilwandige mittelrheinische Spalte zwischen Bingen und Bonn ausgewaschen hatte, lag hier der allmählich niedriger gewordne Rest eines alten Faltengebirges, auf das, als es im Verlauf der beständigen Schwankungen und Verschiebungen der Erdrinde ins Meer versank, im Wechsel der geologischen Zeiten Massen von Sedimenten abgelagert wurden. Um sich so tief einschneiden zu können, mußten die Flüsse aus größern Höhen herabfließen, und Brüche und Senkungen lassen die Vorgänge erkennen, die zu dem heutigen Zustande geführt haben. Und so erzeugt sich denn heute noch beim Beschauer der gebirgshafteste Eindruck nicht auf den Höhen, sondern in den Tälern. Nur von der tiefen Mainbucht Frankfurts gesehn ist der Taunus eine imposante breite Erhebung, den der das Richtige findende Volksmund einfach „die Höhe" nennt. Daher Homburg vor der Höhe. Auch der Rheingau ist am schönsten dort, wo die Hochebene sich zu einem breiten Berg gleichsam zusammenzieht. Und liegt nicht in der Freude an dem formenreichern Siebengebirge etwas wie Erholung von der Einförmigkeit der Hochebenenumrisse der Eifel- und Westerwaldufer? Der Taunus ist im Lahntal nicht wiederzuerkennen für den, der ihn vom Main her kennt. Wer ihn auf der neuen Eisenbahnlinie Limburg—Frankfurt durchquert, irrt sehr, wenn er eine kühne Gebirgsszenerie erwartet. Er steigt langsam aus dem engen Tal, auf dessen Rand der herrliche Dom von Limburg beherrschend steht, eine fast durchaus in Äckern und Wiesen ausgelegte wellige Ebene hinan. Und erst beim Abstieg nach Frankfurt zeigen sich bei Epstein die Waldhügel und Tälchen der südlichen Taunuslandschaft.

Das Sauerland bezeichnet im Munde der Westfalen Süderland im Gegensatz zu dem nördlichen flachen Westfalen an der obern Ems. Es hat im allgemeinen mildere Züge als die südlichen und westlichen Abschnitte, tritt vom Rhein zurück schon etwas oberhalb der Mündung der Sieg gegenüber von Bonn, ragt aber über die Ruhr, die Grenze des gebirgigen Teils hinaus mit Höhenzügen wie Haarstrang (300 Meter) mit Hellweg, die sich in der Bucht von Münster verlieren. Wasserscheidende Höhen liegen wie im Taunus im Süden und Osten, daher nimmt hier die Ruhr die Stelle der Lahn ein und empfängt ihren Oberlauf aus Südost, also in derselben Richtung, die der Rhein von Bingen an hat. Daher haben wir eine symmetrische Scheidung zwischen einem Sauerland westlich von der Lenne, dem das Ebbegebirge angehört, und dem Rothaargebirge und Lennegebirge östlich von der Lenne, der Ruhr und der zur Weser gehenden Diemel liegen am Kahlen Astenberg (840 Meter).

Gruppe der Fulda- und Wesergebirge

Der Spessart verbindet das hessische Bergland mit dem Odenwald. Mit seinen nördlichen Vorhügeln, dem Orber Reissig, schiebt er sich in den Winkel zwischen Rhön und Vogelsberg. Im Paß von Schlüchtern und Elm stoßen die drei Gebirge zusammen, ebenso wie die sie begleitenden Eisenbahnlinien von Fulda, Hanau und Gemünden hier zusammentreffen. Der Spessart ist hauptsächlich Buntsandsteingebirge. Nur in den Vorbergen und in dem tiefsten Hintergrunde der innern Täler hat die Abnagung der Jahrtausende das Urgebirge bloßgelegt. Alles andre ist von der Buntsandsteindecke verhüllt. Daher sind die Höhenzüge wellenförmig, die Rücken flach und breit, die Täler bald muldenförmig, bald schmal und tief.

Der Vogelsberg ist, wie sein Name sagt, ein Berg, sehr breit zwar, aber kein Gebirge. Der höchste Teil ist der Oberwald; im Taufstein erreicht er 770 Meter. Er ist eine walbige Hochebene, die sich nach allen Richtungen erst sanft und dann steiler neigt, so daß Täler nach allen Richtungen ausstrahlen. Das Ganze ist eine Basaltmasse, die bedeutendste in der langen Kette vulkanischer Ergüsse und Aufschüttungen zwischen der Eifel und dem böhmischen Mittelgebirge.

In der Rhön haben wir einen gerundeten Aufbau von Buntsandstein und Muschelkalk, auf dem sich kleine Vulkane erheben, und an dessen Fuß sich andre kleine Vulkane anlehnen. Ganz typisch ist der schöne Blick von Frauenberg bei Fulda: ein Mauerwerk von vulkanischen Massen gekrönt und von kegelförmigen Einzelbergen umgeben. Aus der Hohen und Langen Rhön erhebt sich die ätnaähnlichbreite Wasserkuppe zu 950 Meter, mit ihr hängt die Kuppenreiche Rhön mit dem regelmäßigen Krater der Milseburg (830 Meter) und die nach Westen hinaustretende Waldgebirgige Rhön zusammen. Weit umher liegen Kuppen und kleine Hochebenen, besonders nach Osten und Nordosten zu. Der 933 Meter hohe Kreuzberg, der Wetterberg der unterfränkischen Bauern, ist ein kleines halb selbständiges Massengebirge für sich. Nach der Werra hin ist der Gebaberg (700 Meter) vorgeschoben. Die Verbindung nach dem Vogelsberg vermittelt

Der Gebaberg in der Rhön.

das kleine Gebirge des Breitfirst (570 Meter) mit langen sargförmigen Doleritbergen.

Über das Rheinische Schiefergebirge liegen nach Osten hinaus tiefere Landschaften von der Mainbucht von Frankfurt durch die Wetterau bis zur Weser. Man erkennt leicht in ihnen eine fast gerade nördliche Verlängerung der oberrheinischen Senke: die hessische Senke. Die Becken von Gießen und Marburg, die Täler der Nidda, Wetter, mittlern Lahn und Eder sind Glieder dieser Kette von Versenkungen. Vom Taunus bis zu den Ausläufern des Rothaargebirges, die den Lauf der obern Diemel steil umgrenzen, treten die östlichen Vorhügel des Rheinischen Schiefergebirges an diesen tiefern Strich heran, und es entsteht der Gegensatz des reichen Tallandes zu armen Gebirgen. Auf deren Vorstufen entstehen Städtelagen zwischen Hügeln und Bergen, die von Homburg und Nauheim bis hin nach Arolsen denselben Zug von Lieblichkeit tragen. Erst östlich von diesen tiefern Landschaften, in denen Becken mit breitern Tälern und welligen Hügelländern abwechseln, steigen die waldigen Hügel des hessischen Berglands auf. Vom Spessart bis zum Solling bilden sie zwei Reihen von Erhebungen, in deren einer links von der Fulda und der Weser Vogelsberg, Knüllgebirge, Kellerwald, Habichtswald, Reinhardtswald liegen, während rechts Rhön, Meißner (750 Meter), Kaufungerwald, Bronnwald und Solling eine nordsüdliche lockere Reihe bilden. Dem Solling, dessen flache Wölbung sich im Reinhardtswald wiederholt, legen sich aber unmittelbar die vom Harz herüberstreichenden Weserhöhen vor, während vor dem Habichtswald ebenso die linksseitigen Weserhöhen und das Eggegebirge ins Tiefland hinausziehen. In dem dadurch gebildeten fast rechten Winkel liegt die Hochebene des Eichsfelds, eine 450 Meter hohe, rauhe Muschelkalkplatte mit niedern tafelförmigen Stufenabsätzen. Der hessischen Senke gibt zwar dieses Bergland den östlichen Hochrand, aber ein Gebirge ist es nicht, sondern eine Sammlung von Hochebenen, Höhenzügen, Vulkangruppen und Einzelbergen. Zerklüftungen und Versenkungen, die von Vulkanausbrüchen begleitet gewesen sind, haben im Verein mit Wasser und Luft das heutige Bergland gebildet. Man entdeckt in einzelnen Höhenzügen die Richtung des Thüringer Walds, wie im Meißner, in andern die rheinische, wie in der Egge. Doch haben hier offenbar die alten Zusammenhänge zerstörenden Kräfte mächtiger gewirkt als die erhaltenden. Und es ist daher bezeichnend, wie Einsenkungen und Vulkanergüsse die äußerlich hervortretendsten Merkmale dieses Landes sind.

Die Richtung des Harzes und des hessischen Berglandes setzt sich in einer Anzahl von niedrigen Höhenzügen zu beiden Seiten der Weser als Wesergebirge oder Weserbergland fort, wobei der Strom aus der Richtung nach Norden fast ganz in die westliche umgebogen wird. Ihnen entgegen ziehen zugleich die letzten Ausläufer der rheinischen Schiefergebirge, des Sauerlands, und so entsteht hier an der mittlern Weser noch einmal einer von den Winkeln, worin die niederländische und die sudetische Richtung fast rechtwinklig aufeinander treffen. Die Egge (470 Meter) begrenzt als ein echter Wall die Paderborner Hochfläche, und dieser Wall ist so eben und schmal, daß man auf ihm hinfährt und zu beiden Seiten Ausblick hat. Aus der Egge entwickelt sich an der durch die Felsbildungen der mit merkwürdigen Bildwerken bedeckten Externsteine bezeichneten Stelle der Teutoburger Wald, ein schmaler, fast gerade verlaufender Höhenzug, der aus drei parallelen Wellen besteht, die schmale Faltentäler einschließen. Die Grotenburg bei Detmold, die das Hermannsdenkmal trägt, ragt zu 388 Metern hervor. An der Ems bei Rheine löst sich der Teutoburger Wald, im nordwestlichen Teil Osning genannt, in Hügelwellen auf. Einschnitte dieses Zuges liegen bei Detmold, Bielefeld und Iburg. Der Bielefelder Einschnitt (Bielefeld 118 Meter) bestimmte früh die Richtung einer der wichtigsten Rhein-Elbe-Verbindungen.

Gruppe der Elb- und Odergebirge

Die Systeme der Sudeten und des Böhmerwaldes ordnen sich um die obere Elbe wie Schwarzwald und Vogesen um den obern Rhein. Es sind einzelne Horste, die durch Richtung und Bau zu einem Gebirge verbunden sind; ringsum ist das

Land an ihnen abgesunken, und sie selbst sind durch breite Senken getrennt. Im geologischen Bau herrschen entschieden die Urgesteine, die nahezu den ganzen böhmischen Kessel einschließen. Doch durchbricht den Kessel die March im Süden und die Elbe im Norden, und in diesen Lücken treten jüngere Formationen in den böhmischen Grenzwall ein, während auch hier Kalkstufen nach Franken im Westen und Polen im Osten hinableiten. Sudeten und Böhmerwald ähneln einander auch im Bau. Breiten und langen Aufwölbungen sind zahlreiche, aber nicht lange und wenig zusammenhängende Rücken aufgesetzt, die vom Wasser wie vom Verkehr leicht umgangen wurden. Doch kommen dort sowohl in den Gipfeln als in einem Absturz wie dem zum Hirschberger Kessel, in dem bei Warmbrunn der Fuß des Riesengebirges etwa 350 Meter hoch liegt, viel großartigere Formen vor. Die Kare oder Zirkustäler sind noch schärfer ausgeprägt und bringen, da sie zum Teil über der Waldgrenze liegen, mit ihren in die Eiszeit zurückweisenden Seen, den Legföhren und kurzrasigen Alpenwiesen eine felsenhaft alpine Szenerie hervor. Ein klammartiges Tal, wie die Zackenschlucht, paßt zu diesem Eindrucke.

Das Iser- und Riesengebirge, der westliche Zug der Sudeten, ist ein durch den Kamm der Prozenbaude (880 Meter) zusammenhängender Gebirgswall mit westnordwestlichem Streichen, bestehend aus einem Granitkern und einem Mantel kristallinischer Schiefer. Westlich davon bricht die Neiße in einer mittlern Höhe von 220 Metern durch, und östlich haben wir das Aupatal und den Sattel von Königswalde mit 520 Metern. Dazwischen erhebt sich das Gebirge in einer Länge von 100 Kilometern zu 960 Metern mittlerer Höhe. Das Isergebirge beginnt im Osten des Zittauer Beckens mit zwei Gruppen von Längskämmen, die zwischen sich die obere Iser einschließen. Es ist im Süden das Isergebirge (1120 Meter), im Norden der Iserkamm mit der Tafelfichte (1123 Meter), beides flachwellige Gebirge, bis oben dicht bewaldet, so daß nur von Aussichtstürmen ein freier Blick über die Kronen der die Gipfel umdrängenden Fichten gewonnen wird. Das eigentliche Riesengebirge bildet einen wasserscheidenden Kamm von 1100 Metern Höhe in der

Länge von 49 Kilometern, der steil zum Hirschberger Kessel abfällt, während sich im Süden ein Stufenbau erhebt. Der wasserscheidende Kamm, der zugleich der Grenzkamm ist, erreicht in der pyramidenförmig hervortretenden Schneekoppe (1601 Meter) die höchste Erhebung der Sudeten. Jenseits eines von der Elbe durchbrochnen Längstales erhebt sich auf böhmischem Boden ein zweiter Kamm, der im Brunnberg 1555 Meter erreicht. Das Riesengebirge hat alpine Züge, wo es mit einem schmalen Saum von Vorbergen aus der 250 Meter hohen Hirschberger Ebene emporsteigt. Die amphitheatralisch von Felsen umrandeten und Täler abschließenden Gruben oder Kessel erinnern an die Kare der Alpen. In ihnen lagen einst in der Eiszeit Gletscher, und heute bewahren sie Schneereste als Firnflecke. Jenseits des kriegsberühmten Passes der Landeshuter Pforte liegt das Glatzer Bergland (Schneeberg 1400 Meter), das mit zwei Gruppen von Bergwällen: Eulengebirge, Reichensteiner, Heuscheuer-, Adler- und Habelschwerdter Gebirge den Glatzer Kessel einschließt. In derselben Richtung folgt nach Südost das dem Harz ähnliche Gesenke (Altvater 1500 Meter). Aus den Vorbergen der Sudeten tritt im Norden der alte heilige Berg der Slawen, der Zobten, im Westen die kühngeformte Basaltkuppe der Landeskrone hervor.

Der südwestliche und südliche Gebirgswall Böhmens ist der Böhmerwald, beim Volke schlechtweg „der Wald". Ein außeniegender südwestlicher Teil diesseits des Schwarzen Regens und Ilz wird als Bayrischer Wald abgesondert, wo dann Böhmerwald im engern Sinne das Gebirge zwischen der Senke von Neumarkt (450 Meter) und Taus und dem Moldauknie bei Rosenberg ist. Die nördlich davon liegenden, weniger hohen, mehr platreauartig weit hingezognen Wellenzüge bis zur Eger oder genauer bis zum Wondrebtal, wo die Grenze gegen das Fichtelgebirge 450 Meter hoch liegt, pflegt man Pfälzerwald zu nennen. Die ins Nabtal führenden Straßenpässe von Waldmünchen, Bärnklau, Waidhaus liegen alle über 600 Meter. Als Nabgebirge sondern endlich die bayrischen Geographen den zwischen Weiden und Schwandorf über die Nab hinausziehenden Teil des Pfälzerwaldes ab. Im eigentlichen Böhmerwald samt dem

Bayrischen Wald liegen zwischen breiten Rücken, aus denen der Arber zu 1460, der Rachel zu 1450 Metern ansteigen, Hochflächen (Pässe von Eisenstein und Kuschwarda 920 und 970 Meter, Längstal der Moldau 710 Meter), die aber weder so gedrängt noch so massiv sind, daß sie das Gebirge als Schranke den Vogesen vergleichbar machen könnten. Nur im hintern Wald rücken sie dichter zusammen, im Bayrischen Wald sind sie lockter, und dieser ist daher viel wegsamer, trotzdem daß Hochwald mehr als zwei Fünftel seiner Oberfläche bedeckt. Um so einheitlicher ist die Nordwestrichtung in allen Kämmen, Gipfeln und Tälern, vor allem in dem merkwürdigen Pfahl, einem Quarzzug von 40 bis 50 Metern Breite und 150 Kilometern Länge, der schneeweiß aus dem dunkeln Walde hervorleuchtet. Auch der Pfälzerwald hat bei Tachau seine kolossalen Quarzfelsriffe.

Das Elbsandsteingebirge liegt als ein deltaförmiger Keil zwischen dem Erzgebirge und dem Lausitzer Bergland, im Gegensatz zu deren deutlich gewellten Hochflächen ein Tafelland bildend, das durch eine Anzahl von engern Tälern zerschnitten ist, die scharf die einzelnen Sandsteinböcke voneinander sondern. Diese sind auf ihrer Oberfläche gewöhnlich flach, wo man sie dann ganz treffend „Ebenheiten" nennt. Die Wände der schmalen Täler fallen oft fast senkrecht in die Tiefe, wo wieder ein ebener „Grund" alles Schroffe dieser Formen aufnimmt und aufhebt. In diesen Gegensätzen der Ebenheiten, der Talwände und der Gründe liegen die Elemente einer wilden Szenerie, die allerdings mit der geringen Größe (der höchste Gipfel ist der Schneeberg mit 720 Metern) aller Verhältnisse in einem merkwürdigen Widerspruch stehen. Die barocken, oft geradezu märchenhaften Felsformen, die senkrechten Mauern, Säulen, Pfeiler, Türme, die Höhlen und Tore mildern diesen Widerspruch, und die Landschaft hat doch im Grunde, auch wo sie an den Eindruck des „Imitierten" streift, einen eignen großen Zug; nicht am wenigsten durch jenen andern Gegensatz der stillen Quadermauern zu den Eisenbahnen, Straßen, kanalisierten Flußstrecken, Wehren und Schloten in jedem „Grund". Doppelt stark empfindet man dort unten das Seltsame, wie kleine Massen die Träger großer Kontraste sind.

Das Erzgebirge steigt von Norden mit seinen gefalteten Schiefern langsam an und fällt nach Süden in mehreren Absätzen steil ab. Der im Mittel 600 Meter hohe Abfall zum Egertal, wo der Fuß des Erzgebirges bis zu 260 Metern herabsinkt, erinnert ebenso an die Steilabfälle des Schwarzwaldes und der Vogesen zum Rheintal, wie deren sanfte Abdachung zum Neckar und zur Mosel an die Abdachung des Erzgebirges zur Mulde. Das Bild der halbaufgehobenen Falltür wäre auch hier vollkommen anwendbar. Auch im Erzgebirge sind die höchsten Erhebungen (Keilberg 1240, Fichtelberg 1215 Meter) dem Steilabfall zugekehrt. Der breite Kamm, der über 180 Kilometer weit in einer Höhe von durchschnittlich 840 Metern hinzieht, ist nur der obere Rand der von Norden langsam sich aufwellenden Felsmasse. Die Gipfel treten sehr wenig hervor, ihre mittlere Höhe ist nur 38 Meter über der mittlern Höhe des wellenförmigen Kammrückens, den Wiesen, Äcker und Waldparzellen bedecken. Zahlreiche Dörfer und Häuser, die großen einförmigen Gebäude der Bergwerke und Fabriken, die Schutthalden und die Schornsteine in den flach eingesenkten Tälern tragen die Merkmale der Kulturlandschaft bis in die höchsten Teile des Gebirges. Plutonische Durchbrüche kommen nur in beschränktem Maße vor. Erst der Blick vom Kamm nach Süden auf das wie ein Stück Mondrelief vor uns liegende böhmische Mittelgebirge zeigt die in Mitteldeutschland sonst so vertraute Kraterlandschaft. Im Kaiserwald bei Karlsbad ist ein Rest des alten Gebirges südlich von der Bruchzone stehen geblieben. Während sich das Vogtländische oder Elsterbergland, ein Hügelgewirr, in dem sich das erzgebirgische, fichtelgebirgische und böhmische System durchkreuzen, allmählich zur sächsisch-thüringischen Bucht herabsenkt, hat das Erzgebirge eine Stufe im Norden. Durch das Erzgebirgische Becken (300 bis 400 Meter) und eine Reihe von flachen Erhebungen, die diesem folgen, ist der Fuß des Erzgebirges vom Tiefland getrennt. Und diese Stufe verliert sich in das Tiefland durch eine Reihe von runden Hügeln, die zum Teil vereinzelt aus dem Tieflandschutt auftragen. Dieser wellige Abfall nach Norden bewirkt einen großen landschaftlichen Gegensatz: ein voller Blick auf das Erzgebirge wie im Süden aus dem Egertal ist von Norden her nicht zu gewinnen. Das sächsische Mittelgebirge mit seiner welligen Hochfläche von 300 bis 400 Metern ist eines der in Deutschland so weit verbreiteten Hügelländer von milden Formen. Zwischen dem Erzgebirge und diesem Mittelgebirge liegen im Erzgebirgischen Becken die reichen Kohlenlager von Zwickau. Als dritte Stufe baut sich das Lausitzer Bergland nach Osten hin aus, in dem wir die Gesamtheit der Erhebungen zwischen der Sächsischen Schweiz und der Neiße zusammenfassen. Es ist eine langsam von 400 Metern im Süden bis zu 100 Metern ins nördliche Tiefland sinkende gewölbte wellige Platte, deren höchste Erhebungen (der Falkenberg im Hochwald 606 Meter) aufgesetzte Basaltkegel sind.

Die herzynische Gruppe

Das Fichtelgebirge wird mit Recht von den Anwohner besser ldner als Fichtelberg bezeichnet. Es ist eine Granitwölbung, der fünf kleinere Wölbungen als Bergrücken aufgesetzt sind. Die relative Höhe ist gering, denn die Wölbung erhebt sich über einer Hochebene, die vom Vogtland herzieht: Wunsiedel liegt auf ihr 250 Meter hoch. Schon von der Luisenburg sieht man das Gebirge grenzlos ins Erzgebirge übergehn. Aus den beiden längern Rücken, die nordöstlich streichen, treten im Westen die flachen Wölbungen hervor (Schneeberg 1040 Meter, Ochsenkopf 1020 Meter), die allerdings nur wenig ihre nächste Umgebung überragen. Nur kleine Besonderheiten, wie Abplattung des flachen Kegels des Ochsenkopfes, wie man ihn von Gefrees aus sieht, fallen an den einfachen Formen auf. Diese westlichen Ketten oder besser Gewölbe bilden den eigentlichen Fichtelberg. Vom Schneeberg zieht eine schmale Höhe bis zum Elstergebirge, die Waldsteiner Berge (Gipfel 880 Meter), und im Südwest vollendet der Steinwald oder der Weißenstein (840 Meter) die hufeisenförmige Umschließung, aus der die Eger hervortritt. Es ist ein merkwürdiger Blick, den man durch diese Anordnung der Höhenzüge von Wunsiedel aus nicht auf das Gebirge, sondern in das Gebirge hinein gewinnt; man steht in der Öffnung eines riesigen Winkels und sieht nach dem Scheitel hin, wo hinter der Wölbung der hohen Heide die breite regelmäßige Pyramide des Schneeberges ansteigt. Der Beschauer steht einer in tieferm Sinne bedeutsamen Landschaft gegenüber, sind es doch die Grundrichtungen im Bau des deutschen Bodens, die hier aufeinandertreffen und dem Fichtelgebirge eine so wichtige Stellung im Bau und in der Bewässerung des deutschen Bodens verleihen.

Der Thüringer Wald streckt sich wie ein Ausläufer der Umrandung des böhmischen Kessels genau in der Richtung des Böhmerwaldes, nach Nordosten bis zur Weser und trifft mit dem hessischen Berglande dort im spitzen Winkel zusammen. Rings von tiefern Ländern umgeben, ist er unter allen deutschen Mittelgebirgen das gebirgskettenhafteste. Er bietet auf jedem Gipfel und jeder Stelle des breiten, bezeichnenderweise mit dem uralten Grenzweg des Rennsteigs belegten Kammes weite, kontrastreiche Aussichten, wo nicht Hochwald den Blick beschränkt.

Langsam entwickelt sich der Thüringer Wald aus der hochebenenhaften, von schmalen Tälern zerschnittenen Tonschieferplatte des Frankenwalds, den die junge Saale zwischen Felsenhängen wie eine „kleine Mosel" durchschlängelt, und zeigt sofort seine Eigentümlichkeit durch steilern Nordabhang, Zusammenrücken des Nord- und Südabhanges bis auf 20 Kilometer und zugleich eine Erhöhung bis zu hervorragenden Punkten von über 900 Metern (Beerberg 985 Meter), deren eine größere Zahl im östlichen Teil des Gebirges liegt, und zwar entweder auf dem Kamm oder nur wenig seitab. Vom Inselsberg (915 Meter) westwärts sinkt die Höhe des Gebirges langsam. Mit einer mittlern Kammhöhe von 780 Metern und 110 Kilometern Länge zieht sich so der Wall von der Saale zur Weser. Die wie ein Vorgebirge heraustretende Wartburg bezeichnet eine der wenigen abgezweigten Höhen (395 Meter).

Der Harz liegt für einen raschen Blick zwischen Ost und West, hat daher eine ausgesprochne Süd- und Nordseite. Bei genauerer Betrachtung erscheint aber seine Gebirgsachse ostsüdöstlich-westnordwestlich gerichtet: die Richtung der uralten Falten des verwitterten Gebirges. Auf fast allen Seiten hebt er sich deutlich, oft inselartig scharf von seiner Umgebung ab.

Dazu trägt allerdings auch der Gegensatz seines dunkeln Waldkleides zu den hellern, bewohntern Kulturflächen ringsumher bei. Seine geringe Fläche von wenig über 2000 Quadratkilometern — 100 Kilometer Länge bei 30 Kilometer größter Breite — erlaubt, von verschiednen Seiten mit einem Blick einen großen Teil des Gebirges zu umfassen, was den inselhaften Charakter wie den landschaftlich wohltuenden Eindruck eines gestaltenreichen und doch geschlossnen Gebirgsganzen noch verstärkt. Nur im Osten sinkt er langsam auf eine wellige Hochebene von 325 Metern herab, die sich bis zur Unstrut verfolgen läßt. Kein Längstal bezeichnet hier den Unterschied zwischen den alten Kernschichten und den jüngern Bildungen der Mansfelder Gegend. Dagegen ist der Westabhang des Gebirges steil. Das ganze Gebirge erhebt sich auf einer nach Osten geneigten Platte. Wer das Glück hat, bei klarem Wetter vom Brocken aus den Harz zu überblicken, was sich im Winter leichter ereignet als im Sommer, der sieht nach Westen hin die flachen Wölbungen rasch an Höhe zunehmen, und am Westrand schaut er von einer 600 Meter hohen Platte auf das Tal der Leine hinab, die hier 200 bis 300 Meter tiefer fließt. Der Brocken (1140 Meter) liegt mit dem langen Höhenzug des Bruchbergs zwischen dem höhern westlichen Teil, dem Oberharz, und dem niedern östlichen, dem Unterharz. So weit auch der Harz nach Nordwesten vorgeschoben ist, er erinnert nicht nur in seiner ausgedehnten Bewaldung mit dunkelm Nadelholz an den Schwarzwald oder den Bayrischen Wald. Mancher hellgrüne Wiesengrund zwischen Waldwänden, manche Felsschlucht, durch die ein Bach über braune, bemooste Blöcke rauscht, manche Felsrinne ruft dieselbe Erinnerung wach. Es ist ein Doppelzug von Kraft und Milde in diesen Granitbergen, deren Rauheit das Waldkleid mildert.

Die Mittelgebirgslandschaft

Wer eine Sammlung mittel- und westdeutscher Landschaften durchblättert, sieht überall dieselben milden Wellenformen; wer die Merianischen Städtebilder vergleicht, sieht dieselben Linien allenthalben in den Gebirgshintergründen. Leute, die unsre Landschaften nicht kennen, halten das für Manier, es sind aber treue Bilder der Wirklichkeit. So kann es kommen, daß sich Schwarzwald und Vogesen von manchen Stellen des obern Rheintals aus zum Verwechseln ähnlich sehen, gerade so wie nach der Unstrut zu sich Harz und Thüringer Wald Kamm über Kamm mit ähnlichen Wellenhügeln gegeneinander vorbauen. Und der auf dem Rücken des Brockens Stehende hat wohl den Eindruck, auf einer flachen Wölbung zu stehn, bemerkt aber nichts vom ganzen übrigen Gebirge als diese hinauszitternden Wellenhöhen.

In diesen Gebirgen sind die größten Gegensätze längst ausgeglichen. Noch manches tiefe Tal und manche steile Felswand blieb übrig; aber in dem trägen Anstieg breiter Erhebungen geht manche landschaftliche Schönheit verloren, die die Höhe über dem Meeresspiegel uns erwarten läßt. Wie allmählich erhebe ich mich vom Rand des Tieflandes, etwa von Leipzig oder Halle aus, zum Erzgebirge auf der einen und zum Harz auf der andern Seite. Bei Halle markiert noch der 240 Meter hohe Kegel des Petersbergs den Gebirgsrand, aber der Übergang in das sächsische Bergland ist fast unmerklich. Zunächst sehen wir nur die Wiederholung der langen Wellen und Schwellen des Tieflandes. Ein leichter Einschnitt des Schienenwegs oder der Verlauf der Straßen zwischen zwei Wölbungen, die kaum uhrglasförmig sind, kündigt den Eintritt in das Hügelland an. Ein von zwei Rasenstreifen und zwei Reihen Kirschbäumen eingefaßter Weg führt zu einer Baumgruppe, die sich scharf vom Himmel abhebt; ihr Herunterschauen vermittelt mir den ersten „bergmäßigen" Eindruck. In den Mittelgebirgen überwiegen die Breitendimensionen so sehr die der Höhe, daß das Heraufdämmern und Hereinragen des höhern Hintergrundes, ein Grundzug alpiner Landschaftsbilder, gar nicht vorkommt. Bei einer

Wanderung im Harz, im Thüringer Wald oder im Schwarzwald
sieht man die höchsten Gipfel erst, wenn man an ihrem Fuße
steht und auch dann oft nicht ganz, sondern der eigentliche Gipfel
verbirgt sich noch lange hinter der rundlichen Wölbung, die die
Basis des Gipfels bildet. Oder man sieht sie, wenn man einen
Standpunkt ziemlich weit davon nimmt, wie man denn den
vollen Anblick des Brockens nur außerhalb des Gebirges gewinnt,
oder zur Not als Schattenriß, den die untergehende Sonne auf
eine im Osten stehende Nebelwand zeichnet. Daher kommt es,
daß man die Reize einer Talwanderung in diesen Gebirgen
nicht in dem Blick nach vorn und oben, sondern im Talgrunde
und an den Gehängen sucht. Die grünen Gründe der Sächsischen
Schweiz, die über braune, uralte, bemooste Granitfelsen plät-
schernde Bäche des Harzes, die Felsenklippen an den steilen Hängen des Murgtales oder des Bodetales, der Kontrast zwischen
dem leuchtenden Gelbweiß und Grauweiß der Jurafelsen der
Schwäbischen Alb oder des Frankenjura und dem Grün der ebenen
Talgründe mit den langsamen, klaren Wässern der Donau oder
der Altmühl gehören alle hierher. In ihnen sucht der Wanderer
eine Art von Entschädigung unten für das, was ihm anderwärts
das Hochgebirge aus der Höhe bietet. Daher auch der große
Wert, der in den Mittelgebirgen mit Recht den Seen beigelegt
wird.

So sind denn auch die meisten Täler unsrer Mittelgebirge
flach ausgehöhlt, entsprechend den flachen Wellen, den Erhebungen, zwischen denen sie hinziehen. Daher die Talmulden mit
sanften Böschungen, in denen die große Mehrzahl jener Städtchen und Dörfer liegt, mit deren Namen sich die Vorstellung
der lieblichsten Lagen unsrer Mittelgebirge verbindet. Solche
Talmulden haben eine bestimmte Umrandung, ohne abgeschlossen
zu sein. Man sieht die Straßen über die runden Rücken der Tal-
ränder hinaus in die Ebene oder hinüber in Nachbartäler ziehen.
Baumreihen deuten nach allen Seiten ausstrahlende Feldwege
an, und oft zeigt eine drüben emporsteigende Rauchsäule, wie
bald der Talrand überschritten ist. Wohl fehlt es auch nicht an
tiefen Tälern von der Art des Höllentals im Schwarzwald, des
Saaletals im Frankenwald oder des Bodetals im Harz, und ge-

rade aus ihren Wänden treten die kühnsten Klippen, wie der Hirschsprung und die Roßtrappe, hervor. Daß in ihrer Tiefe die kühnen Formen erscheinen, ist ebenso bezeichnend für unsre Gebirge, wie die Abgeglichenheit der Höhen. Das Wasser hat eben seine nagende und hinabführende Arbeit mit der Zeit immer tiefer verlegt, und diese Täler sind der jüngste, noch immer in die Tiefe und in den Berg hineinwachsende Teil der Gebirge.

Weiter oben bleibt der Schutt liegen, wie er fällt, und so erscheint uns ein ganzes Gebirge, wie das Fichtelgebirge, an der Oberfläche als ein Trümmerhaufen. Die berühmten Felsenmeere, wie sie im Fichtelgebirge auf der Luisenburg, im Odenwald hinter dem Königsstuhl, im Harz auf dem Brockenfeld, bei den Hohneklippen, bei Schierke und Braunlage liegen, sind nur die Höhepunkte der Zertrümmerung. Überall treten in solchen Gebirgen bald rundliche wulstförmige, bald plattige Granitmassen aus dem Boden hervor. Wenn man sie mit Erde und grünenden Heidelbeerbüschen ganz überzogen sieht, erkennt man das Bild des Gebirges in ihnen, dessen Felsenkern in ähnlicher Weise von einer Trümmer-, Schutt- und Humusdecke umhüllt wird. Selten entblößt ein Wegeinschnitt die tiefern Bodenschichten, ohne daß große oder kleine Granitblöcke zutage treten. Bedenkt man nun, daß wir hier den Rest eines Gebirges vor uns haben, von dem Tausende von Metern andrer Gesteine durch Luft und Wasser gleichsam losgeschält sind, so erscheint uns auch das mächtigste Felsenmeer nur als ein Mittel für Luft und Wasser, um dem Gebirgskern näherzukommen. Die Granitfelsenmeere des Odenwaldes und des Fichtelgebirges, die aus gerundeten und vereinzelten Klippen und Blöcken bestehn, sind aber verschieden von den Sandsteinklippengebieten, die besonders im Buntsandstein häufig wiederkehren. Bei diesen ist immer der Quaderbau der alten Schichtung kenntlich, und es gibt Vogesenburgen, wo es schwer ist zu sagen: Hier hört die natürliche Quaderschichtung auf, und dort beginnt die künstliche des Steinmetzen. Die Mauern sind an der Wasenburg, am Schloß von Hochbarr u. a. wie mit dem Felsen verwachsen.

Man kann nicht das Mittelgebirge mit den Alpen vergleichen, und man kann auch nicht von dem Tale, das in eine gleich-

Die Zugspitze im Wettersteingebirge von der Blauen Gumpe im Reintal gesehen.

mäßig abgetragne Platte eingegraben ist, dieselbe Mannigfaltigkeit der Bilder verlangen wie von einem, das sich durch ein reichgegliedertes Hügelland windet. Denen, die unsre Mittelgebirgslandschaft tief unter die Alpen stellen und die Natur nur vor einem Gletscherhintergrund groß finden, möchten wir zurufen: Gebt auch der Landschaft ihr eignes Recht. Einem Schilderer des Erzgebirges, Berthold Sigismund, hat man es verdacht, daß er besonders hervorhob, das Erzgebirge habe „keine trotzigen, imposanten Berge, keine Seen, überhaupt wenig oder nichts, bei dessen Anblick der verwöhnte Tourist der Gegenwart das Augenglas einklemmen und in Beifallsrufe ausbrechen würde. Die Täler sind mehr traulich und gemütlich" Gegen das Positive in diesem Satz ist nichts einzuwenden; das Erzgebirge hat in der Tat besonders auf der sächsischen Seite mehr milde als großartige Formen. Vernünftiger wäre es aber, statt zu sagen, was unser Mittelgebirge nicht haben kann, hervorzuheben, was es als uraltes Gebirge haben muß. Das hieße seine ausgeglichnen Formen in die erdgeschichtliche Perspektive rücken, wo sie uns dann allerdings nicht bloß traulich und gemütlich, sondern vom Hauch einer Geschichte umweht, die nach Millionen Jahren zählt, ehrwürdig und in ihrer Weise großartig gegenübertreten.

12

Die Alpen

Nur ein Streifen der nördlichen Kalkalpen liegt auf deutschem Boden. Das Alpengebiet im geschichtlichen Sinne beginnt zwar schon an der Donau, denn die Bildung des Donautals ist ein Akt der Bildungsgeschichte der Alpen. Ja man wandelt auf den weißgrauen alpinen Anschwemmungen schon, wenn man von dem in den Jura geschnittnen Altmühltal, das in die Donau mündet, südwärts geht. Aber was von den eigentlichen Alpen zu Deutschland gehört, ist an den meisten Stellen nur einige Meilen breit. Nichtsdestoweniger umschließt dieser Streifen eine der eigentümlichsten deutschen Landschaften. Nicht wie in der Schweiz verbinden hier große fruchtbare Täler die Alpen mit ihrem Vorlande. Die Schwäbisch-Bayrische Hochebene liegt als ein ganz selbständiges Gebiet den Alpen gegenüber, und so sind auch die geschichtlichen Schicksale der deutschen Alpen und des deutschen Alpenvorlandes immer verschieden gewesen. Wie eine Mauer stehn die Kalkalpen vom Rhein bis zur Salzach, und dahinter liegen wie Gräben die Längstäler der Ill, des Inn, der Salzach. Zuerst erheben sich die Algäuer Alpen mit drei Gebirgsstrahlen, zwischen denen die Quellbäche des Lech, der Bregenzer Ache und der Iller herabbrausen. Der Arlberg liegt als Schwelle zwischen ihnen und den Rhätischen Alpen. Als ein Grenzpfeiler erhebt sich zwischen Österreich und Deutschland an der südlichsten Spitze des Deutschen Reichs die Mädelergabel (2650 Meter). Die Algäuer Alpen haben im ganzen deutschen Alpengebiet die ausgedehntesten und fettesten Weiden, und in ihren Landschaften ist das Grün der Wiese am stärksten vertreten. Selten sind im ganzen Alpenzug so steile und dabei ganz übergrünte Berge wie die Höfats bei Oberstdorf. Das Bild ändert sich, sobald wir den Lech überschreiten. Da stellen sich uns Blöcke und Mauern von steingrauem oder gelblichweißem Dolomit entgegen, von denen weiße Trümmerschutthalden ins grüne Land hinabfließen, und die höchsten turm- und zinnenförmigen Berge (Zugspitz 2960 Meter) leuchten mit schimmernden Firnschilden weit ins Land hinaus. Dazwischen sinkt aber das Felsmauerwerk in einzelnen Breschen tiefer ein als in den schwerer gangbaren Algäuer Alpen. Der Fernpaß (1250 Meter) und der Seefelberpaß (1175 Meter) sind schon zur Römerzeit beschritten worden, die Partenkirchen — Parthianum — als Rastplatz am Gebirgsfuß auf dem Wege vom Inn zum Lech kannte, und haben bis in die neuere Zeit ihre Bedeutung für die Verbindung Augsburgs mit dem Brenner gewahrt.

Der Inn legt eine tiefe Bresche in die nördliche Alpenmauer; der Schienenweg steigt sacht nur 60 Meter an von München (510 Meter) bis zu dem am Fuß des Brennerpasses liegenden Innsbruck. Der Brenner, ohnehin tief eingeschnitten, wird durch diese leichte Zugänglichkeit der wichtigste aller Alpen-

päſſe für das mittlere und öſtliche Deutſchland. Jenſeits vom
Inn erheben ſich die Chiemſee- und Salzburger Alpen mit den
maſſigen Kalkblöcken ihrer Berge, die entweder von Firn bedeckt oder von Karen durchfurcht ſind (Watzmann 2715 Meter).
An der Saalach und dem Königſee entlang zieht ſich in eines
ihrer großartigſten Täler das Berchtesgadner Land hinein, alles
in allem wohl der ſchönſte Fleck auf deutſcher Erde. Hart daneben bricht die Salzach eine zweite Breſche in die Kalkalpen-
mauer, durch die an einem hoffentlich nicht fernen Tage der
mittel- und ſüdoſtdeutſche Verkehr über Salzburg die Tauernbahn erreichen wird. In dieſer Lücke, die auf den uns von Natur
nächſtgerückten Teil des Mittelmeers, die Adria, hinführt, öffnet
ſich für Deutſchland die nächſte Ausſicht in irgendeinem Sinne,
wieder eine mittelmeeriſche Macht zu werden.

13
Das norddeutſche Tiefland

Indem die deutſchen Mittelgebirge von den Karpaten bis
zum Teutoburger Walde nordweſtwärts hinausziehen, bleibt
ein Raum zwiſchen ihnen und dem Meere frei, der im Oſten
breit iſt und ſich im Weſten am Ärmelkanal austeilt: das nord-
deutſche Tiefland. Das iſt ein Teil des vom Jeniſſei bis zur
Nordſee gleichartigen aſiatiſch-europäiſchen Tieflands: weites
Land, weiter Horizont, über weite Strecken armer Boden. Es
iſt als Tiefland meerverwandt nach Lage wie Geſchichte: überall
ſinkt es langſam zum Meeresſpiegel hinab, und die Einflüſſe
des Meeres machen ſich bis in die letzten Tieflandbuchten am
Gebirgsrand geltend. An den freien Horizont des Meeres erinnert das Tiefland, wo es am ebenſten iſt und die Wolkenberge,
der Feuerball der untergehenden Sonne und die unerſchöpf-
lichen Feinheiten der Luftperſpektive die hervorragendſten Züge
der Landſchaft ſind. Aber es iſt doch keine einförmig ſchiefe Ebene.
Flach liegt es vor dem Gebirge, langſam taucht es in die Nord-

See, aber der Ostsee legt es sich in unabsehbaren Hügelwellen gegenüber, und seine Ströme dämmt es mit 100 Meter hohen Steilufern ein. Wenn es auch Tiefland ist, birgt es noch so viel Höhen- und Formunterschiede, daß es weder Flachland noch Tiefebene genannt werden sollte. Wenn der Kreuzberg bei Berlin, der nur 25 Meter hoch ist, seine Umgebung schon merklich überragt, so ist der Turmberg bei Danzig mit 330 Metern eine bedeutende Erhebung. Man muß die Bäche an seinen walddunkeln Flanken herabbrausen sehen und hören, um zu verstehen, daß die Tieflandbewohner in diesen Höhen schon etwas Gebirgshaftes sehen. Ist doch dieser Berg die höchste Erhebung überhaupt zwischen der Nordsee und dem Ural! Gerade die Natur dieses Tieflandes läßt sich nicht aus den gewöhnlichen Karten erkennen, die solchen Höhenunterschieden mit ein paar dünnen Gebirgsraupen oder im besten Fall mit einem Farbenton gerecht werden wollen. Den Eindruck der zwischen Kulm und Marienwerder 100 bis 150 Meter hohe Hügelufer durchbrechenden Weichsel oder der Tausende in den tiefen Trichtersenkungen der in von großen und kleinen Seebecken gleichsam durchlöcherten baltischen Höhenrücken liegenden Waldseen gibt keine Karte wieder. Die Höhenunterschiede des Tieflands sind nur am Menschen selbst zu messen. Außerdem gehört aber die massige Breite des Hingelagertseins zu ihrem Wesen, samt den ebenso breiten und zahlreichen Wasserflächen. Wo die Höhenunterschiede zusammenschwinden, bleiben doch die Verschiedenheiten in der Art und Lagerung der Gesteine übrig, die sich von einer dichten „Steinpackung" erratischer Granitblöcke bis zum Flugsand und der weichen schwarzen Marscherde abstufen mit einer Fülle von Wirkungen auf Pflanzendecke, menschliche Daseinsformen und Landschaft. Daß sich aber über Wald und Meer, Moor und Heide überall ein hoher Himmel wölbt, und daß, je niedriger das Land, desto höher der Himmel ist, desto mehr Licht, Blau und mächtigere, freiere Wolkengebilde im Gesichtskreis sind, darf man am wenigsten vergessen, wenn man die deutschen Tieflandschaften würdigen will.

Die Felsengrundlage

Das norddeutsche Tiefland ist mit dem Schutt der Eiszeit bestreut, den man geologisch jung nennen kann, und aus den Alpen und Mittelgebirgen führen seit Jahrtausenden die Flüsse Sand und Schlamm heraus, den sie im Tiefland ablagern. Aber darum ist dieses Land doch kein junges Erzeugnis der dahinterliegenden Gebirge. Man kann nicht sagen wie von Ägypten: es ist ein Geschenk seines Stromes. Das angeschwemmte Land ist an der Ostsee, wo es überhaupt vorkommt, ein schmaler Streifen und breitet sich nur im Weichsel- und Memeldelta aus. An der Nordsee wird es größer und nimmt am meisten Raum im Rheindelta ein. Unter seiner einförmigen Schuttdecke verbirgt das norddeutsche Tiefland einen gebirgshaft unregelmäßigen Bau voll Spuren und Resten von Falten, Spalten und Verwerfungen. Man kann hoffen, daß eines Tages die Gebirge dieser Zone vor unserm geistigen Auge wiedererstehn werden, wie die uralten Alpen des Mittelgebirgs wieder aufgebaut worden sind. Man ahnt schon jetzt Gesetzmäßigkeiten dieser begrabnen Gebirgsbildung, wenn man Reste anstehender Kreidefelsen in Mecklenburg zwischen Südosten und Nordwesten ziehen sieht, oder wenn in dieser oder einer rechtwinklig daraufstehenden Richtung Täler und Seebecken fast parallel aufeinander folgen oder sich nebeneinander wiederholen. Wie mächtig auch der Gesteinschutt an manchen Stellen anschwillt, die großen Formen des norddeutschen Tieflands gehören diesem alten Untergrund an. Sehr vereinzelt, aber an nicht wenigen Stellen tritt er felsenhaft zutage. Helgoland und Rügen (Kreide von Stubbenkammer 133 Meter) sind die klassischen Beispiele. Gipsberge der permischen Formation zeigen bei Segeberg in Holstein, Lübtheen im Mecklenburgischen, Sperenberg bei Berlin, Hohensalza in Posen darunterliegende Salzstöcke von einer Mächtigkeit an, die zum Teil gewaltig ist. Wo nicht Gipsberge hervortreten, zeugen Höhlen und Erdfälle für das Dasein des leichtlöslichen, bald ausgewaschnen Gesteins in der Tiefe. In Muschelkalkhügeln bei Kalbe an der Milde und Rüdersdorf bei Berlin sind wichtige Steinbrüche aufgeschlossen. An den Küsten und auf den Küsteninseln von Mecklenburg und Pommern, bei Fritzow, Kammin, Coltin, Bartin tritt Jurakalk hervor, bei Dobbertin blauer Liaston in einem 80 Meter hohen Rücken. Besonders verbreitet sind aber Kreidegesteine, die von der Gegend von Itzehoe, wo sie eine Seeinsel bilden, über Heiligenhafen, Schmölln, Usedom (Lübbiner Berg 54 Meter), Wollin bis Kalwe bei Marienburg ziehen. Noch viel weiter verbreitet sind Ablagerungen eines Meeres der mittlern Tertiärzeit, das sich allmählich nach Nordwesten zurückzog, nachdem es an seichten Gestaden und in den Deltas der aus dem Gebirge herabsteigenden Flüsse organische Massen begraben hatte, aus denen dann mächtige Braunkohlenflöze entstanden.

Die Schuttdecke

Der Boden Norddeutschlands trägt die Spuren einer großen Bedeckung mit festem und flüssigem Wasser. Reste gewaltiger Stromtäler und Seen und vor allem einer von West bis Ost reichenden Eisbedeckung geben ihm seine größten und wirksamsten Formen. So allgemein verbreitet diese Reste sind, so ungleichmäßig, ja verworren ist ihre Lagerung. Die Trümmer, die das Wasser in diesen verschiednen Formen hinterließ, sind ausgelaugt, großenteils der Fruchtbarkeit beraubt und höchst ungleich verteilt. Es fehlen die erzreichen Gesteine der deutschen Mittelgebirge, die großen Kohlenlager älterer Formationen. Tertiäre Braunkohlen treten in den Landrücken auf. Solquellen verraten da und dort den Reichtum an Salz in der Tiefe. Vereinzelte Lager von Raseneisenstein, Gips, Kreide werden sorgsam ausgebeutet. Der Ackerbau beklagt die Kalkarmut des Bodens, besonders des Sandes. Fruchtbar sind die Marschländer an der Nordsee und im Weichseldelta, günstig ist die starke Vertretung des Geschiebelehms auf der Seenplatte, des Bodens der herrlichen Buchenwälder und schweren Weizenähren Mecklenburgs. Am ungünstigsten sind die Höhensande des südlichen Landrückens und der alten Talungen sowie die Moore. Diesen unfruchtbaren Strecken gewann nur die ausdauerndste und genügsamste Arbeit Kulturboden ab.

Wo Schutt der Eiszeit den Boden bedeckt, haben sich besonders zwei Bodenformen gebildet, die zugleich zwei Landschaftstypen sind. Wir haben flachgewölbte, gleichmäß'ge Hochflächen bei Teltow und Barnim, zwischen Posen und Gnesen, zwischen Königsberg und Eydtkuhnen: leichtwelliger Boden, von den schmalen Rinnen des Schmelzwassers der Eiszeit zerschnitten, die bald träge Bäche, bald Torfmoore enthalten, bald auch von Flugsand verschüttet sind, den aus den flachen Höhen das Wasser aus dem Ton und Mergel herausgewaschen hat. Tone und Mergelsande sind als die feinsten Erzeugnisse der Schlämmung des Gletscherschnitts in Vertiefungen abgesetzt, wo einst Eisseen gestanden haben mögen; der fruchtbare, bis zu drei Metern mächtige Deckton gehört zu ihnen. Runde Vertiefungen, Sölle oder Pfuhle, wasser- oder torfgefüllt, sind oft sehr zahlreich; wahrscheinlich bezeichnen sie die Stellen langsamen Abschmelzens verschütteter Eisblöcke, über denen der Schutt trichterförmig einsank. Eine andre Landschaft ist die der Grundmoräne, die am deutlichsten auf dem baltischen Höhenrücken ausgebildet ist: verhältnismäßig starke Höhenunterschiede auf geringe Entfernungen, zahllose, ganz unregelmäßig angeordnete Kuppen, Wellen, Hügel; zwischen ihnen entsprechend zahlreiche und willkürlich zerstreute Seen, Tümpel, Sümpfe, Moore, die häufig keinen oberirdischen Abfluß haben. Auch hier hat die Auswaschung manches verändert, und ein Anfang der Sichtung der Felsblöcke, Tone und Sande ist manchmal sichtbar; aber der Grundzug bleibt die Verworrenheit des Gletscherbodens. Die einst größern Wassermassen haben auch weitere Täler gegraben, in denen sich heute Bächlein so verlieren, daß ein norddeutscher Geologe sie der Maus im Käfig des Löwen vergleicht, und mächtige Seen sind zu Torfmooren geworden. Vor allem gehören aber in diese Landschaft die erratischen Blöcke, zum Teil mächtige Felsen, die aus mancher purpurbraunen Heide wie gewachsne Klippen hervortauchen. In das Grau ihrer Verwitterungskrusten sind dunklere Flecken und Ringe gezeichnet, Flechten und Moose von nordischer Verwandtschaft, die wahrscheinlich zu derselben Zeit einwanderten, wo Eis jenen Block südwestwärts trug. In der Altmark gibt es Striche, wo große und kleine Geschiebe fast pflasterartig dicht nebeneinander den Boden bedecken. In dem ganzen steinarmen Tieflaud haben sie als Bausteine für Kirchen, Burgen und Dorfmauern eine große Bedeutung gewonnen, und das holprige Pflaster so mancher nord- und mitteldeutschen Stadt erzählt von der unverwüstlichen Härte der nordischen Granitgeschiebe.

Die Landhöhen

Durchwandern wir das Tiefland vom Meer zum Gebirge, so steigen wir aus dem dunkeln Waldhügelland Preußens, Pommerns, Mecklenburgs an langgestreckten Seen hin in ein sandiges, sumpfiges, mooriges, stellenweis auch mit Felsen bestreutes, aber mit gewaltigem Fleiß entwässertes, kanalisiertes und angebautes Flachland hinab und erheben uns wieder nach Süden zu auf schiefen, sandigen Ebenen oder in Waldtälern zu einem neuen waldreichen Hügelland. Das sind die Landrücken des norddeutschen Tieflandes und die breite Senke zwischen ihnen. Die Eisenbahnen, die die Flächen und die Einsenkungen aufsuchen, zeigen uns freilich nicht viel davon. Es durchziehen ja im norddeutschen Tieflande die ältesten und verkehrsreichsten Linien, wie Berlin-Breslau und Berlin-Thorn, die einförmigsten Gegenden. Das hat dazu beigetragen, daß viele sich das norddeutsche Tiefland flacher dachten, als es ist. Aber man sehe sich auf der ersten Linie um, wie rechts und links die Lausitzer Vorberge und das Katzengebirge auftauchen, flache Höhen, die hier den ernsten Schmuck des Waldes und dort die nördlichsten Weingärten Deutschlands tragen. Die bescheidne Einfachheit ihrer Wellenlinien umweht an manchem grüngrauen Sandhügel ein Hauch von weltabgeschiedener Ruhe. Von den Wellenhügeln der Lüneburger Heide schauen wie von Miniaturgebirgen dunkle Tannen herab. Als Waldrücken tauchen auch der Elm bei Braunschweig, der Deister, die Göhrde an der Elbe auf. Der Fläming ragt mit seinem 200 Meter hohen Hagelsberg bei Belzig auf, den Beinamen des „hohen" scheinbar wenig verdienend, den ihm der Volksmund gibt. Wer aber an einem der wenigen, sandreichen Bäche hin in den Fläming hineinwandert, der steht plötzlich vor einer in Sand und Lehm tief eingerissnen Schlucht, einer „Rummel", in deren Boden das Wasser im aufgeschwemmten Schutt versinkt: ein unerwartet kräftiger Zug, der mächtige Wirkungen von Schneeschmelzen oder Wolkenbrüchen im engen Raum verdeutlicht.

Die Landhöhen des südlichen Norddeutschlands erkennt man wohl auf der Karte an ihrer von Polen bis zur Nordsee festgehaltnen südöstlich-nordwestlichen Richtung. Es ist die Richtung des herzynischen Systems. In Wirklichkeit bilden sie keinen so zusammenhängenden Zug wie die nördlichen. Wir finden hier eine längere und dort eine kürzere Bodenanschwellung und dazwischen breite Lücken. Die Abnahme der Höhe nach Nordwesten zu ist ausgesprochen. Die Verhüllung mit Gletscherschutt aus der Eiszeit verleiht ihnen eine übereinstimmende Bodenbeschaffenheit. Sehr oft sind diese flachen Rücken vollständig mit Sand bedeckt, den die Ströme der Eiszeit zerrieben haben. Bedenkt man, daß diese unbedeutenden Landhöhen unsre sämtlichen Tieflandströme von der Weichsel bis zur Ems in die Nordwestrichtung zwingen und damit dem norddeutschen Tiefland eines seiner folgenreichsten Merkmale verleihen, so wird man sie trotz ihrer unbedeutenden Erhebung als wichtige Elemente unsers Bodenbaues schätzen. Man wird sie auch nicht bloß als vereinzelte Landrücken auffassen, sondern es liegt hier ein zusammengehöriges System von Erhebungen vor uns, worin sich die nordwestliche Richtung der Ostkarpaten, an die sie sich anlehnen, über einen weiten Landstrich wirksam fortsetzt, wenn auch in immer schmäler und niedriger werdenden Ausläufern.

Aus dem Weichselgebiet tritt die breite Massenerhebung des polnischen Landrückens in das südöstlichste Schlesien noch geschlossen ein, teilt sich dann in drei Flügel, von denen einer das im Pfarrberg 360 Meter hohe Tarnowitzer Plateau bildet, eine von schluchtenartigen Tälern zerschnittne kleine Hochebene, die vorgebirgsartig in das schlesische Tiefland zwischen Oder und Malapane vortritt. Weiter nördlich legen sich Katzengebirge und Trebnitzer Berge (310 Meter) vor das Tiefland der obern Oder, ein Höhenzug, aus dessen im Osten dicht bewaldetem, fast an Masuren erinnerndem Hügelgewirr die Bartsch in hundert

Seen, Teichen und engen sumpfigen Tälern entspringt, während der westliche Teil dem Ackerbau gewonnen ist, soweit es Sand und nordische Geschiebe zulassen. An dem Mittelgebirgsvorsprung östlich von der Elbe liegen nur flache Senken zwischen der Landhöhe und dem Gebirgsfuß: das Becken von Liegnitz und die Lucht der Schwarzen Elster. Bei Sorau sieht man vom Rückenberg, dem Gipfel des lausitzischen Landrückens (230 Meter), die einst sumpfige Senke als wohlangebautes Tiefland unter sich liegen; und entschiedner nordwestlich zieht dann bis Wittenberg der Fläming elbwärts. Von Süden her schauen aus dem welligen Lausitzer Hügelland die waldbedeckten Kuppen der Lausche und des Kottmar, die an den Ausspruch eines Lausitzer Historikers erinnern: Was die Edelsteine in einem Ringe, sind die Berge auf der Erde.

Nach Westen zu ziehen die Höhenrücken nur in schwachen Ausläufern über die Elbe hinüber. Besonders fehlt Norddeutschland jene dreifache Gliederung, die so bezeichnend für den Osten des norddeutschen Tieflandes ist. Nur die südlichen Landhöhen setzen über die Elbe, wo die Lüneburger Heide, die höchste und größte von allen, eine bis 170 Meter ansteigende wellige Wölbung bildet, aus deren heidebedeckten Gehängen der gelbweiße Sand gleichsam ausblüht, während an andern Stellen die Geröllbildung und die erratischen Felsblöcke vorwiegen. Wie man vom ähnlich gearteten Fläming in der Magdeburger Gegend sagt: Nur Handwerksburschen und Bettler gehn über den Fläming, so ist auch dieser sandige Heiderücken ein vom Verkehr wenig aufgesuchtes, dünn bewohntes Gebiet. Er hat Stellen, wo wie große flache Maulwurfshügel scheinbar regellos durcheinander gehäufte Sand- und Kiesmassen ein kleines Hügelland schaffen. Damit verdichten sich die lichten Föhrenhaine zu Wäldchen. Von den Höhen schauten einst zahlreiche „Dolmen", gedeckte Steinkammern aus fünf oder sechs unbehauenen Blöcken oder Platten. Der Fuß dieser Höhen aber taucht schon in die Moore ein, die im Ems- und Weserland eine gewaltige Ausdehnung erreichen.

Holsteinischer Buchenwald auf blockbestreutem altem Gletscherboden.

Der Baltische Höhenrücken

Die Ostsee wird überall, wo sie an deutsches Land grenzt, von einem Höhenrücken umzogen, der sich aus Rußland heraus und bis über die schleswigsche Grenze nach Jütland hineinzieht: eine geschlossene, in Preußen und Pommern 100 Kilometer breite Erhebung, die nur von den größten Strömen durchbrochen wird, jedesmal mit starker Änderung ihres Laufes, an wenigen Stellen größere Einsenkungen zeigt und nur einem schmalen Küstenstreifen Raum läßt. Leicht erkennt man die Abhängigkeit der Küstenumrisse von der Gliederung des Landrückens. Dieser aber bleibt in seiner ganzen Länge von 1200 Kilometern eine sanft gewölbte Schwelle mit aufgesetzten niedern Rücken und Bergen und verdient den gemeinsamen Namen Baltischer Höhen= rücken auch wegen des übereinstimmenden geologischen Baues, der auf dieselben Grundzüge der erdgeschichtlichen Entwicklung von Preußen bis Jütland hindeutet. Nimmt er von Osten nach Westen an Höhe, Breite und innerm Zusammenhang ab, so bleibt sich selbst sein landschaftlicher Charakter eines dichtbewalde= ten Hügellandes von den Fichtenwäldern Ostpreußens bis zu den Buchenhainen Holsteins und einer „Seenplatte" von dem Spirdingsee bis zu dem Ugleisee gleich; an manchen Stellen sind gerade die Seelandschaften Preußens und Holsteins zum Verwechseln ähnlich. Der Schutt der Eiszeit bedeckt ihn überall, an manchen Stellen wohl 100 Meter mächtig, und selbst die Fruchtbarkeit manches gerühmten Weizenfeldes in Mecklenburg und Pommern hängt von der Masse nordischer Kalksteine ab, die hier das Eis hergewälzt und im sandigen Ton begraben hat.

Das eigentümlichste Gebiet des Baltischen Höhenrückens bil= det der Preußische Rücken, der in der Danziger Bucht und im Weichseldurchbruch eine sehr scharfe natürliche Grenze gegen den pommerschen hat und durch die Memel von dem litauischen getrennt wird. Wo die Ostseeküste im Samland sich nach Nor= den wendet, zieht der Preußische Rücken nach Ostnordosten, und dadurch sowie durch die im allgemeinen südlichere Lage dieses Rückens entsteht jenes von der Alle und Passarge durch= flossene hügelige Vorland, das so bezeichnend für Preußen ist;

in seiner Zugänglichkeit und Fruchtbarkeit liegt ein Hauptgrund des folgenreichen geschichtlichen Hervortretens des deutschen Landes zwischen Weichsel und Memel. Denn dieses Vorland mit seinen Hügelzügen und fruchtbaren Schwemmländern macht aus Preußen ein in dieser Weise an der südlichen Ostsee einziges Gebiet, das ebendeshalb seine eigne Geschichte und sein Übergewicht hatte. Dahinter erst zieht der wegen seines Seenreichtums als Seenplatte bezeichnete Höhenrücken, die massigste Erhebung in dem ganzen Zug, ein 100 Kilometer breiter und 120 Meter hoher Wall, über den sich im Westen wie im Osten Hügel von mehr als 300 Metern erheben. Das Vorland bildet zwischen den flachen Deltaländern an der Weichsel und Memel eine Kette von Hügelländern, die, vom Meere gesehen, wie Inseln nebeneinander auftauchen. Im Südwesten drängt sich das Land hinter der Drewenzlinie zu einer Wald- und Berginsel zusammen, deren Eigentümlichkeit einst durch ausschließlich lettische Bevölkerung verstärkt war.

In derselben ostnordöstlichen Richtung wie der Preußische streicht auch der Pommersche Rücken zwischen Oder und Weichsel nordwärts weiter. Die hinterpommersche Küste ist eine treue Wiederholung dieser Richtung. Aber der südwärts gekehrte Rand des Landrückens zeigt dem Blicke von Köslin oder Stolp aus ein tal- und formenreiches, waldiges Hügelland. Die höchsten Erhebungen liegen im Osten. Der Turmberg (330 Meter) liegt südwestlich von Danzig noch auf westpreußischem Boden. Von da an sinkt nach Westen hin der Pommersche Höhenrücken, ohne tiefere Einsenkung auf der 300 Kilometer langen Erstreckung bis zur Oder. Zwischen Eberswalde und Stettin tritt er mit einem steilen Ufer genau so an die Oder wie der Preußische zwischen Fordon und Marienburg an die Weichsel. Die Höhen betragen an der Oder kaum noch 100 Meter.

Im Mecklenburgischen Höhenrücken tritt uns eine ganz andre Richtung der Erhebung, die südöstlich-nordwestliche, entgegen. Auch dieser Rücken zieht sich 250 Kilometer weit ohne tiefere Einsenkungen als von 60 Metern von der Oder bis zu der Senke, die südlich von Lübeck Trave und Elbe verbindet. Auch hier sind die einzelnen Höhen im Osten beträchtlich, aber die Wellenhügel um den Schweriner See bleiben unter 95 Metern. Jenseits der Trave-Elbe-Senke haben wir endlich in Schleswig-Holstein gar keinen zusammenhängenden Höhenrücken mehr, sondern eine Reihe von Erhebungen, die noch einmal im Bungsberg 164 Meter erreichen, aber durch mehrere breite Lücken so tief getrennt sind, daß sie eher an die inselähnlichen Hügelgruppen des ostpreußischen Vorlandes erinnern. Die Lübeckische Senke ist 19 Meter hoch, die des Kaiser Wilhelm-Kanals 11 Meter; das sind die Tore vom Ostsee- ins Nordseegebiet, die man das Kattegatt des Landes nennen könnte.

Diese preußischen, pommerschen, mecklenburgischen und holsteinischen Abschnitte des Baltischen Landrückens üben auf die Küstengestalt und die Stromgliederung Norddeutschlands einen bestimmenden Einfluß. Ihnen entspricht die Sonderstellung der holsteinischen, der fast halbinselartige Vorsprung der mecklenburgischen und vorpommerschen, das Ansteigen der hinterpommerschen, das Zurücktreten der preußischen Küste. Zwischen je zweien fließt ein Strom in tiefem Einschnitt dem Meere zu, und die Elbe wird durch den lauenburgischen Vorsprung westwärts gedrängt. Nicht zufällig entsprechen diesen Abschnitten alte politische Gebiete.

In der Geschichte Deutschlands ist aber der Baltische Höhenzug im ganzen der Wall, den der zum Meere strebende Verkehr und jede Macht durchbrechen mußte, die die Ostsee vom Südufer her beherrschen wollte. Daher ist jede Unterbrechung dieses Walles eine geschichtliche Stelle von größter Wichtigkeit. Lübecks große Stellung in der Geschichte der Ostseeländer ist mit durch die Lücke des Höhenrückens begründet, der sich nach der Elbe in der Richtung auf Lauenburg zu zieht. Seinen Wert verdeutlicht die Kanalisation der durch diese Lücke fließenden Stecknitz, die schon im Mittelalter die Elbe mit der Trave schiffbar verband. In jener andern Senke, wo die Eider in nur 11 Meter Höhe ihre Quellen bei Rendsburg sammelt, während die Nordsee ihre Gezeiten ebensoweit eideraufwärts führt, durchschneidet der Kaiser-Wilhelm-Kanal die cimbrische Halbinsel. Das 150 Kilometer lange Quertal Bromberg—Danzig ist die erste große Naturstraße aus Polen nach der Ostsee. Seine politische Wichtigkeit bezeugen die Kämpfe zwischen Deutschherren und Polen, später zwischen Preußen und Polen und Preußen und Franzosen um die Festungen, die die Anfangs- und Endpunkte dieses Durchbruchs decken. Ähnlich wie hier Thorn und Danzig liegen Küstrin und Stettin zum Oderdurchbruch. Wie dort die Polen, so hatten hier die Schweden die Wichtigkeit der Passage erkannt. Und so gehörte zu den Grundtatsachen der Entwicklung der Macht Preußens die Befreiung des Weichselweges aus polnischer und des Oderweges aus schwedischer Beschlagnahme

Die großen Täler

Die einem flüchtigen Blick auf die Karte sich aufdrängende Teilung des norddeutschen Tieflandes in Querabschnitte, die von den Strömen Weichsel, Oder, Elbe und Rhein begrenzt sind, liegt nicht so tief in der Natur dieses Landes wie die breiten Talungen zwischen dem nördlichen und südlichen Höhenzug, die durch diese Flüsse durchschnitten werden. Dieses sind die erdgeschichtlich tiefst begründeten Senken des Tieflandes. Diese breiten Täler vermögen allerdings der Landschaft nicht die energische Gliederung zu verleihen, durch die der Oder- und der Weichseldurchbruch ausgezeichnet sind. Das Mächtige liegt vielmehr auch hier in der Breite.

Diese westöstlichen Talsenken verstärken den ozeanischen Charakter des Tieflandes. Auch von den geschichtlichen Wirkungen gilt dies. Die flache Wölbung des Fläming hielt keine Wanderschar auf, wohl aber vermochte das die über 3000 Quadratkilometer umfassende Talung, die nördlich davon liegt, besonders als sie noch mit Sumpf und Wald bedeckt war. Da gewannen auch einzelne Übergänge und Durchgänge, Naturbrücken trocknen Landes in den See- und Sumpfgebieten, wie der Netzepaß von Driesen, eine hohe Bedeutung, und einige der größten Städte Norddeutschlands danken ihr erstes Aufblühen der Lage an solchen Stellen, unter andern Berlin. Der Eindruck dieser Täler, die kleine Flachlandgebiete für sich sind, ist besonders dort merkwürdig, wo die jüngern, schmalen, wenn auch tief eingefurchten

Täler mit ihnen in Verbindung treten. So großartig das Weichsel=
tal unterhalb Fordon auch ist, es ist doch nur ein Nebental, ein
schmaler Abzugskanal des breiten alten Weichseltales. Es müssen
sich gewaltige Wassermassen in diesen Tälern bewegt haben,
und vor der blauen Mauer des sich zurückziehenden Eises müssen
sich in ihnen wahre Binnenmeere gestaut haben. Später sind
sie versumpft, vermoort, versandet. Erst seitdem sie das Bett
der wichtigsten Querkanäle geworden sind, von der Elbe bis
zur Weichsel, hat der menschliche Verkehr ihnen etwas von der
Bewegung wiedergegeben, mit der einst die Schmelzwasser di=
luvialer Gletscher sie durchflutet hatten. Im mittlern Nord=
deutschland flossen vier solche Ströme, die alle in der Gegend der
heutigen untern Elbe in die bis gegen die Havel hereinragende
Nordsee mündeten. Da war ein altes Weichseltal, worin nun
Strecken der Narew von der Bugmündung an, der Weichsel
bis Fordon, dann Netze und Warthe bei Bromberg, Nakel, Küstrin
und der Finow=Kanal bis Eberswalde fließen. Die Mündung
in die Elbe muß bei Havelberg gelegen haben. An derselben
Stelle mündete auch ein altes Odertal, das man durch das Warthe=
tal und den Obrabruch in das heutige Odertal und die Spree
verfolgen kann. Der Spreewald ist ein Rest eines südlichern
Odertals, und die Alte Elster hat ein altes Elbtal aufgenommen;
beide ziehen gegen Genthin hinaus.

Die Tieflandbuchten

Drei große Einbuchtungen legt das Tiefland zwischen
die Gebirge des mittlern Deutschlands. Es sind die Täler des
Rheins, der Elbe, der Oder. Die ebenen Formen, die geringen
Erhebungen, die Hemmung des raschen Abflusses der Wässer,
milderes Klima, üppigeres Wachstum und dichte Bevölkerung
werden durch sie mitten in die Rauheit des Hochlands hinein=
geführt. Dem Verkehr sind sie in demselben Sinne günstig wie
Einbuchtungen des Meeres; daher besonders die wichtige Lage
von Köln, Leipzig, Breslau. Landschaften von hoher geschicht=
licher Bedeutung: das oberrheinische Tiefland, einst das ober=

deutsche Kanaan genannt, das Dresdner Becken, das Liegnitzer Gelände gehören diesen Tieflandbuchten im Schutz des Gebirges an. Die hohe Kulturbedeutung des oberrheinischen Tieflands, das der Kern des Deutschen Reichs im Mittelalter war, das Vorragen des slawischen Völkergebiets in der schlesischen Bucht, die Schlachtfelder um Leipzig lassen die vielseitige geschichtliche Bedeutung dieser Landschaften erkennen. Das Tiefland greift in ihnen an zwei Stellen bis an die Südgrenze des Reichs. Die Sohle des Obertals liegt bei Ratibor unter 200 Metern, und im obern Rheintal wird diese Höhe erst oberhalb Müllheim im Markgräflerland überschritten. Die Elbe betritt bei Bodenbach das deutsche Gebiet in einer Höhe von 135 Metern. Von Gebirgen umgeben, deren Gipfel an manchen Stellen um mehr als 100 Meter die Talsohle überragen, sind die Landschaften dieser Ebenen oft tischartig flach, wie an so manchen Stellen die oberrheinische Tiefebene. Dieses Tal ist eine der vollkommensten Ebenen Deutschlands; Föhrenhaine im tiefen, hellen Rheinsand und kleine Heiden versetzen bei Karlsruhe und Darmstadt sogar in das norddeutsche Tiefland. Dagegen werden sie ungemein eindrucksvoll, wenn sie sich im Fernblick von Vorbergen umrahmt blauend ins Weite ziehen, so wie man die fruchtbare Ebene des untern Neckars und des Rheins vom Heidelberger Schloß überschaut. Einige der schönsten Landschaftsbilder Deutschlands, außer dem genannten besonders noch Baden und Freiburg i. B., Meißen, gehören solchen Einbuchtungen an. Schön ist auch der Eindruck der wie bergige Inseln aus der Fläche der Tieflandbuchten hervorsteigenden vulkanischen Gebirge und Berge, besonders des Kaiserstuhls (560 Meter) am Oberrhein.

Das staffelförmige Übereinandervortreten der Höhenzüge nach Nordwesten zu schafft auch kleinere Tieflandbuchten, zu denen die sächsisch-thüringische Bucht an der Saale und der Elster und die westfälische Bucht zwischen dem Teutoburger Wald und den Ausläufern des Rheinischen Schiefergebirges gehören. Die größern Buchten verzweigen sich wieder in kleinere Ausläufer, die nicht selten mit ausgedehnten Senken in Verbindung treten. Dazu gehört die hessische Bucht mit ihrer Fortsetzung an der Fulda und Lahn. Die Lage von Frankfurt und die geschicht-

lichen Orte Gelnhausen, Wetzlar, Limburg, Fulda zeigen die
Bedeutung dieser weiterhin nach Norden zur Weser führenden
Reihe von Vertiefungen.

Wo es Einbuchtungen gibt, da gibt es auch Vorsprünge,
die wie Vorgebirge des höhern Landes in das Tiefland hinaus=
treten: die Höhen von Osnabrück und der Teutoburger Wald,
Deister, Harz, das sächsische Hügelland, die Oberlausitz und die
Vorhöhen des Eulengebirges, vor allem der kühn ansteigende
Zobten, gehören dazu. Auf oder an diesen Vorgebirgen liegen
bedeutende Städte, die einst im Schutz ihrer Burgen heran=
gewachsen sind und nun von den Abzweigungen der Verkehrs=
ströme bespült werden: Essen, Dortmund, Bückeburg, Minden,
Hildesheim, Halberstadt, Quedlinburg, Merseburg, Meißen,
Bautzen, Görlitz, Schweidnitz, Neiße.

In kleinem Maßstabe tritt der Gegensatz der geschützten Bucht
zum rauhen Gebirge in zahllosen einzelnen Fällen am Rand
unsrer Gebirge auf. Wir verdanken ihm die mildesten Lagen
auf deutschem Boden von Badenweiler und Kolmar bis Blanken=
burg am Harz und Meißen. Er zeichnet selbst am Südfuß der
rauhen Rhön die kurzen Taleinschnitte aus, die trefflichen Acker=
boden enthalten; dort liegt die Gegend von Bischofsheim in
Hainen von Obst= und Walnußbäumen, während aus rauher
Höhe die fast alpin kurzrasigen Triften der Rhön herabschauen.

14

Der Wasserreichtum und die Quellen

Deutschland hat ein feuchtes Klima und ist fast durchaus
wohlbewässert. Wer in Wüsten= oder Steppenländern den Un=
segen der Wasserarmut erfahren hat, wo kein Acker und Garten
ohne künstliche Bewässerung angepflanzt werden kann, und der
Besitz einer Quelle ein Monopol ist, das viele beneiden und
bestreiten, der lobt sich ein Land, wo man durchschnittlich keine
drei Kilometer geht, ohne einen Bach zu überschreiten, und wo

man alle 100 bis 150 Kilometer großen Strömen begegnet. Freilich sind auch nicht alle deutschen Länder gleich wasserreich. Während in den Alpen, auf der süddeutschen Hochebene und auf dem größten Teil des baltischen Höhenrückens der Boden wie ein Schwamm von Wasser trieft, so daß bei jeder Unebenheit, in jedem Einschnitt Bäche und Quellen zutage treten und ausgedehnte Striche durch beständige Wasserbedeckung vermoort oder vermoost, d. h. in Torf umgewandelt sind, ist andern das belebende Element in viel geringerem Maße zugeteilt. Der Sandboden der Mark und der Pegnitzufer ist von Natur ebenso trocken, wie der schwere Boden der Elbniederungen naß ist. Im spalten- und höhlenreichen Zechstein und Muschelkalk versinkt das Wasser spurlos, um in einiger Entfernung als eine Quelle oder eine Quellenreihe hervorzubrechen, die, kaum geboren, schon zum Fluß geworden ist. So ist es in Paderborn, wo 130 Quellen allein in der Unterstadt oft nur ein paar Schritte voneinander entfernt zutage treten, und in Lippspringe, wo eine Quelle gleich beim Hervortreten eine Mühle treibt. Vorbedingung dieses Überquellens ist aber freilich die Armut an Quellen auf dem nahen Teutoburger Wald und dem Haarstranggebirge. Nicht weniger als sieben Bäche, die zum Teil schon kleine Flüsse genannt werden könnten, versinken im Teutoburger Walde. Dem quellenreichen Paderborn stehen die sogenannten „trocknen Dörfer" zwischen Paderborn und Kassel gegenüber, deren turmtiefe Brunnen fast allsommerlich versiegen. Der Rauhen Alb muß Wasser von unten zugeführt werden. Auch die Kalkalpen sind reich an versinkenden Quellen, reicher noch an Quellen, die nur nach der Schneeschmelze fließen. Der Wandrer sieht im Spätsommer mächtige braungrüne Moospolster am Fuß einer Schutthalde oder um einen Felsspalt; sie bezeichnen das Grab einer Quelle, die im nächsten Frühling einen übersprudelnden Reichtum von eiskaltem Wasser ergießen wird, solange die darüberliegenden Firnflecken abschmelzen. Der für Deutschland so heilsame Reichtum an Heilquellen ist die Folge seines mannigfaltigen geologischen Aufbaus und besonders der vulkanischen Gesteine, aus denen die Säuerlinge und Thermen aufsteigen.

Wo das Wasser in der Tiefe seine Wege sucht, da spült es sich Klüfte und Höhlen aus, die, wenn sie zufällig erschlossen werden, zu den sehenswürdigen Seltsamkeiten der Natur gehören. In die Kalksteine des Harzes, die als Korallenriffe im paläozoischen Meere entstanden sind, haben die Wässer, besonders die Bode und der Mühlenbach, tiefe Windungen gegraben, deren Wände bis zu achtzig Metern emporsteigen. Ursprünglich waren sie massig, der Druck hat sie in schichtenartige Platten zerklüftet. Auf diesen Klüften ist das Wasser in die Tiefe gegangen und hat die Höhlen gebildet, deren Tropfsteine in der Baumanns-, Biels- und Hermannshöhle Schaustücke ersten Ranges sind.

15

Die Seen

Deutschland hat als regenreiches Land viele Tausende von Seen und Teichen. Man findet sie in den Höhen, wo der Firn des Wettersteins hineinschaut, und am Rande des Meeres, sie blicken uns aus dem Walddunkel der Mittelgebirge an und stehen in den Einsturztrichtern (Maaren) der Eifelvulkane wie in den Trichtergruben der Zechsteinhochebenen. Von dem Bodensee, der bei mittlerm Wasserstand 528 Quadratkilometer mißt, stufen sie sich durch den Chiemsee in Bayern (93 Quadratkilometer), den Müritz- und Mauersee (113 und 105 Quadratkilometer) zu den unzähligen kleinen Teichen und Söllen ab, die zuletzt in den Dorfteich auslaufen, der in der Mitte slawischer und einst slawischer Dörfer gewöhnlich, in den süd- und westdeutschen selten ist. Erwägt man, daß Seen immer nur Ruhepunkte in einer Entwicklung sind, die vom Eis und Fluß zum Sumpf, zum Moor und zur Torfwiese führt, so tauchen noch viele Tausende und zum Teil mächtige Seen vor uns auf, die heute trocken liegen. In der baltischen Seenregion gibt es besonders viele Abstufungen von dem trocknen Moor bis zu der schwimmenden Moosdecke, die eine „Wasserblänke" in der Mitte läßt. Der letzte Rest eines zuwachsenden Sees ist das auf der Höhe der Hochmoorwölbung in trichterförmigem Becken stehende kreisrunde tiefe Wasserauge. Mittelgebirge, denen heute die Zierde der Seen fehlt, wie Erz- und Fichtelgebirge, Harz und Thüringer Wald, haben nur noch Torfmoore oder letzte Reste als Teiche an ihrer Stelle. Man muß bekennen, daß ihnen mit den tiefen, klaren Seen, in denen sich Bäume und Berge spiegeln, und an deren Rand sich eine Menge lieblicher Einzelbilder aus dem Ganzen loslöst, eine wesentliche Schönheit, besonders eine Verstärkung des großen, stillen Zuges in der Landschaft abgeht. Eigentümliche Gebilde entstehen, wo sich in vermoorenden Seen Torfinseln loslösen, die über dem Wasserspiegel hintreiben. Der Schwarzwaldsee Nonnenmattweiher hat lange eine schwimmende Torfinsel gehabt, und im Clevenzer See in Ostholstein tauchte 1852 und schon 1803 eine Torfinsel vom Grunde empor, die vielleicht durch Zersetzungsgase aufgetrieben worden war.

Wasser zur Seenbildung ist in Deutschland überall vorhanden, es kommt nur darauf an, daß eine Bodenform dazutritt, die das Abfließen des Wassers nicht allzu leicht macht. Wo also das Gefäll an sich schwach ist und mannigfach wechselt, auf welligen Ebenen, sei es im Hoch- oder Tieflande, da sind Seen zu finden. Am Nordrand der Alpen und auf der viel gewölbten Platte, die um den Südrand der Ostsee zieht, ist Deutschland am seenreichsten. In beiden Gebieten begünstigt der regellos zerstreute Schutt von Gletschern der Eiszeit die Seenbildung. Alle unsre großen Seen des Binnenlandes liegen in Betten, wo einst Gletscher flossen. Daher gehört zu den hervortretenden Merkmalen und Schönheiten des norddeutschen Tieflands der Seenreichtum. Seen und seenartige Flüsse in allen Größen sind von der Memel bis zur Ems und von den unter Buchen träumenden Seen Ostholsteins bis zu den Teichen der Lausitz verbreitet. Es gibt Gegenden, ich erinnere an die von Teichen „siebartig durchlöcherte" Niederung vor dem lausitzischen Höhenzug zwischen Elbe und Queis oder an das Seengewirr der Osterseen südlich vom Würmsee, wo zahlreiche Seen das unbedingt herrschende Element der Landschaft sind. Wo große Seen fehlen, kommt oft eine auffallend große Zahl kleinerer vor. So hat die

Flur von Pörnitz bei Schleiz allein 107 Teiche, worunter der vierundzwanzig Hektar bedeckende Teich von Pörnitz. Am Südfuß des Thüringer Waldes ist die Gegend von Salzungen durch Seenreichtum ausgezeichnet.

In dem von Quellen und unterirdischen Bächen durchwühlten Boden der Kalkhochebenen und Kalkhügelländer sind Einstürze von der Gestalt derer, die in den vulkanischen Gebieten Westdeutschlands als Maare vorkommen, in kleinern Maßen häufig und bilden nicht selten kleine Seen, die manchmal gesellig auftreten. In Sachsen und Thüringen nennt man sie Pingen. Am häufigsten entstehen sie dort, wo in den Tiefen Gips liegt, den das Wasser leicht auflöst und wegführt, wobei es sogenannte Schlotten im Gipslager bildet. Da liegen sie oft reihenweis hintereinander, die einen trocken, die andern mit Wasser gefüllt. Solchen Ursprungs sind die Teichreihen zwischen Osterode und Herzberg oder bei Walkenried, wie denn überhaupt der Gips am Südrande des Harzes an derartigen Bildungen reich ist. Der Hungersee oder Bauerngraben bei Roßla am Harz, der in Zwischenräumen See und trocknes Becken ist, scheint auf wiederholte Nachstürze zurückzuführen, die bald einen Ausfluß zur Helme öffneten, bald wieder verschlossen.

In dem baltischen Seengebiete füllen die Seen (Spirdingsee 25 Meter) zwischen den Hügelgruppen und Einzelerhebungen aus, bald einzeln und dann in der Bogenform von dem Moränenbette abhängig, bald gruppenweise, in Parallelrichtungen unter dem Vorwiegen der nordwestlichen geordnet, durch breite Flüsse so aneinander gekettet, daß flußartige Seenketten entstehen, die sogar in sich selbst zurücklaufen. Mit geringen Opfern sind diese Seen durch Kanäle verbunden und dadurch Wasserwege mitten durch die seenreichen Hügelländer gelegt worden. Indem man in Ostpreußen vom Spirdingsee durch eine Reihe von Seen und Kanälen Dargeinen, Löwentin u. a.) zum Mauersee kam, verband man die Angerapp (Nareb) mit dem Pregel. In Mecklenburg steht der Müritzsee in enger Verbindung mit dem Plauer-, Kölpin- und Fleesersee, wodurch eine Wasserfläche von 240 Quadratkilometern entsteht. Die auffallend langgestreckten, rinnenförmigen Seen des pommerschen Seenhügellandes werden ohne Zweifel einst die Verkehrsentwicklung, besonders Hinterpommerns, ähnlich begünstigen.

In den Vogesen, im Schwarzwald, im Böhmerwald und im Riesengebirge gibt es eine Anzahl von kleinen hochgelegnen Seen, die viel Ähnlichkeit in der Lage, Tiefe und Größe haben und wahrscheinlich auch dem Ursprung nach ähnlich sind. Sie liegen auf der Massenerhebung der Gebirge, meist unter einem überragenden Gipfel, in ein tiefes Kar oder Zirkustal eingebettet, das in der Regel steile Hinterwand und Seitenwände hat. Wo Glazialerscheinungen beobachtet sind, kommen sie als Moränen vor der Mündung eines solchen Kares oder als Schliffe an den Felswänden vor, in die der See gebettet ist. Die Tiefe dieser Seen erreicht an einigen Stellen den verhältnismäßig hohen Betrag von 40 Metern, und häufig liegt die tiefste Stelle an der steilern Rückwand. Über dem Arbersee steigt eine solche Wand unmittelbar 456 Meter an. Im Böhmerwald gehören hierher u. a. die Arberseen, der Schwarze See, der Teufelssee, der Rachelsee, im Schwarzwald der Titisee, der Schluchsee, der Mummelsee, der Feldsee, in den Vogesen der Weiße See und der Sulzer See (58 Meter tief), im Riesengebirge die Koppenteiche, die 1218 und 1168 Meter hoch liegen.

Von allen deutschen Seen hat nur der Bodensee auch eine politische Bedeutung. Er trägt die Reichsgrenze von Lindau bis Konstanz. Fünf Staaten, Bayern, Württemberg, Baden, Österreich, die Schweiz haben sich gegen dieses für mitteleuropäische Verhältnisse bedeutende Wasserbecken vorgeschoben. Er vermittelt also einen internationalen Verkehr, dessen Bedeutung für Deutschland größer war als heute, als der deutschitalienische Verkehr vor der Zeit der Gotthardbahn sich mehr der Pässe des Rheinquellengebiets (Lukmanier, Splügen, Septimer) bediente. Aber noch immer führen die Wege von München und Stuttgart nach dem Gotthard über den Bodensee, und noch wichtiger ist es, daß Österreich und Frankreich in der Richtung des Bodensees durch die kürzeste Bahnlinie verbunden werden. Über dreißig Dampfer und Trajektschiffe dienen heute dem Bodenseeverkehr. Wie sich hier in engem Rahmen eine eigentümliche historische Landschaft entwickelt hat, geschmückt mit

Städten, die zu den schönsten und erinnerungsreichsten Deutschlands gehören, wie Konstanz und Lindau, und eine Bevölkerung heranwuchs, die etwas international Aufgeschlossenes hat, das zeigt an einem, freilich hervorragenden Beispiel, wieviel Großes Deutschland an Belebung und Verschönerung seinem Reichtum an stehendem und fließendem Wasser verdankt.

16
Ströme und Flüsse. Kanäle

Das Land zwischen den Alpen und der Nord- und Ostsee muß seine Ströme nord- und nordwestwärts gemäß seiner Abdachung fließen lassen. Darin liegt eine große und weithin wirksame Eigentümlichkeit Deutschlands. Frankreichs Flüsse strahlen vom Zentralmassiv nach allen Richtungen, zum Mittelmeer, zum Atlantischen Ozean, zum Kanal und zur Nordsee aus. Daher sind sie nur mittelgroß; die Loire steht weit hinter Weichsel, Rhein und Oder zurück. Österreichs Flüsse streben zur Nord- und zur Ostsee, zum Mittelmeer, zum Schwarzen Meer. Deutschland ist, wenn wir von der Donau absehen, durch die Gleichrichtung seiner Ströme gekennzeichnet. Sie knüpfen den Süden an den Norden. Muß man zugeben, daß die Vielartigkeit der Bodengestalt in unserm Lande die politische Einheit erschwert hat, so liegt ebenso sicher eine vereinigende Kraft in den fließenden Wässern, die nicht bloß Güter, sondern auch Menschen und Ideen mit ihren Wellen von Uferstrecke zu Uferstrecke und vom Berg zum Meere tragen. Die Zukunft wird es immer mehr zeigen, daß vermöge seiner Ströme Deutschland mehr zur Vereinigung neigt als Frankreich. Der Rhein greift am tiefsten nach Süden hinab und hat daher von der Römerzeit an vereinheitlichend auf sein Gebiet, das westdeutsche, gewirkt; nach ihm kommt die Elbe; nur das Emsgebiet gehört vorwiegend der Küste an. Rhein und Weser sind großenteils Gebirgsströme, die Elbe ist es noch zur Hälfte, Oder und Weichsel sind fast schon ganz Tieflandströme. Die Höhenzonen des deutschen Bodens kommen in den Eigenschaften jedes einzelnen größern selbständigen Flusses zum Ausdruck. Jeder hat seine Quelle im Gebirge und durchbricht dessen äußere Falten; dann bahnt er sich einen Weg durch die Landhöhen, um in den Gürtel von Senken, Seen, Sümpfen und Flußverflechtungen einzutreten, dem Aller, Spree, Havel, Warthe und Netze und jenseits unsrer Grenzen noch Narew angehören, und in denen sogar die Weichsel in einem Teil ihres Laufes zwischen Warschau und Thorn und ein Stück Oder zwischen Küstrin und dem Finowkanal fließt. Darauf folgt bei allen der Ostsee zufließenden Strömen der Durchbruch durch die Seenplatte, an deren Ausläufer hin bei Altona auch noch die Elbe fließt, und der Eintritt in den Lagunen- und Dünenstreif, mit dem hier überall Deltabildung verknüpft ist. An der Nordsee dagegen fließen Elbe, Weser und Ems unmittelbar dem Tiefland zu und münden mit mächtigen Ästuarien oder in weiten Mündungsbuchten.

Die großen Flächen festen Wassers in den Firnfeldern und Gletschern und die zum Teil noch viel größern Flächen flüssigen Wassers in den Alpenseen und Voralpenseen sind eine Eigentümlichkeit des Alpengebiets. Von ihnen bis zu den unvergleichlich mächtigern Wasserflächen der Nord- und Ostsee ist ein breites Gebiet der Zersplitterung des Wassers in zahllose Quellen und Bäche und sehr wenig zahlreiche kleine Seen. Indem wir aber die Mittelgebirge und Hügelländer hinter uns lassen und ins Tiefland hinabsteigen, wächst die Menge des Wassers wieder an und sammelt sich zu Strömen, die sich endlich zu Meerbusen, zu zahllosen Seen und ausgedehnten Sümpfen erweitern.

In diesem Wechsel der Bodengestalt nehmen die Flüsse natürlich auch ihrerseits wechselnde Gestalt an. Der eng zusammengedrängte Rhein zwischen Bingen und Bonn, die Elbe in den Felsenufern der Sächsischen Schweiz, die Oder und die Weichsel in den Durchbruchstälern des Baltischen Höhenrückens Küstrin—Stettin und Thorn—Danzig verursachen auf der einen Seite große Schwierigkeiten im Wasserverkehr und bereichern auf der andern die deutsche Landschaft mit Bildern von hoher Schönheit. Auch der Rheinfall von Schaffhausen

Ströme und Flüsse 75

gehört einem Durchbruch an, der dem jugendlichen Strome die
Pforte ins oberrheinische Tiefland erschloß. Eine merkwürdige
Eigentümlichkeit ist endlich die Größe der östlichen Zuflußgebiete
im Gegensatz zu einer Art von Verkümmerung auf der westlichen
Seite. Ems, Weser, Elbe, Oder und Weichsel, jeder ist auf der
Westseite durch die östliche Ausdehnung des Nachbars zusammen-
gedrängt. In der Richtung dieser Ausbreitung liegt das Wachs-
tum Deutschlands von der Elbe nach Osten. Die in den Mittelgebirgen auf einen weiten Raum, in Tausende von Tälern zer-
teilten Quellflüsse sammeln sich bei allen deutschen Strömen
bald nach dem Austritt aus dem Gebirge, wo daher alle unsre
Ströme auf kurzer Strecke eine Menge von Zuflüssen empfangen,
wogegen das Tiefland nur wenige größere Zuflüsse zusendet.
So erhält die Elbe nebeneinander Saale, Mulde und Schwarze
Elster, die Oder Neiße, Bober und Bartsch und die Weser
Fulda, Eder, Werra und Diemel. Weiter unten tritt in allen
diesen Fällen nur noch ein größerer Nebenfluß: Aller, Havel,
Warthe hinzu, der in jedem Falle die Schiffbarkeit auf eine
höhere Stufe hebt. Außerdem tritt in den mitteldeutschen Fluß-
systemen in jedem einzelnen ein Nebenfluß hervor, in dessen
Richtung sich der Hauptfluß fortsetzt, so daß eine längere hydro-
graphische Linie entsteht, die verhältnismäßig kleinen Neben-
flüssen wie Saale und Neiße eine höhere Bedeutung verleiht.
Ein andrer Einfluß der Bodengestalt macht den Unterlauf aller
Flüsse in den Küstengebieten der Ostsee durchaus abhängig von
dem Zug der die Ostsee umgürtenden Höhenrücken. Wo dieses
System in Holstein und dann wieder in Ostpreußen nordsüdliche
Richtung annimmt, geht sein Abfluß westwärts, wo es nord-
östlich gerichtet ist, nordwestwärts, und in der Senke der untern
Oder ostwärts.

Früher, als die Geographie den Wasserscheiden eine
große, aber nicht begründete Bedeutung beilegte, war viel die
Rede davon, daß durch Deutschland ein Teil der großen europäischen Wasserscheide zwischen Ozean und Mittelmeer ziehe.
Auch der Ruhm des Fichtelgebirges geht darauf zurück, daß
dort die Quellen des Mains und der Eger, der Nab und der
Saale liegen, der Zuflüsse des Rheins, der Donau und der Elbe.

Praktisch bedeuten solche Annäherungen nichts, wenn sie so hoch gelegen sind, daß der Verkehr sie nicht benutzt. Wenn auf dem 800 Meter hohen Brockenfeld in felsbesätem Heide- und Moorland die Wasserscheide zwischen Bode und Oder, Elbe und Weser fast verwischt ist, wird davon kaum jemals praktischer Nutzen gezogen werden. Wenn dagegen das Vorwalten flacher Erhebungen zwischen den deutschen Mittelgebirgen und die auf weite Strecken hin geringfügigen Höhenunterschiede im Tiefland die Wasserscheiden nicht überall zu scharfer Ausprägung kommen lassen, so kann das wichtiger werden. Auch das Versinken des Wassers in den Schlüften und Höhlen des Kalksteins verwischt die Wasserscheiden; so verliert die Donau unter Tuttlingen einen Teil ihres Wassers, der dann im „Quelltopf" der Aach im Hegau mächtig hervorquillt und dem Rhein zufließt. Bei der bekannten Station Treuchtlingen zwischen Nürnberg und Ingolstadt entspringt ein Quellarm den Rezat nur fünf Meter über der Altmühl und hart neben ihr. Flußgeröll zwischen Altmühl und Rezat zeigt, daß hier nicht immer eine Trennung bestand. Bei Neumarkt liegen die Ursprünge von Nebenflüssen der Altmühl und Regnitz, von denen die eine zur Donau, die andre zum Main geht, auf derselben sumpfigen Hochfläche. Als Livingstone den Dilolosee als Quellsee von Sambesi- und Kongozuflüssen entdeckt hatte, schrieb ein fränkischer Geograph in Petermanns Mitteilungen (1858): Der Dilolo entspricht ganz diesem bayrischen Sumpfe! Auf dem Schwarzwald verbinden Bewässerungskanäle in Hochmooren Rhein- und Donauzuflüsse. Ungemein häufig sind im norddeutschen Tiefland bei abnehmenden Höhen und Wassergeschwindigkeiten die Annäherungen und Verbindungen, die besonders durch die Kanalreihe von der Havel bis zur Weichsel ausgenutzt wurden.

Die Wasserführung der deutschen Flüsse zeigt den großen Unterschied der Alpenabflüsse mit ihren großen Sammelbecken in Firnfeldern und Gletschern, die einen ausdauernden Zufluß im Sommer gewährleisten, und den Abflüssen der deutschen Mittelgebirge mit ihren raschen Schwellungen bei den Frühlingsregen und der Schneeschmelze, worauf im trocknen Sommer oft vollständiges Austrocknen der kleinen Erzgebirgs- und Subetenabflüsse und selbst in Elbe und Oder ein beklagenswert niedrer Wasserstand eintritt, den einzelne starke Gewitterregen nur zu rasch, aber auch zu kurz unterbrechen. Vergleicht man die Nieder=, Mittel= und Hochwasserstände, so ergeben sich daher geringere Schwankungen bei den Alpenflüssen als bei denen des Mittelgebirges. Und je kleiner der Fluß, desto größer ist der Unterschied zwischen Mittelstand und Hochwasserstand. Er ist bei der Elster fünfmal so groß als bei der Isar. Die Anschwel=lungen unsrer Mittelgebirgsflüsse sind durchaus größer und länger im Winter als im Sommer. Wo diesen Winterschwellen sich die sommerliche Zufuhr aus den Firnfeldern und Gletschern der Alpen anreiht, wie beim Rhein, haben wir die günstigsten Wasserstandsverhältnisse. Daß der Rhein der verkehrsreichste Strom Europas ist, hängt damit zusammen. Die Wasserstände der deutschen Flüsse sind, seitdem Messungen vorliegen, sicherlich gesunken. An der Iller und am Inn sind sowohl die höchsten als die niedrigsten Wasserstände zurückgegangen. Das hängt zum Teil auch mit den Eindämmungen und Geradlegungen zusammen, die im Interesse der von Überschwemmungsgefahr bedrohten Anwohner und des Verkehrs bei uns in so großartigem Maße durchgeführt worden sind wie nirgends in Europa. Der Rhein ist bis nach Maxau, dem Hafen von Karlsruhe, großen Dampfern zugänglich und wird bis Straßburg dem regelmäßigen Verkehr geöffnet werden. Bremen und Hamburg sind durch die Vertiefung der Unterweser und der Unterelbe den großen Ozean=dampfern zugänglich gemacht, und auf der Oberweser und der Fulda bringt jetzt der Schiffsverkehr bis Kassel vor, auf der Oder wird ihm der Weg bis Kosel erschlossen, auf der Donau ist Ulm als Endpunkt ins Auge gefaßt. Frankfurt ist durch die Vertiefung des untern Mains ein großer Hafenplatz geworden, und die Ka=nalisierung des Mains ist auf dem preußischen und bayrischen Gebiete weitergeführt worden. Auch für den Neckar ist Ähn=liches beabsichtigt, und für die Mosel seit Jahren gefordert.

Deutschland hat 14000 Kilometer Wasserstraßen, die dem großen Schiffsverkehr zugänglich sind, und dazu 6500 Kilometer flößbare Flüsse. Das deutsche Kanalnetz ist am besten ent=wickelt in dem großen System alter Quertäler des nordostdeut=

schen Tieflandes, wo durch die Kanalverbindung der Havel, Spree, Netze, Warthe und Brahe Elbe und Weichsel, und durch den Elbe-Travekanal Elbe und Ostsee verknüpft sind. Ostpreußen hat sein eignes Kanalsystem, und so auf der andern Seite Ostfriesland, in das von Süden, aus dem großen Industriegebiet zwischen Ruhr und Lippe der Emskanal führt, der Lippe und Ems kreuzt. Im Reichslande treffen bei Straßburg der Rhein-Rhone- und Rhein-Marnekanal zusammen. In Franken übersteigt der 177 Kilometer lange Donau-Mainkanal den Frankenjura in 230 Metern Höhe, um Kelheim an der Donau mit Bamberg am Main zu verbinden. Wie der Rhein heute der verkehrsreichste Strom, so ist Berlin der größte Süßwasserhafen Europas. Die Binnenseen sind schon erwähnt worden, unter denen der Bodensee durch seinen regen Dampferverkehr von internationaler Bedeutung ist, während die größern Seen Ostpreußens in die Kanalverbindungen einbezogen sind. Man berechnet die Länge der schiffbaren Binnenseen Deutschlands auf 990 Kilometer.

Die westdeutschen Ströme sind nur kurze Zeit durch Eis verschlossen, auch die Elbe führt durchschnittlich nur 54 Tage Eis und hat die Hälfte dieser Zeit Eisstand. Die Oder hat bei Brieg durchschnittlich 29 Tage Eisstand. Es scheint, daß auf allen deutschen Strömen die Strombauten die Eisstände verkürzt und zugleich ihre Hochwassergefahr beträchtlich vermindert haben.

Mit der Bodengestalt wechselt auch der landschaftliche Charakter der deutschen Flüsse von Stufe zu Stufe. Das gefällarme Tiefland hat langsam fließende Gewässer, in deren dunkelm Spiegel sich überhängende Erlen und starke Eichen spiegeln. Wo sich diese Gewässer verirren und verflechten, da bilden sie merkwürdige Flußnetze wie im Spreewald, in einigen Teilen der Havel- und Warthe-Niederungen und in der Leipziger Gegend. Die Auenlandschaft der Magdeburger Gegend: Wiesen und Waldufer, dunkles Gehölz, parkartig über das helle Grün der Wiesen zerstreut, ist für die großen Tieflandströme Norddeutschlands bezeichnend. Eine andre Art von Bildern entrollt sich in den Einschnitten der braunen Oder und der gelben Weichsel

Die deutsche Flußlandschaft 79

in den Baltischen Landrücken, deren Steilufer, bewaldet oder angebaut, breite, reichbewässerte und dicht bewohnte Tieflandschaften einschließen. Der Geologe Jentzsch schildert das Land südlich von Marienwerder als breite Niederung mit fast zahllosen parallelen Gräben, dazwischen der glänzende Streifen der Weichsel, die von Segelbooten belebt ist. Um 60 Meter erhebt sich darüber ein steiler, zum Teil unersteiglicher Absturz, den an einigen Stellen einmündende Bäche tief einschneiden.

Im Mittelgebirge rieseln und plätschern die in der Regel nicht wasserreichen Bäche über braune Felsen, und gelegentlich kommt ein Wasserfall von mäßiger Größe vor. Dazwischen winden sie sich auch durch Wiesengründe, deren Kontrast als kleine grüne Ebenen vor schroffen Felsenhängen besonders malerisch in der Rauhen Alb, im Frankenjura und in der Sächsischen Schweiz ist.

Im Voralpenland gehen grüne und grünblaue Wässer zwischen weißbestäubtem und weißbekrustetem Kalkgeröll, aus dem spärliche Weiden hervorsprossen. Daß der Rhein der klarste und der heiter grünste von unsern deutschen Strömen ist, trägt dazu bei, daß er uns so gefällt; und dazu kommt der rasche Gang der mächtigen Wassermasse. Das sind alpine Eigenschaften. Wo, wie bei Passau, ein Alpenabfluß mit einem Mittelgebirgsfluß zusammentritt und mit den beiden noch ein dunkler Wald- und Moorbach sich verbindet, Inn, Donau, Ilz, da liegen die interessantesten Stellen der deutschen Flußlandschaft.

Wenn bei Schneeschmelze oder Regen der Wasserreichtum wächst, färben sich die Alpenflüsse grau, aber das ihrem Wasser eigne leuchtende Grünblau schimmert durch. Außerordentlich schwankend ist ihre Größe in den Kalkalpen. Im Spätsommer wird mancher dieser Bäche zum „Dürrenbach", und man begreift, daß dieser Ortsname neben Gries (Kies), Lenggries und dergleichen so häufig vorkommt, wenn man dann vergeblich in dem breiten Geröllfeld den Wasserfaden sucht. Beim ersten Septemberschnee, der in den Höhen fällt und rasch wegschmilzt, tritt das bisher versickernde Wasser trüb wieder an die Oberfläche, um beim stärksten Frost wieder abzunehmen. Wenn sie zwischen Schnee und Rauchfrost fließen, werden Lech, Inn und

Isar klar und leuchten an flachen Stellen grasgrün bis ins Türkisblaue, als seien die Farben der Gletscher in sie herabgestiegen.

Der Rhein steht allen deutschen Strömen voran, indem er am weitesten nach Süden greift und die Alpen mit der Nordsee verbindet. Der Vorderrhein am Gotthard, der Hinterrhein am Splügen entspringen beide einen ganzen Breitegrad südlich vom südlichsten Punkt des Deutschen Reichs. Durch den Bodensee, die Aar mit der Limmat und Reuß, die Ill, Thur und Birs sammelt der Oberrhein den Abfluß des Nordabhangs der Alpen vom Jura bis zum Bregenzer Wald. Dann sammelt der Mittelrhein den größten Teil des Abflusses der rheinischen Gebirge. Die Wassermasse, womit der Rhein den Bodensee verläßt, hat sich bei Basel durch Alpen- und Schwarzwaldzuflüsse schon verdoppelt, und bei Mannheim ist sie vervierfacht. Während der Main das Wasser aus dem Osten Deutschlands herführt, schneidet die Maas die Zuflüsse von Westen her ab und führt sie erst im Mündungslande dem Rhein wieder zu. Die rechte Seite des Rheingebiets ist überhaupt, dem Gesetz der deutschen Strombildung entsprechend, die entwickeltere, denn während auf der linken alle wichtigern Rheinzuflüsse in die drei Rinnen Ill, Mosel und Maas gesammelt werden, sind Neckar, Main, Lahn, Sieg, Ruhr und Lippe selbständiger und zum Teil absolut wichtiger als jene.

Der Main nimmt eine so große Stellung in der deutschen Geschichte ein, weil seine vom Fichtelgebirge an östliche Hauptrichtung die allgemeine Richtung der deutschen Ströme kreuzt. Dadurch wurde der Main gleichsam ein Symbol der Abgrenzung zwischen Nord- und Süddeutschland: Mainlinie. Da er bis hinauf nach Bamberg größere Fahrzeuge trägt, wobei die Stromschnellen von Ursahr und oberhalb der Taubermündung wenig bedeuten, so konnte er früh eine große Ader des westöstlichen Verkehrs werden. Sein vielgewundner, das schöne Frankenland reich belebender Lauf trägt gerade wie bei der auf der linken Rheinseite im engern Raum ähnlich wirkenden Mosel zu seiner geschichtlichen Bedeutung bei. So wie einst die römische Kultur von Gallien zum Mittelrhein das Moseltal herabstieg, so nahm die deutsche einen ihrer Hauptwege nach Osten den Main aufwärts. Die enge kirchliche Verbindung Böhmens mit

Mainz, die große geschichtliche Stellung von Frankfurt und Bamberg bezeugen die Bedeutung dieses Weges.

Donau und Rhein sind als Alpenflüsse und durch ihre zu Verflechtungen führende Annäherung im Bodenseegebiet natürliche Verwandte. Zu geschichtlich und politisch Verwandten hat sie die gemeinsame Geschichte von der Römerzeit her gemacht. Man pflegt wohl zu sagen, die Donau entspringe am Schwarzwald, der Rhein in den Alpen; aber das ist nur ein formaler Gegensatz. Man braucht nur einen Blick auf die Karte zu werfen, um zu erkennen, daß die Donau bis tief nach Ungarn hinein ihre größern Zuflüsse alle aus den Alpen erhält, ebenso wie der westliche Schenkel des merkwürdigen Winkels, den sie mit dem Scheitel an der Nabmündung bei Regensburg macht, der Nordostrichtung der mittlern und östlichen Alpen entspricht, wogegen allerdings der östliche der herzynischen Gebirgsrichtung gemäß ist. Was bedeuten Flüsse wie Altmühl, Nab, Regen, Ilz neben den stolzen Alpenkindern wie der Iller, dem Lech, der Isar? Der Inn, der bei Passau als lichtgrüner oder grüngrauer Alpenfluß in die trübe gelbliche Donau mündet, macht vollends erst die Donau zum großen Strom. Ja bis hinunter nach Belgrad, wo sie die Sau aufnimmt, hängt die Donau mit den Alpen zusammen. Die bei Preßburg einmündende March ist der erste große nördliche und nichtalpine Nebenfluß der Donau. Die Donau ist überhaupt der größte Alpenfluß Europas.

Am Rhein und an der Donau fanden die aus Süden und Westen kommenden Römer die deutschen Stämme, an diesen Schranken hielten sie sich auf, an sie lehnten sich ihre Kastelle, ihre befestigten Lager und, als Friede und friedlicher Verkehr erschien, die Römerstädte, die die ältesten Städte auf deutschem Boden sind. Viele von ihnen bezeugen in ihrer bis heute fortdauernden Blüte die Gunst ihrer Lage und die Einsicht bei ihrer Anlage. Basel und Straßburg, Speier und Worms, Mainz und Köln, Augsburg, Regensburg, Passau, Wels, Wien sind römische Pflanzstädte. Von der Donau zum Rheine zog der Wall, der das Römerreich gegen die blonden Barbaren schützen sollte. So trugen Rhein und Donau die im Mittelmeer geborne, von Ägypten nach Griechenland, von dort nach Rom getragne Kultur nach Osten und Westen, indem sie zugleich das Reich schützend umschlangen, das der Träger dieser Kultur war. Und in der Geschichte des Christentums auf deutschem Boden, wie treten da Trier, die Stadt der Märtyrer, und Köln, die Stadt der Heiligen, ein! Freising und Passau und später auch Salzburg haben nach Osten gewirkt. Bis nach Ungarn hinein erstreckten sich diese Bistümer, so wie der Einfluß von Mainz einst bis nach Böhmen reichte. An der Donau hinab ging die bayrische Kolonisation bis zur Adria und bis an den Bug, bis ans Eiserne Tor. Das große Österreich ist aus dem kleinen Bayern entstanden, indem die bayrischen Kolonien, auf Staat oder Kirche gestützt, an der Donau abwärts und an den Donauzuflüssen in die Alpen und Karpathen hineingewandert sind.

Die Weser ist am engsten mit dem Mittelgebirge verflochten, dem sieben Achtel ihres Zuflußgebiets angehören. Im Vergleich mit jenen von den Grenzfirsten des Mittelmeergebiets kommenden Strömen ist die Weser ein innerer deutscher Fluß. Die Weser entwässert den Thüringer Wald, die Rhön und den Vogelsberg im obern Lauf, durchfließt das hessische Bergland und die Wesergebirge und empfängt in der Aller die Abflüsse des Harzes. Daher rasches Gefäll bis ins Flachland und starker Wechsel der Wasserstände, wiewohl ihr Zuflußgebiet niederschlagsärmer ist als das der Elbe oder Oder. Wasserbauten, die die Weser bis Bremen für große Seeschiffe bereits fahrbar gemacht haben, streben eine Maximaltiefe von fünf Metern bis Münden an.

Die Elbe tritt auf deutschen Boden in einer schmalen und kurzen Versenkung mit steilen quaderähnlichen Wänden, deren Ursprung dem des obern Rheintals ähnlich ist. Sie empfängt darin die Richtung der sudetischen Bergzüge, dieselbe, die auch die untere Elbe von Havelberg an in so ausgesprochner Weise wieder aufnimmt. Der größte Elbzufluß, die Saale, fließt dagegen fast meridional aus dem sächsisch-thüringischen Winkel heraus, in dem die Mulde das schöne Beispiel einer strahlenförmigen Entwässerung des Erzgebirges bietet. In Verbindung mit der ebenfalls fast meridionalen Elbstrecke Magdeburg—Havelberg konnte daher die Saale die wichtigste natürliche Binnen-

Ströme und Flüsse. Kanäle

grenze in Deutschland bilden. Die geschichtliche Bedeutung der Saalelinie als deutsch-slawische Grenze ist tiefer begründet als die der Mainlinie als nord- und süddeutsche Grenze. Die Havel, die nicht nur die Abflüsse des breitesten der Urstromtäler (s. o. S. 101) sammelt, sondern mit der Spree das Lausitzer Bergland und mit der Elbe einen Teil des mecklenburgischen Seengebiets entwässert, verleiht der untern Elbe erst recht den Charakter des Tieflandstroms, dessen Breite übrigens nicht den gegenwärtigen Wassermassen entspricht, sondern auf eine Zeit zurückgeht, wo sich der größte Teil der Gewässer des mittlern und östlichen Norddeutschlands in diese Sammelrinnen ergoß. Daher der verkehrsgeographisch so wichtige Zusammenhang der Tiefland-Elbe mit der Oder und Weichsel und die meeresbuchtartige Breite und Tiefe der untern Elbe bis über Hamburg hinauf.

Die Oder folgt in ihrem obern und mittlern Laufe gleich der Elbe der sudetischen Richtung. Von ihrem Ursprung im Mährischen Gesenke bis zum Eintritt der Neiße bildet sie die Längsachse der nordwestlich gerichteten schlesischen Bucht. Dann nimmt sie dieselbe gerade Richtung nach Norden an wie die Neiße, weshalb sie mit dieser zusammen einen der wichtigsten alten Verkehrswege auf deutschem Boden gewiesen hat. Bei Küstrin nimmt sie die von der polnischen Platte kommende Warthe auf, die sich mit der im Urstromtal in vorwiegend westlicher Richtung durchfließenden Netze verbunden hat. Die Netze bildet die natürliche Verbindung mit der Weichsel, mit der sie durch den Bromberger Kanal verbunden ist, der bei Bromberg in die Brahe, ihren Nordzufluß, eintritt.

Die Weichsel betritt deutschen Boden erst, nachdem sie, von den Zentralkarpathen kommend, in weitem Bogen die polnische Platte umflossen hat. Kurz darauf biegt sie bei der Einmündung der Brahe in fast rechtem Winkel um und geht gleich der Oder fast gerade nördlich zur Ostsee. Einen Mündungsarm gibt sie als Nogat in das Frische Haff ab. Die Weichsel ist mehr als tausend Jahre nach dem Rhein in das geschichtliche Bewußtsein der Deutschen wieder eingetreten, aber ihre Bedeutung für das Wachstum der Deutschen nach Nordosten zu ist gewaltig. Im fruchtbaren, durch steile Ufer malerischen

Weichseltal liegen die Ausgangs- und Stützpunkte der deutschen Kolonisation der Nordostmark: Thorn, Graudenz, Kulm, Marienwerder und auf einem Hügel, der das 1100 Quadratkilometer große Werder des Weichseldeltas beherrscht, an der Nogat die herrliche Marienburg. Da in dem preußischen Seenhügelland die vorwaltende Richtung dieselbe nordwestliche bleibt, die die mittlere Weichsel bewahrte, entwickelt sich hier eine Reihe von selbständigen Flüssen, die zum Frischen Haff gehen. Weiter im Norden setzt aber eine rein westliche Richtung ein, der der vom preußischen Hügelland kommende Pregel und die erst nahe an ihrer Mündung deutsche untere Memel folgen.

Sechs Ströme und Flüsse von großer Verkehrsbedeutung erreichen auf deutschem Boden das Meer, und die Flußmündungen sind die wichtigsten Stellen unsrer Küste überhaupt. Schon äußerlich sind sie ausgezeichnet durch ihre Lage: die Rheinmündung bezeichnet den Übergang Europas von westwärts zu nordwärts gerichteter Lage; die Elbe mündet im äußersten Südostwinkel der Nordsee; die Obermündung liegt an der südlichsten Stelle der Ostsee; und die ihr darin ähnliche Mündung der Weichsel liegt ebenso wie die der Memel im Winkel zwischen Süd- und Ostküste der Ostsee. Merkwürdige Veränderungen der Laufrichtung der Ströme verkünden gegen die Mündung zu die Wirkung neuer Einflüsse, die schon der Küste angehören. Wo sich der Niederrhein nach Westen wendet, die Unterweser und die Unterelbe nach Nordwesten, da fließen sie zwischen ihren eignen Niederschlägen in einem uralten Delta- und Anschwemmungsland, das ununterbrochen dem Meere entgegenwächst. Die Elbe mündete einst weit oberhalb Hamburgs in eine ältere südlichere Nordsee. Oder und Weichsel wenden sich im Unterlauf nordostwärts, wo sie den Baltischen Höhenrücken in tief eingeschnittnen Tälern durchmessen. Das Weichseldelta liegt am Übergang einer östlichen Küstenrichtung in eine nördliche, und die ganze preußische Hafflandschaft ist eine großes Deltaland zwischen Weichsel und Memel. Das „lange Wasser", wie die Preußen die Verbindung zwischen Königsberg und Tilsit durch Pregel, Dieme, Kurisches Haff, Seckenburger Kanal und Memel nennen, ist ein echt deltahaftes Flußgeflecht.

Das Meer und die Küsten

17
Die deutschen Meere

Die deutschen Meere sind zurückgelegen und halb abgeschlossen. Im Verhältnis zum Weltmeer sind sie klein an Raum; die Nordsee, 574 000 Quadratkilometer, ist ungefähr so groß wie Deutschland, die Ostsee mißt 415 000 Quadratkilometer. Beide zusammen nehmen nur den neunzigsten Teil des Flächenraums des Atlantischen Ozeans ein.

Die Nordsee, die nur im Ärmelkanal und in dem breiten Nordtor zwischen Schottland und Norwegen dem Weltmeer offen steht, ist doch in manchen Beziehungen noch ein echtes Stück Atlantischer Ozean: salzreich, von starken Gezeiten bewegt und von Sturmfluten aufgewühlt. Nur die Tiefe des Ozeans erstreckt sich nicht in diesen Winkel, wo wir vor den deutschen Küsten überall nur seichtes Wasser finden. Die mittlere Tiefe der Nordsee beträgt 89 Meter. Zwischen dem deutschen Festland und den Nordseeinseln sinkt die Tiefe nirgends unter 20 Meter, auch Helgoland erhebt sich aus keiner andern Tiefe. Daher der breite Gürtel von Seichtmeerbildungen vor unsern Küsten, die eine Gefahr im Frieden, ein Schutz im Kriege sind. Die Bahnen der großen Meeresströmungen berühren die Nordsee nicht; nur dauernde Westwinde tragen ihr von den Shetlandinseln her das wärmere und salzreiche Wasser des Golfstroms zu. Die starken Gezeiten der Nordsee, die 2,8 Meter bei Cuxhaven erreichen, sind von entscheidender Wichtigkeit für den Verkehr in unsern tief im Lande liegenden Nordseehäfen. Die Flut, an der Börsenbrücke in Bremen noch 0,5 Meter hoch, ein Sechstel von ihrem Betrag in Bremerhaven, trägt die Schiffe die Elbe und Weser hinauf, die Ebbe trägt sie wieder hinab.

Das Meer wird durch diese Bewegungen in die Flüsse geführt, und die Elbe und Weser sind beide bis Hamburg und Bremen Meer. Ganz langsam gehen Meer und Süßwasser ineinander über. In der Unterelbe wächst der Salzgehalt flußabwärts an, erreicht aber den normalen Gehalt des Nordseewassers erst bei Helgoland. In der Tiefe dieser Ströme dringt das schwerere Nordseewasser höher stromaufwärts als an der Oberfläche, und natürlich steigt der Salzgehalt bei der Flut und sinkt bei der Ebbe.

Die Ostsee empfängt durch ein Zuflußgebiet, das den größten Teil der skandinavischen Halbinsel, Finnland, Lappland, Westrußland, Ostdeutschland und einen kleinen Teil von Österreich umfaßt, von mehr als zweihundert Strömen und Flüssen eine gewaltige Süßwassermenge. Mit dem Ozean steht sie aber nur durch das Kattegatt in Verbindung, eine Art von Vorhof, in den die Belte und der Sund münden. Daher ist der Salzgehalt der Ostsee gering und beträgt bei Kap Hela nur 0,7 Prozent, das ist fast nur ein Fünftel des Salzgehalts der Nordsee. Auch in der Eisbildung steht die Ostsee einem großen Binnensee näher als dem Meere. Alle deutschen Ostseehäfen frieren gelegentlich zu, am leichtesten die am weitesten landeinwärts und daher geschütztest liegenden wie Flensburg, Kiel, Wismar. Am günstigsten liegt Warnemündes breit zum Meer geöffneter Hafen, der in einundzwanzig Wintern nur achtmal durch Eis geschlossen war. Dieses Eis, verstärkt durch Treibeis und in überkältetem Tiefenwasser gebildetes Grundeis, verzögert durch die Wärme, die es braucht, um zu schmelzen, alljährlich die Ankunft des Frühlings im Ostseegebiet. In die Ostsee dringen die Gezeiten durch das Kattegatt ein, erreichen aber nur den siebenten bis achtzehnten Teil der Höhe der Nordseeflut. Das Becken der Ostsee ist im Durchschnitt 67 Meter tief, und die Tiefe nimmt von Norden nach Süden zu; an der deutschen Küste findet man über 20 Meter hinausgehende Tiefen nur in der Lübecker Bucht, in den Föhrden und vor West- und Ostpreußen.

18
Die Lage der deutschen Küsten

Die deutsche Küste schaut zumeist nach Norden: indem sich aber zwischen Nord- und Ostsee die Cimbrische Halbinsel nordwärts erstreckt, empfängt Schleswig-Holstein eine nach Westen gewandte Küste an der Nordsee und eine nach Osten gerichtete an der Ostsee. Ebenso bildet sich auch im äußersten Osten der deutschen Ostseeküste durch die Nordbiegung des Ostseegestades eine westwärts schauende Küste von der Mündung der Weichsel bis zur russischen Grenze.

Unsre Küste liegt südlicher im Westen als im Osten. Das westlichste deutsche Land, das die Nordsee berührt, ist die Insel Borkum, die bei 53° 35′ vor der holländischen Küste liegt. Daneben wölbt sich Ostfriesland nördlich hervor. Der Jadebusen greift dann bis 53° 20′ nach Süden, worauf das Land zwischen Weser und Elbe noch etwas weiter nordwärts vortritt. Wiederum liegt der südlichste Teil der deutschen Ostseeküste in der Lübecker Bucht, aus der Mecklenburg mit Vorpommern als ein Dreieck hervortritt, dessen Spitze Rügen bildet. Dann buchtet sich die Ostsee in das Stettiner Haff ein, und von da an steigt dann in einer einzigen schönen Wellenlinie die pommersche Küste bis zum Putziger Wiek. Neue Einbuchtungen: Danziger Bucht und Bucht von Memel und zwischen beiden das Samland als meer- und nehrungumgrenzte Halbinsel. Diesen Stufen gemäß ordnen sich unsre großen Seestädte, die immer in den durch Buchten gebildeten Einschnitten zwischen zwei Stufen liegen, so daß die westlichern immer südlicher liegen als die östlichern: Bremen 53° 5′, Wilhelmshaven 53° 31′, Hamburg 53° 33′, Lübeck 53° 51′, Swinemünde 53° 55′, Königsberg 54° 42′.

Die Helgoländer Bucht und die Neustädter Bucht

Indem aus unsrer langsam von Südwesten nach Nordosten ansteigenden Küste die cimbrische Halbinsel hervortritt, die eine West- und eine Ostküste von 54° bis 55° 28′ bildet, werden an der Nordseeküste zwei Küstenstrecken gebildet, die fast rechtwinklig in der Elbmündung aufeinandertreffen. In diesem Winkel liegen die Helgolander Bucht, Cuxhaven, die Mündung des Kaiser Wilhelm-Kanals und dahinter Hamburg: es ist der wichtigste Teil der deutschen Küste. Daher die große Bedeutung des gerade davor liegenden kleinen Helgoland. Ebenso werden auf der Seite der Ostsee zwei Küstenstrecken gebildet, die in einem stumpfen Winkel aufeinandertreffen. In diesem Winkel, in dem die Ostsee bis auf zweiundfünfzig Kilometer gegen die Elbe vordringt, liegen die Kieler und Neustädter Bucht, die Mündung des Kaiser-Wilhelm-Kanals, Kiel und Lübeck. Dieser Ostseewinkel sah die Blüte des deutschen Seehandels in der Zeit der Hanse, jener Nordseewinkel ist sein Brennpunkt in der Gegenwart. Damals wurde die Verbindung des Südwestwinkels der Ostsee mit dem Südostwinkel der Nordsee verkörpert in dem Bunde Lübecks und Hamburgs, so wie sich heute ihre Bedeutung in dem Kiel und Hamburg verbindenden Kanal ausspricht. Und wie die Nähe Dänemarks und Schwedens das Aufblühen der „wendischen Küste" begünstigte, so ist Lübeck auch heute hauptsächlich groß durch seine nordischen Beziehungen, und die Schnelldampfer nach Gjedser, Kopenhagen, Malmö gehen auch heute von Lübeck, Warnemünde, Stralsund und Stettin aus.

Die Nordseeküste

So weit auch die Nordsee, gerade wo sie deutsche Lande bespült, vom offnen Ozean zurückliegt, ist doch die Nordseeküste die ozeanischste von allen unsern Küsten. An sie heran bringen starke Gezeiten das Meer und führen es stromaufwärts. Diese Küste ist daher zugleich die verkehrsreichste und durch Sturmfluten am meisten zerrissene und gefährdete. Das weite Hinterland, die sich in breiten Mündungen ergießende Ems, Weser und Elbe und die westlichere Lage machen wiederum die Strecke von der Ems bis zur Elbe zu dem wichtigsten Küstenabschnitt Deutschlands. Die beckenförmig gerundeten Einbuchtungen des Dollart und des Jadebusens und die Trichtermündungen der

Weser und der Elbe zeichnen diese Küste aus. An der Westküste Schleswigs erinnern zwar die Bucht von Büsum und die Eidermündung an jene die Familienverwandtschaft mit der Zuidersee nicht verleugnenden Einbrüche; doch fehlen der schleswig-holsteinischen Nordseeküste das Hinterland und die Ströme. Erst der Kaiser-Wilhelm-Kanal hat sie erschlossen, führt aber den Verkehr der untern Elbe zu. Doch hat die schleswigsche Küste den Inselreichtum und die Größe der Inseln voraus.

Geest, Marsch und Watten

Die Nordseeküste zeigt bei aller Verschiedenheit einzelner Strecken eine übereinstimmende Gliederung vom Rhein bis zur Eider. Das Meer tritt nicht unmittelbar an den alten höhern Landsaum heran, der sich als Geest oft erst zwanzig Kilometer hinter der Brandungslinie erhebt. Zwischen der Geest und dem Meer liegt die tiefere, flachere Marsch als jüngere Bildung. Die Geest schneidet aber nicht glatt ab, sondern sendet Halbinseln in die Marsch vor, und einige Geestinseln treten als Vorgebirge in die Nordsee. Davor liegen die Inseln, die, eine Kette, mit unverkennbaren Spuren alten Zusammenhangs sich von der Spitze Nordhollands bis zur Mündung der Königsau erstrecken. Zwischen diesen Inseln und dem Festlande brandet das Wattenmeer, von dem große Teile in der Ebbezeit trocken liegen, so daß dann jene Inseln landfest werden, während in der Flut diese Landbrücken unter dem Meeresspiegel versinken. Zwischen den „Sanden" führen die „Tiefe", gewundne Kanäle, durch das Wattenmeer, dessen Seegefahren es zu einer der stärksten Befestigungen der deutschen Küste machen. Eine Wanderung zur Ebbezeit über die Watten ruft die Erinnerung an einen Sommertag auf Gletschern der Alpen wach, so fließt, rieselt und sprudelt es auf allen Seiten, tausend Tümpel stehen im dunkeln Schlamm, den nur Algenfäden im Frühling grün anhauchen, und das Ganze ist halb fest und halb flüssig, tief durchfeuchtet und durchsalzen: eine „tote" Watte. Hat jahrhundertelange Schlammanschwemmung das Land erhöht, dann folgt Graswuchs auf Salzkräuter, und wir haben die „Graswatten", den fetten Unterboden der berühmten Marschviehzucht. Manches, was heute im Wattenmeer liegt, war einst fest, und noch hört man dort Namen, die auf alte, jetzt selbst bei Ebbezeit vom Wasser bedeckte Verbindungen der Inseln hinweisen. Erst mit dem Marschland beginnt das Reich des Menschen. Es setzt sogleich als ein Reich von strenger Ordnung ein. Die Marsch von heute, geschützt und geregelt durch Deiche, Schleusen, Ent- und Bewässerungsgräben, ist in der Hand des Menschen. Doch braucht dieser Wachsamkeit und Entschlossenheit, um sein Werk zu erhalten. Das Marschland beginnt bei Hoyer und ist gegenüber von Sylt zwanzig Kilometer breit. Die untere Elbe fließt in einer tiefen Marschbucht. Die Flußmarschen der untern Ems sind das westlichste Stück des Marschlandstreifens.

Die Ostseeküste

An der Ostsee haben wir wieder eine von Süd und Nord ziehende schleswig-holsteinische Küste, deren Merkmal die tiefen, schmalen Föhrden von Hadersleben, Apenrade, Flensburg, Eckernförde und Kiel sind. Auch die drei Einschnitte der Lübecker Bucht (Neustadt, Travemünde, Wismar) gehören noch hierher mit ihren „Bodden", unregelmäßig verästelten Buchten von rundlichen Umrissen, die durch Inseln, Halbinseln oder Dünenstreifen vom Meere getrennt sind. Föhrden und Bodden gehören derselben Gattung von Küsteneinschnitten an. Die Bucht von Wismar, der Saaler Bodden, der Grabower, der Stralsunder und Greifswalder Bodden, das Stettiner Haff sind Variationen dieses auch im Bau Rügens ausgesprochnen Typus, der mit großen Unterschieden der Höhe und Tiefe im Küstensaum zusammengeht. Diese Küste steigt bis zur Spitze Rügens an und senkt sich dann zur Odermündung. Breite Inseln, Festlandbruchstücke, wie Rügen, Usedom, Wollin, sind ihr vorgelagert. Auch Zingst ist fast mehr Insel als Halbinsel. Für den Geschichtskenner ist die buchtenreiche Küste zwischen Lübeck und Greifswald die wendische Küste. Man hat sie das Kristallisationsgebiet der Hanse genannt; sie ist aber mehr als das gewesen. Man kann sie die Quelle immer neuer Belebung nennen.

Von der Oder bis Kap Rixhöft steigt dann die einförmigste der deutschen Küsten langsam an, die hinterpommersche, eine Schuttküste, die von dem Wagendrang gleichmäßig abgebröckelt wird. Mit der dreißig Kilometer in die Ostsee hinausragenden Halbinsel Hela, auch Putziger Nehrung, beginnt eine neue Küstenform, die man die preußische nennen könnte. Diese schmale Halbinsel mit ihrem verbreiterten und schön abgerundeten Ende ist die Hälfte einer Nehrung, ebenso wie das dahinter liegende Putziger Wiek ein nur halb geschlossenes Haff ist. Auch dieses Stück Nehrung haben die Wellen und die Küstenströmungen außen geglättet, während sein Innenrand von den in tiefer Ruhe abgesetzten Anschwemmungen ausgebuchtet ist. Dünenketten folgen auf diesem Streifen in selten unterbrochner Folge, wie denn vier Fünftel der Küste zwischen Oder und Memel Dünenküste sind.

Jenseits der Weichselmündung folgt die Frische Nehrung, von der Ostsee her ein gelblicher, stellenweise schneeweißer Dünenstreif, von dem sich der jenseits des grünen stillen Haffs steiler abfallende Rand des preußischen Seehügellandes dunkel abhebt. Der Schiffer, der von der Ostsee kommt, sieht nur niedrige, helle Inseln, die auf dem Wasser zu schwimmen scheinen. Kommt er näher, so verbinden sie sich durch ein niederes Land, das an einigen Stellen grünlich angehaucht ist. Nicht über eine halbe Seemeile ist die Nehrung breit. Das dahinter liegende Frische Haff ist an keiner Stelle mehr als 5 Meter tief, nur der Eingang zum Pillauer Hafen ist bis 10 Meter tief ausgebaggert. Jenseits des bernsteinberühmten Samlandes — kleine Bernsteinsplitter leuchten auch aus dem Sande der Frischen Nehrung — beginnt die 97 Kilometer lange Kurische Nehrung, wiederum ein schmales Dünenland zwischen Haff und Ostsee, das 143 Quadratkilometer bedeckt. Das Kurische Haff ist zwölfmal so groß. Dieser nordöstliche deutsche Küstenstrich ist einer der rauhesten und ödesten Striche von Deutschland, der dem auf der Ostsee Vorbeischiffenden kaum eine Spur menschlicher Wohnstätten außer dem Leuchtturm von Nidden, zeigt.

Die deutsche Ostseeküste zeigt durchweg Neigung zu parallelen Wall- und Grabenbildungen. Sowohl die Küste selbst als auch der Abfall von der Küste zum Meer ist entsprechend gegliedert. So wie uns die Hafflandschaft die Nehrung, das Haff und dahinter die mit Schutt der Eiszeit bedeckte Küste als dreigliedrigen Streifen zeigt, begegnen wir in Hinterpommern regelmäßig der ins Meer tauchenden Düne, dahinter einem Streifen tiefgelegner Moore, Seen, Sümpfen, auch kleinern, trägen, der Küste parallel dahinträumenden Flüßchen, und hinter diesem steigt dann der diluviale Landrücken an. An der mecklenburgischen Küste begleiten wohlgelagerte Wälle den Abfall des Seehügellandes; wo hier Küstenflüßchen wie Tollense, Recknitz, Peene, Trebel vor der Mündung umbiegen, fließen sie in den dadurch gebildeten, mit der Küste parallelen Senken. Ein Ansteigen des Meeres um 10 Meter würde hier ähnliche Sunde entstehen lassen, wie der zwischen dem Festland und Rügen. Solche Vorlagerungen kommen auch unter dem Meeresspiegel vor. So ist das Vinetariff vor der Nordspitze Usedoms eine inselartig vom Meeresboden aufsteigende Anhäufung von Steinblöcken, und viele andre „Steinriffe" machen den Eindruck versunkner Diluvialinseln.

Die Dünen

Am Gestade der Nordsee und Ostsee ziehen in langen Ketten Dünen jenseits des Küstenstreifens hin: eine gelblichere oder grauere Wiederholung des leuchtend weißen Brandungssaumes. Diese Dünen bestehen aus Sand, der so nahrungsarm ist, daß der ärmliche Pflanzenzuwachs seiner noch nicht Herr werden konnte. Deshalb ist der Sand an vielen Stellen beweglich geblieben. Man würde nun sagen, der lockere Flugsand müßte ins weite Meer hinausgetragen werden, dessen Rand er umlagert. Statt dessen häuft er sich zu kleinen Gebirgen auf, deren Wert für unsre Küsten darin besteht, daß sie von ihnen wie von natürlichen Dämmen beschützt werden, während sie allerdings an manchen Stellen zugleich eine große Gefahr wegen der

Die Dünen

Wanderungen sind, die der Sand landeinwärts unternimmt. Wir haben auch Dünen im Binnenlande. Der Sand des Rheins häuft sich im Oberrheintal an manchen Stellen zu kleinen Dünenwällen auf. Karlsruhe liegt in einem solchen Sandgebiet. Die Gegend von Nürnberg, die Mark sind reich an echtem Flugsand. Aber nur am Meere spülen die Wellen immer neuen hinausgetragnen Sand ans Land zurück und erzeugen immer neuen Sand durch ihre nie ruhende Bewegung. Dazu kommt, daß unsre Ostseeufer allerseits derselbe sandreiche Eisschutt umlagert, aus dem auch die mächtigen Sande des norddeutschen Binnentieflands größenteils einst ausgewaschen worden sind. Von dem 256 Kilometer langen Außenstrand von der Diewenow bis zum mecklenburgischen Fischland sind 154 Kilometer Düne, ein silbergraues welliges Band über dem Grün des Meeres. Sylt ist zur Hälfte Düne, die Frische und die Kurische Nehrung sind fast ganz Dünenland, und hier kommen Sandberge von 60 Metern Höhe vor. Kleine Dünengebirge, Sandhorste, von 30 Metern Höhe liegen auch zu beiden Seiten von Stolpmünde.

Der vorwiegend auflandige Wind treibt den lockern Sand, an den Dünenhängen hinauf; der leichte hellgelbe Sand fliegt, der gröbere graue rollt unter diesem Anstoß aufwärts, beide fallen dann jenseits des Kammes der Düne nieder. So wird auf Kosten der vordern Düne eine neue hinter ihr gebildet. Deshalb sehen wir bei starkem Wind die Sandhügel wie im Nebel; nur ist es ein scharf begrenzter Sandnebel, durch den man die Umrisse der Düne recht wohl wahrnimmt. Die Geschwindigkeit des Wanderns der Dünen kann überraschend groß sein. Im Frühling kann man über Schneelagern eine halbmeterhohe Sandschicht liegen sehen, und es entspricht dem, wenn aus Hinterpommern Versandungen von Strauchwehren um 25 Zentimeter in vierzehn Tagen beobachtet wurden. Auf der Kurischen Nehrung macht der Sand an ungeschützten Stellen jährlich Fortschritte von 5 bis 6 Metern. Liegt das Meer hinter den Dünen, wie an den Haffen und am Putziger Wiek, da kann man die Versandung in der Tiefenabnahme deutlich fortschreiten sehen. Der Memeler Hafen und die schmale Fahrrinne im Kurischen Haff müssen beständig ausgebaggert werden, und die Spitze der Nehrung wächst ununterbrochen nordwärts fort. Der wandernde Sand macht nicht Halt vor den Werken der Menschen. Auf der Kurischen Nehrung ist die Geschichte jedes Dorfes das Ringen mit dem Sande. Es gibt Dörfer, die wegen Versandung verlassen werden mußten. Nachdem in Kunzen im Lauf des achtzehnten Jahrhunderts Häuser öfter verlegt worden waren, versandete die Schule 1797, die Kirche 1804, 1822 war die Dorfgemarkung auf den elften Teil zusammengeschwunden, und 1825 war die Verschüttung vollendet.

Erst seit dem Ende des achtzehnten Jahrhunderts hat man in Anpflanzungen ein Mittel gefunden, den Sand festzuhalten. Die Pflanzen der Düne stehen in merkwürdigen Beziehungen zu ihrem beweglichen Boden. Nicht lange dauert die Idylle, daß die schwank herabhängenden Halme des Dünengrases vom Wind hin und her bewegt seltsam regelmäßige, einander schneidende Halbkreise in den Sand zeichnen. Rasch sind diese Gebilde verweht wenn sich eine Brise erhebt, und nach einigen Tagen starken Winds ragt nur noch die Spitze des Halmes aus der jungen Sandhülle hervor. Darum sterben aber die echten Dünengräser, wie Elymus arenarius und Ammophila arenaria, nicht ab; je höher der Sand steigt, desto höher wachsen sie. Ihre Wurzeln ragen weit in den alten Sand hinein, und ihre Halme bieten dem neuen Halt. Heute sät man die Dünengräser in große durch Strauchwerk abgegrenzte Vierecke, und in den befestigten, durch Lehm verbesserten Boden pflanzt man Föhren und Legföhren (Pinus inops). Preußen wendet jetzt jährlich einige hunderttausend Mark für Dünenbefestigung und Pflege der Dünenwälder an der Nord= und Ostsee auf. So wie die Zerstörung von Wäldern die Dünen entfesselt und den Wert des Küstenlandes oft auf nichts erniedrigt hat, hat auch die Wiederbewaldung weite Sandgebiete zur Ruhe gebracht, wirtschaftlich wertvoller und bewohnbar gemacht. So konnte sich seit hundert Jahren die früher sinkende Zahl der Bewohner der Kurischen Nehrung wieder auf mehr als das Doppelte heben.

Die Küftenlänge

Wenn man die deutsche Küste nach ihren großen Umrissen mißt, erhält man 1270 Kilometer. Das ist genau ein Fünftel von der Länge der Küste Italiens und zwei Fünftel von der Länge der Küste Frankreichs. Deutschland hat also eine kurze Küste. Das tritt noch mehr hervor, wenn man erwägt, einem wie großen Lande die Küste als Auslaß dienen muß. Deutschlands Flächenraum verhält sich zu dem Italiens wie 1 : 0,53, und es kommen demnach auf einen Kilometer Küstenlänge in Deutschland 425, in Italien 45 Quadratkilometer Land. Wenn man alle Buchten und Inselumrisse mitmißt, erhält man für die Länge der Seegrenze Deutschlands 2440 Kilometer, das ist ungefähr die Hälfte der Länge der Landgrenze. In Deutschland gibt es Orte, die in gerader Linie von dem nächsten Seeplatz 700 Kilometer entfernt sind, in Italien mißt die größte Entfernung eines Ortes vom Meere 240 Kilometer. In diesem großen Unterschied der Entfernung der deutschen Länder vom Meere liegt ein Hauptgrund der zwiespältigen Entwicklung Nord- und Süddeutschlands. Außerdem ist Westdeutschland durch seine zur Nordsee gehenden Ströme und die Nähe der holländischen und belgischen Häfen dem offnen Meere nähergerückt als Ostdeutschland. Da aber die politischen Schwerpunkte Deutschlands bis zum neuen Reich im Süden und Osten lagen, verfiel die politische Ausnutzung der Küste und die Seegeltung Deutschlands in Nichtigkeit, und seine kleinern Nachbarn im Nordwesten und Osten beherrschten die Nordsee und die Ostsee. Die entferntesten Punkte der Ostseeküste sind fast dreimal so weit von einander entfernt wie die entferntesten Punkte der Nordseeküste.

Die Zerstörung der Küste und der Kampf um die Küste

Jede Küste liegt dem ewig beweglichen Meere ruhend und leidend gegenüber. Nur in langen Zeiträumen erfährt sie an manchen Stellen Hebungen, die größere oder kleinere Strecken dem Wirkungsbereich der Brandung entrücken. Ohne das unterliegt sie dem Andrang der Wogen, es sei denn, daß der Mensch sie durch künstliche Werke seiner Hand schützt. Die deutschen Küsten haben den Schutz mehr als viele andre nötig. Sie sind größtenteils flach und niedrig — viele Marsche liegen sogar unter dem Meeresspiegel — und aus locker zusammenhängendem Stoff aufgebaut; kein Zeugnis spricht für jüngere Hebung, wohl aber sind in manchen Teilen unsers Küstengebiets Senkungen zu vermuten. Torflager tauchen an beiden Küsten unter den Meeresspiegel. Während die Nordsee zu den stürmischsten Teilen des Ozeans gehört — und gerade in den südöstlichen Winkel drücken die gefährlichsten Stürme das Wasser mit Macht, daß es sich gegen die Deiche und Dünenwälle staut —, arbeitet an der Ostsee das Eis mit an der Bewegung der Küste. Unsre Küstenbewohner sind daher ununterbrochen tätig, ihr Land, oft selbst ihre Wohnstätten gegen den Wogendrang zu schützen, und große, kostspielige Werke sind zu diesem Zwecke geschaffen worden. Weite Strecken sind der Gefahr entrückt worden, vom Meer verschlungen zu werden, und an manchen Punkten ist sogar verlornes Land neu gewonnen worden. Ein großer Teil von Swinemünde steht auf Boden, den die Uferbauten seit dem achtzehnten Jahrhundert erst festgelegt haben. Es gibt aber noch genug Küstenstrecken, die fort und fort abbröckeln, und wo man erheblichen Landverlust in geschichtlicher Zeit deutlich auf die Karte zeichnen kann. Sehen wir nun gar in vorhistorische Zeiten zurück, so erscheint uns vor allem unsre Nordseeküste nur als ein Trümmerwerk, das von frühern Anschwemmungsbildungen noch übrig geblieben ist. Die friesischen Inseln bezeichnen den äußern Saum eines zerrissnen, versunknen alten Landes.

Es liegt im Wesen der Flachküste, daß sie an einer Stelle durch Anschwemmung wieder ersetzt, was sie an andrer verloren hatte; nur kommt dieser Gewinn natürlich nicht unmittelbar dem festen Lande zugute. Im Unterlaufe unsrer Ströme, in unsern Häfen und in den Haffen der Ostsee geht der Schlamm- und Sandabsatz ununterbrochen vor sich. Aber dadurch wächst nicht gleich das Land, sondern es entstehen neue Untiefen oft weit draußen im Meer, die in vielen Fällen aus Gründen des Verkehrs wieder beseitigt werden müssen. Die Bilanz würde an unsrer Küste ohne das Eingreifen des Menschen weitaus

Die Zerstörung der Küsten

mehr Verlust als Gewinn zeigen. Zwar sind über die Landverluste der deutschen Nordseegebiete, besonders die plötzlichen durch Sturmfluten, übertriebne Vorstellungen im Umlauf. Allmers sagt in seinem Marschenbuch: „Man kann dreist annehmen, daß noch zur Zeit Karls des Großen das Land der Friesen das Doppelte an Umfang hielt, als ihr jetziges Gebiet." An der Hand der Geschichte ist eine solche Annahme glücklicherweise ganz unmöglich. Man muß vielmehr sagen, daß überall die Volksüberlieferungen über Landverlust an den deutschen Küsten weit über die Wahrheit hinausgehen. Die Volksseele steht unter dem Eindruck einzelner Katastrophen, deren Wirkung sie verallgemeinert. Diese Katastrophen sind auch sicherlich in frühern Jahrhunderten größer und verderblicher gewesen als heutzutage. Aber dennoch stehen wir an, die Bildung der Zuidersee als einen der Größe dieses Meerbusens entsprechenden plötzlichen Landverlust aufzufassen. Ebensowenig will uns der Dollart als das reine Produkt von Sturmfluten aus der geschichtlichen Zeit erscheinen. Vielmehr sind viele von den Bildungen, die die Überlieferung in die geschichtliche Zeit versetzt, auf Zeiten zurückzuführen, wo diese Gelände noch unbewohnt waren. Damit soll nicht gesagt sein, daß die Sage ganz grundlos sei, die die Züge der Cimbern und Teutonen auf die Verheerung ihrer Heimat durch Sturmfluten zurückführt; aber der gelehrte Versuch, gerade diese Sage naturwissenschaftlich zu stützen, ist ebensowenig gelungen, wie die Karten von Helgoland wahr sind, die dem alten Helgoland eine dreimal größere Ausdehnung geben als dem heutigen. Diese Karten, die auf den schleswigischen Kartographen Meier in Husum (siebzehntes Jahrhundert) zurückgehen, sind nichts als gezeichnete Sagen. Aus der Zeit genauer Überlieferungen sind im siebzehnten Jahrhundert drei mächtige Sturmfluten (1634, 1648 und 1685) verzeichnet. 1634 sollen 15 000 Menschen und 50 000 Stück Vieh ertrunken sein. Die Weihnachtsflut von 1717 vernichtete allein in den Oldenburger Marschen 2471 Menschen und über 4000 Stück Vieh, an der ganzen Nordseeküste über 15 000 Menschen. 1825 stiegen die Fluten höher als 1717, aber die Dämme waren erhöht und verstärkt, der Verlust an Menschenleben konnte nicht mehr in die Tausende gehen, betrug aber in

Nordfriesland noch 80. Die größten Fluten des neunzehnten Jahrhunderts, die von 1825 und 1845, konnten noch weniger Schaden anrichten, denn die Schutzwehren waren nahezu unüberwindlich geworden. Aber noch am 29. Dezember 1880 hat eine verheerende Sturmflut im Unterweserlande schwere Schädigungen an Gesundheit und Eigentum bewirkt.

Zum Schutz gegen diese Gefahren sind große Dämme (Deiche) aufgeführt worden, an denen man Jahrhunderte bauen mußte, bis die erforderliche Höhe von fünf bis sechs Metern über dem Spiegel des Meeres oder der großen Ströme und die Breite von mindestens drei Metern an der Oberfläche erreicht war. „Wer nicht will deichen, der muß weichen!" Mit den Dämmen müssen Entwässerungs- und Bewässerungskanäle verbunden sein, denn sie haben nicht nur das Meer abzuhalten, sondern auch neues fruchtbares Land zu schaffen und zu erhalten. So entstehen großartige, kunstvolle Deichnetze, die einst von den zu Deichverbänden vereinigten Beteiligten ohne alle Staatshülfe geschaffen wurden. Diese großartige Selbsthülfe hat in den Marschen von der Schelde bis zur Eider den Freiheits- und Selbständigkeitssinn aufrechterhalten, der ohnehin in der Nähe der großen Natur hier wie in dem Hochgebirge kräftiger gedeiht. Kein Stück deutschen Bodens ist mit seinen Bewohnern so verwachsen wie der Marschlandsaum der Nordseeküste. Man spricht von der Anhänglichkeit des Alpensohnes an sein Land; aber dieses Land war vor ihm da, er hat es in Besitz genommen und im ganzen wenig an ihm geändert. Wie anders der Küstenbewohner in seinen Marschen! „Jeder Fleck ist hier historisch, auf jedem nachweisbar, wie das ganze Land zusammen mit seinen Bewohnern Halt und Kultur gewonnen hat. Nirgends anders sind die Bewohner so ganz und wahrhaftig Söhne des Vaterlandes, das sie sich schufen, und durch das sie wurden, was sie sind" (Kutzen). Fragt man, wie dieser grüne Saum, der das ältere eigentliche Binnenland vom Meere trennt, entstanden ist, so muß die Antwort drei große Tätigkeiten nebeneinander nennen, die hier zusammengewirkt haben: die Ströme, das Meer und der Mensch. Die Ströme haben den feinen und fruchtbaren Schlamm aus den Gegenden ihres höhern Laufes herabgebracht, die Fluten des Meeres haben ihn gesichtet, aufgeschlossen und mit fruchtbaren, organischen Stoffen bereichert zurückgegeben, der Mensch hat Dämme um dieses Schwemmland gezogen, es dadurch gegen Sturmfluten geschützt, kanalisiert und bebaut. Im ganzen sind 5000 qkm, die einem Drittel Sachsens entsprechen, dem Meer zum Opfer gefallen, denen 2600 qkm Landgewinn gegenüberstehen.

Der Gang der Zerstörung ist an der Ostseeküste viel langsamer, und der Rückgang ist gleichmäßiger verteilt. Aus den lehmigen, blockreichen Diluvialküsten gräbt die Brandung Höhlen und Nischen aus, deren Decken einstürzen. Der Frost arbeitet vor, indem er den Zusammenhang des ungleichen Bodens lockert. So mag es zu erklären sein, wenn Wände aus Geschiebemergel in Haushöhe und vierzig bis fünfzig Schritt Länge oft plötzlich abstürzen, ohne unmittelbar von den Fluten berührt zu sein. Dünenwälle zeigen in frischen Steilabstürzen, deren Farbe von der Durchfeuchtung dunkler ist, die Narben der Wunden, die ihnen der Wintersturm geschlagen hat. An den wenigen Stellen, wo Fels ansteht, kommen Steinfälle vor, und zwar nicht unbeträchtliche, wie die Geschichte des langsam zurückweichenden Arkona lehrt, das in den letzten hundert Jahren dreihundert bis vierhundert Meter verloren haben soll.

An den lehmigen Küsten Hinterpommerns ist schon manche Dorfflur in die Ostsee gestürzt. Zuverlässige Zeugen berichten, wie bei Hoff der Kirchhof angegriffen war, so daß Sargbretter und Knochen aus der Uferwand herausstanden und die Kirche verlegt werden mußte. Bäume, die sich dem Meere zuneigen, weil ihre Wurzeln unterspült sind, Rasenstücke, die frei in die Luft ragen, Risse in den Wiesen und Äckern, die künftige Abbrüche anzeigen, sind häufige Erscheinungen. Man hat an solchen Stellen die Schnelligkeit des Fortschreitens des Meeres messen können und hat bis zu einem Meter im Jahre gefunden. Einzelne Stürme greifen besonders an der sandigen Küste ganz anders ein, und so soll der Strand von Heringsdorf im Februar 1874 zehn Meter verloren haben. Die Nordspitze Usedoms ist zur Insel gemacht, die schmale Halbinsel Usedoms bei Damerow und die Spitze von Darß bei Ahrenshoop durchbrochen worden.

19

Die Inseln vor den deutschen Küsten

Vor den deutschen Küsten liegen Inseln, die in der Nordsee klein und zahlreich, in der Ostsee an Zahl gering und groß sind. Es sind aber alles Küsteninseln. Die weiter draußen liegenden Inseln gehören nicht zu Deutschland, und die von der Küste entfernteste deutsche Insel, Helgoland, ist erst 1890 für Deutschland gewonnen worden. Es prägt sich darin der Verfall der deutschen Seemacht aus. Als die deutschen Flotten von den Meeren verschwunden waren, sind die deutschen Länder ihres Besitzes jenseits der Küsten verlustig gegangen. Lange ist die Zeit vorbei, wo Bornholm und Gotland im Besitz der Hanse waren. Jenes ist heute dänisch, dieses schwedisch. Auf die große moralische Bedeutung der Erwerbung Helgolands in diesem Zusammenhange haben wir oben (S. 11) hingewiesen. Es ist darum auch vollkommen sachgemäß, daß die Rückerwerbung dieses Inselchens eine Folge unsrer jungen kolonialen überseeischen Ausbreitung war.

Der Flächenraum sämtlicher deutschen Inseln der Nord- und Ostsee wird auf 2694 Quadratkilometer angegeben. Davon entfallen 109 auf die ostfriesischen, 367 auf die nordfriesischen und 2217 auf die Ostseeinseln. Es ist aber klar, daß diese Zahlen nur annähernd richtig sein können. Einige Inseln wachsen, andre gehen zurück. Eine scharfe Grenze zwischen Land und Wasser gibt es im Wattenmeer nicht. Jede von den größern Nordseeinseln ist wie von einem Hof amphibischen Landes umgeben, das nirgends das offne Meer mit seiner freien Brandung erblicken läßt. Der Flächenraum von Föhr ist 72 Quadratkilometer, aber mit dem Außendeichsland sind es 82 Quadratkilometer. Bei Rügen machen die Buchten, Bänke, Seen Schwierigkeiten, weshalb der Flächenraum bald zu 1365, bald zu 815 Quadratkilometern angegeben wird. Helgoland mit 0,6 Quadratkilometern ist die kleinste unter den namhaften deutschen Inseln; Rügen mit 967 Quadratkilometern ist im Vergleich damit ein ganzes Land für sich.

Die Nordseeinseln

Die ostfriesischen Inseln beginnen mit Borkum vor der Ems; diesen folgen Juist, Norderney, Langeoog, Wangeroog der Jade gegenüber, und nach breiter Lücke macht den Beschluß das kleine Neuwerk vor der Elbe. Diese Kette schmiegt sich den Umrissen des Landes an. Das deutet auf ihre Entstehung. Ursprünglich hingen diese langgestreckten Inseln, die sich wie Glieder einer langen Kette vor die deutsche und holländische Küste legen, mit dem Festlande zusammen. Sie sind keineswegs nur angeschwemmte und angewehte Dünen, sondern haben diluviale Kerne; der Glimmerton von Sylt ist sogar miozänen Alters. An diese Kerne schwemmten die Küstenströmungen feste Stoffe an, und es entstanden mit gewaltigen Dünen gekrönte Nehrungen. Später wurden diese Nehrungen zerrissen, und nun wurde durch Überschwemmung aus den dahinter gelegnen Haffen und Marschen das Wattenmeer. Das Wasser drang tief in das Land hinein und schuf die Kanäle, die als „Balgen" bezeichnet werden. Nach der Elbmündung zu wird das Wattenmeer schmäler vor der mit Ausnahme der kleinen Insel Neuwerk insellosen Küste von Hadeln, Dithmarschen und der Halbinsel Eiderstedt.

Wenn man Eiderstedt mit Blavands Huk durch eine Linie verbindet, so umfaßt diese alle nordfriesischen Inseln, die demgemäß losgelöste Teile eines einstigen Festlandstückes von Schleswig-Holstein sind, dessen Südende die Halbinsel Tönning bildete. Ihre Umrisse und ihre Größenverhältnisse sind höchst mannigfaltig. Einige bezeugen eine ungemein bewegte Geschichte voll Zerstörung und Verfall. Das sind besonders die südlichen, die in geschichtlicher Zeit auseinandergerissenen Nordstrand und Pellworm, samt Föhr und Amrum. Sylt ist die größte und an Gestalt eigentümlichste, die sowohl in dem glatten Umriß als in dem Rest auf tertiärer Grundlage ruhenden Marschlands an ihrer Ostseite die ausgesprochenere Individualität und Widerstandskraft bezeugt. Zwischen den noch erhaltnen Inseln liegen die Trümmer der untergegangnen. Man kann sich eine schönre Zukunft der nordfriesischen Inseln vorstellen, wenn Föhr und Amrum durch einen zum Teil auf jene Reste sich stützenden

Damm verbunden sein werden, und das dahinter zur Ruhe kommende Meer fruchtbaren Schlamm nicht mehr bloß am Festlandrand ablagern wird.

Die Halligen sind Reste des durch Sturmfluten und Eisgang zerrissenen Marschlandes, die durch Gezeitenströmungen auseinandergehalten werden. Ohne Dünen und Dämme schutzlos den Wellen preisgegeben, verkleinern sie sich seit Jahren, und nur wenige, die durch Dämme an andre Inseln oder an das Festland angeschlossen werden konnten — Pohnshallig mit Nordstrand, Hamburger Hallig mit dem Festland —, wachsen mit dem Schlick, der sich hinter den Dämmen sammelt. Eine Hallig steigt mit ½ bis 1½ Meter hohen, meist steilen Wänden aus dem Wattenmeer und trägt, solange sie den Überflutungen ausgesetzt ist, einen feinen, gleichmäßigen Graswuchs, der stärker, aber auch rauher wird, sobald sie trocken liegt. Wie eine lachende Oase liegt eine solche grüne Hallig in dem grauen Wattenmeer. Den Boden bildet der feine, sandfreie Ton und Lehm der Marsch. Diese kleinen Inseln durchziehen und durchschneiden oft von Rand zu Rand Rinnen, in denen sich das Flutwasser bewegt, und in Vertiefungen stehen kleine Tümpel. Jede Sturmflut reißt Stücke von den Halligen ein, und nur wenig vermag hier der Dammbau. Manche, die einst bewohnt waren, sind jetzt unbewohnt, Vogelinseln. An der deutschen Küste liegen acht bewohnte Halligen mit 600 Einwohnern, die größte ist Hooge mit 163 Einwohnern.

Zwischen diesen natürlichen Familien von Inseln ist die Felseninsel Helgoland eine Welt für sich, wiewohl eine sehr kleine. Helgoland ist eine isolierte Erhebung auf einem allmählich ansteigenden untermeerischen Rücken von nordöstlich-südwestlicher Richtung; es ist dieselbe Richtung, die auch bei den Felsen und Riffen Helgolands wiederkehrt. Im Süden findet man als größte Tiefe in der Nähe von Helgoland 55 Meter, und auch von dem östlich liegenden Festland trennt eine 22—31 Meter tiefe Rinne, und nur nach Westen besteht eine Art Zusammenhang durch eine 17—19 Meter tiefe Verlängerung des Inselrückens. Das sogenannte „Helgoländer Tief", wo 40 Meter gemessen sind, liegt westlich von der Insel. Östlich von dem Felseneiland liegt die Düneninsel, die sich auf einem gewaltigen Unterbau von Felsrücken und Klippenfeldern lang gebogen von Südosten nach Nordwesten zieht.

Helgolands Felsen gehören der Trias, dem Jura und der Kreide an. Braunrote Sandsteine und Tone wechseln mit weißlichen und gelblichen Sand- und Tonbänken ab, so daß man helle Bänder sich von der Klippe zur Felswand ziehen sieht. Dem Sandstein und Ton gehört der blockartige Rote Fels an, auf dessen abschüssiger Fläche erratische Blöcke liegen geblieben sind. Auch die Klippenfelder, die den roten Felsen umgeben, sind Buntsandsteinriffe. Die Kreideklippen „Stein" und „Dänslermanshorn" erheben sich vor dem Eingang des Südhafens. Das niedere Land und die Düne bestehen aus tertiären und jungen Gebilden, die wenig verschieden sind von dem Boden des norddeutschen Tieflandes. Hier liegen in braunen Tonen Reste von Land- und Süßwasserbewohnern, die keinen Zweifel übrig lassen, daß auch Helgoland einst breit mit dem Festland zusammenhing. Ebendarauf deuten auch die Ablagerungen aus der Eiszeit hin. Der Boden der Nordsee zeigt südlich von Helgoland Spuren von einer alten Fortsetzung des Elbstroms. Es ist wahrscheinlich, daß erst nach der Eiszeit die Ablösung Helgolands eintrat, und damit muß man auch annehmen, daß wenigstens die südöstliche Nordsee eine sehr junge Bildung sei.

Helgoland ist in geschichtlicher Zeit immer nur eine kleine Insel gewesen, immer nur ein Kirchspiel mit einer Kirche. Wohl aber hat die Düne mit der Felseninsel zusammengehangen, und die Höhe der Düne hat seit der Zerreißung im Jahre 1720 abgenommen. Ebenso hat die Felseninsel durch Einstürze und Unterwaschungen, besonders des sehr weichen, tonhaltigen Buntsandsteins, an Land verloren. Äcker und Gärten sind kleiner geworden. Man kennt aus den letzten zwei Jahrhunderten gegen zwanzig beträchtliche Abstürze.

Die Ostseeinseln

Unsre Ostseeinseln sind losgelöste Stücke von einst weiter vorragenden Teilen des Festlandes. Das spricht sich noch heute in ihrer Lage vor den halbinselartigen Vorsprüngen des Sundewitt, Wagriens und Vorpommerns aus. Sie sind demgemäß wie das feste Land der Küste aus Fels, Eisschutt oder Dünensand aufgebaut.

Alle unsre Ostseeinseln sind nur durch schmale Meeresarme vom festen Lande getrennt. Der Strelasund ist kaum einen Kilometer breit. Usedom und Wollin liegen dem Festlande noch näher. Man versteht sehr wohl, daß Zingst und Darß, jetzt landfest, als alte Inseln betrachtet werden. Rügen ist eigentlich keine Insel, es ist ein Archipel. Wer sich Rügen von der Ostsee nähert, der sieht eine Inselgruppe vor sich, deren tiefliegende Verbindungen die Wölbung des Meeres verdeckt. Wenn sich das Meer um fünf Meter höbe, würde sich Rügen in eine Inselgruppe auflösen. Daher auch der vielgliedrige Umriß des durch Wieke und Bodden zerspaltnen und zerlappten Landes.

—

20

Die Landschaften der Nord- und Ostsee

Die Landschaften der Nordsee haben einen heroischen, die der Ostsee einen idyllischen Charakter. Das liegt zum Teil an der Farbe und Bewegung des Wassers, zum Teil aber auch an den Gestadeformen. Die Uferbildung der Ostsee stellt Felsen, Schutt oder Dünensand dem Meere gegenüber, und der Abfall des Landes ist in der Regel ziemlich steil. Da die Ostsee außerdem weniger stürmisch ist als die Nordsee, liegt sie klarer und abgeschlossener vor dem Beschauer, der besonders in tiefen Buchten manchmal den Eindruck eines stillen blauen Landsees gewinnen mag. Das ist aber eine lichtere Farbe als das dem salzreichen Wasser des Mittelmeers oder des Golfstroms eigne glänzende tiefe Blau, und sie ist einer reichen Abstufung der Töne fähig. Die Nordsee ist grün mit den gelblichen und grauen Beimischungen eines stürmischen, unaufhörlich den Grund aufwühlenden und die Ufer benagenden Meeres. Die Watten sehen wie ein Niederschlag der Stoffe aus, die das Meergrün der Nordseewellen graulich färben. Sie sind grau, und silbergrau schimmern die Fluttümpel hervor. Noch bezeichnender ist für die Nordseelandschaft die frischgrüne Marsch, die dem Meere keinen Felsen und keine Schuttbank entgegenstellt, sondern fast in gleicher Höhe mit dem Meeresspiegel Flächen eines ungemein saftigen Pflanzenwuchses ausbreitet, Wiesen, Getreidefelder, gelbe Rapsfelder, von zahllosen Kanälen durchschnitten, die fast bis zum Rande gefüllt sind. Von dem dunkelbraunen Schlamm- oder Moorboden dieser Kanäle leuchtet kein einziger Kieselstein herauf, ihr Wasser bewegt sich unmerklich, und oft breiten Seerosen eine dichte Decke drüber hin. Nur die aus roten Backsteinen auf künstlichen Hügeln, Werften oder Wurten erbauten Wohnstätten der Menschen ragen über die tiefe Horizontlinie hervor, und der Anschein eines Waldsaumes erzeugt sich nur dort, wo die alten Bäume um diese Höfe im Fernblick zu einer dunkeln Reihe verschmelzen. Es sind sehr friedliche Bilder, die sich d m Beschauer hier darbieten; aber ein Blick auf die geraden, einander schneidenden Linien der Deiche und Kanäle erinnert ihn immer daran, daß nur die unablässige Arbeit und Wachsamkeit der Bewohner die Brandung abhält, diesen Frieden zu ertränken.

Das innige Ineinandergreifen von Land und Meer macht in einem vorwiegend flachen Lande das überall große, weite Meer zur Herrin. Zum Meere kommen noch die breiten Wasserflächen der Ströme, Seen, Buchten und Haffe. Die Städte scheinen aus dem Wasser hervorzutauchen. Stralsund schwimmt auf dem Meere wie Venedig, die Marienburg spiegelt sich in der Nogat, die Häuser friesischer Städte sind direkt ins Wasser gebaut wie die Amsterdams. So steigert sich am Ufer des Meeres die Eigentümlichkeit der Städtebilder des Tieflandes, sich als Silhouetten vom Himmel abzuheben. Die Städtebilder wirken einheitlich und groß. Denn um die Buchten und Flußmündungen drängen sich die Städte zusammen, umgeben sich mit

Mauern und Dämmen und stellen den weiten Flächen hohe Türme gegenüber. Um so lebhafter wirken die Dörfer und die zerstreuten Einzelhöfe. Der Ton ihrer hohen, bräunlichroten Ziegelbauten paßt hier wie in der friesischen und holländischen Landschaft besser zu Nebel und Meergrün als zu Blau und Sonne. Vor einer braunen türmereichen Silhouette, wie der von Stralsund, wie lebendig und heiter liegt da das fröhliche Gelb und Grün der welligen Ufer von Rügen mit der milden Röte seiner Ziegelhäuser, die wie zufällig in behaglicher Regellosigkeit am Strande hingewürfelt sind.

21

Deutschlands Seegeltung

Aus dem Verfall der letzten Jahrhunderte sind die überseeischen Interessen Deutschlands in langsamer, unbeschützter und von innen und außen oft bedrängter Arbeit einzelner Städte, Gesellschaften und unternehmender Einzelner herangewachsen. So ist die mächtige Handelsflotte von 1922 Dampfern zu 2 256 000 Tonnen mit 58 000 Mann Besatzung und 2345 Segelschiffen zu 480 000 Tonnen mit 12 800 Mann Besatzung (am 1. Januar 1908) fast ganz das Werk des privaten und kommunalen Unternehmungsgeistes. Verhältnismäßig spät hat dieser sich an die Seite der großen Seehandelsmächte geschwungen. 1847 sandte Bremen den ersten deutschen Dampfer nach Nordamerika, 1905 verfügte allein der Bremer Norddeutsche Lloyd über 166 Dampfer mit 546 000 Tonnen, und die Hamburg-Amerika-Linie über 128 mit 606 000 Tonnen, dazu 100 000 Tonnen im Bau. Will man die 200 000 Tonnen deutscher Schiffe um 1800 mit dem heutigen Bestande vergleichen, so muß man an die gesteigerte Leistungsfähigkeit der Dampfer denken, die zum dreifachen der der Segelschiffe angenommen zu werden pflegt; unsre Handelsflotte hat sich dann an Leistung verzehnfacht. Sie nahm im letzten Jahrzehnt um 91,8 Prozent zu, und ihr Anteil an der Welthandelsflotte stieg von 8,1 Prozent im Jahre 1895 auf 10,1 Prozent im Jahre 1906. Hamburg ist als der verkehrsreichste Hafen des Kontinents seit einigen Jahren an die Stelle von Antwerpen getreten. Der Wert der Staats- und Gemeindehafenanlagen an der Küste der deutschen Meere wird auf nahezu 1 Milliarde Reichsmark geschätzt. Die vor einem Menschenalter ganz unbedeutende Hochseefischerei arbeitete 1905 mit 560 Schiffen, davon 156 Dampfern und 4600 Mann. Dem vollständigen Rückzug der deutschen Schiffahrt aus den polaren Gewässern, wo einst die deutschen Walfischfänger die erste Stelle eingenommen haben, und noch 1881 ein Bremer Dampfer den Seeweg zum Jenissei festlegen half, steht der spontane Aufschwung der deutschen Reederei im Stillen Ozean gegenüber, wo sie besonders in der chinesischen Küstenschiffahrt und im Verkehr mit dem südwestlichen Südamerika eine bevorzugte Stelle einnimmt, dann an der Küste von Afrika und neuerdings im Verkehr mit Indien und Australien. Der Verkehr der deutschen Häfen mit außereuropäischen ist in dem letzten Jahrzehnt viel stärker gewachsen als der mit europäischen. Doch hat sich seit 1884 auch die Küstenschiffahrt nahezu verdreifacht, und die deutsche Flagge ist im Verkehr der deutschen Häfen im Wachsen. Die Gesamtzahl der in deutschen Häfen ein- und auslaufenden Schiffe hat sich von 1893 bis 1903 um 37 Prozent, 1903—1908 um 35 Prozent gehoben. In deutschen Seehäfen 107 700 angekommenen Schiffen standen 107 400 ausgelaufene gegenüber. An diesem Verkehr beteiligten sich unsre Meere sehr ungleich. Trotz seiner Föhrden, Bobben, Buchten, Haffe und Inseln spielt die Ostsee eine kleinere Rolle im Seehandel als die Nordsee. Die Schiffahrtsbewegung in den Nordseehäfen verhält sich wie 7 : 4 zu der in den Ostseehäfen. Der Kaiser-Wilhelm-Kanal wird indessen die Ostsee näher an den Weltverkehr heranziehen. 1896 fuhren aus der Nordsee 9959, 1908 16 393 Schiffe mit 828 624 bezw. 2 655 220 Registertons durch den Kanal in die Ostsee. Für die umgekehrte Richtung wurden 10 109 und 17 728 Schiffe mit 922 411 und 3 356 958 Registertons gezählt. So wie die Verbindung der Ost- und der Nordsee das große Problem der Hanse und die Beherrschung des Sundes daher die Grundlage ihrer

Größe war, so wird immer die Zusammenhaltung der beiden getrennten Meere eine Hauptaufgabe des Verkehrs und der Seemacht Deutschlands sein. Der Kanal, der von der Kieler Föhrde in die untere Elbe, von Holtenau nach Brunsbüttel, in der Länge von nahezu 100 Kilometern führt, ist daher nicht bloß eine Verkehrsader der Nord- und der Ostseeländer, sondern eine Lebensader des Reiches. 1896 durchfuhren ihn 20 068 abgabenpflichtige Schiffe mit 1 751 065 Registertons, 1908 34 121 abgabenpflichtige Schiffe mit 6 012 178 Registertons. Die Zukunft wird ihn vom Lichte einer hervorragenden geschichtlichen Bedeutung umflossen sehen, so wie uns beim Rückblick auf die Geschichte der Hanse der Sund erglänzt.

Klima. Pflanzen- und Tierwelt. Bodenkultur

22

Klima

Deutschland hat ein gemäßigtes Klima. Daß damit nicht bloß eine Eigenschaft bezeichnet, sondern ein Vorzug ausgesprochen ist, empfinden viele Deutsche unter dem Eindruck der Veränderlichkeit der Witterung nicht. Unser unberechenbares, vorwiegend feuchtes, an Rückfällen reiches, zu Nebeln und Wolken neigendes Klima ist geeignet zu mißfallen. Man wird es anders beurteilen, wenn man nicht vergißt, in welcher Zone Deutschland liegt. Europa steht unter dem Einfluß klimatischer Vergünstigungen, wie sie so groß nicht mehr vorkommen, Deutschland liegt noch nicht so tief im Innern des Erdteils, um nicht von diesen Vergünstigungen noch einen großen Teil zu empfangen. Zwar greifen von Osten her Wirkungen des kontinentalen Klimas herüber, und da Deutschland auch nach Norden weit offen, nach Süden zu aber durch die Alpen verschlossen ist, überwiegen die rauhern Züge in dem Bilde der Mäßigung und Abgleichung seines Klimas. Das macht sich besonders fühlbar beim Vergleich mit Frankreich. Doch ist das immer nur eine leichte Variation der entscheidenden Tatsache, daß Deutschland ganz dem gemäßigten Erdgürtel angehört. Wenn das Leben hier nicht so weich und warm verläuft wie unter mildern Himmelsstrichen, so stellt ihm dafür die Natur andre Aufgaben, die anregend und kräftigend zurückwirken: dem Menschen wird es nicht zu leicht gemacht, dafür wird er erzogen.

Die größten Unterschiede des Klimas liegen in Deutschland zwischen Westen und Osten. Den Süden nähert dagegen die Erhebung und der Alpenwall dem Norden an. Bayern und Schwaben sind kühler als Friesland oder Holstein. Vergleichen wir Münster mit Leipzig, so ist der Winter dort bedeutend wärmer, auch Frühling und Herbst sind wärmer, der Sommer aber ist kühler; mit einem Wort: die Jahreszeiten sind weniger scharf voneinander gesondert. Die Ostsee kann nicht in solchem Maße mildernd wirken; ist sie doch kleiner, abgeschlossener und empfängt nur wenig Wärme vom Atlantischen Ozean. Aber noch die Kurische Nehrung zeigt Ausgleichung durch fast ununterbrochnen Luftzug, spät eintretende, aber anhaltende Wärme. Tiefer im Binnenland sind beide Jahreszeiten echter, charakteristischer entwickelt, d. h. der Sommer ist wärmer, der Winter kälter, und dadurch treten auch Frühling und Herbst deutlicher heraus. Frankfurt a. M. erfreut sich eines verhältnismäßig sehr milden Klimas, aber sein Winter ist bedeutend kälter und sogar sein Herbst etwas kühler als der westfälische, was freilich sein sehr warmer Sommer wieder gut macht. Man kann im allgemeinen einen aus Nordwesten stammenden, ausgleichenden Einfluß anerkennen, der so ziemlich über ganz Deutschland mit mildernder Hand hingeht und den Sommer kühler, den Winter wärmer macht, als beide sonst in diesen Breiten sein sollten. Die Unterschiede der mittlern Jahrestemperaturen betragen innerhalb Deutschlands höchstens 4 Grad Celsius, wenn man von den höhern gebirgigen Lagen absieht, die auf den Gipfeln des Schwarzwaldes schon ein um 6 bis 7 Grad kälteres Klima als am Fuß des Gebirges erzeugen. Hamburg mit 9 Grad, Leipzig mit 8,5 Grad, Regensburg mit 8,6 Grad, München mit 7,5 Grad mittlerer Jahreswärme zeigen, daß Orte, die nahezu auf demselben Meridian 6 Breitengrade zwischen Norden und Süden voneinander entfernt liegen, höhere Mitteltemperaturen im Norden als im Süden aufweisen. Am schärfsten ist der Gegensatz ausgeprägt, wenn wir Ostpreußen mit 6 bis 7 dem oberrheinischen Tiefland mit 10 bis 11 Grad Mitteltemperatur zur Seite stellen. Aber auch dieser Unterschied ist klein neben dem zwischen Triest und Krakau, zwischen Marseille und Dünkirchen, der 7 Grad erreicht. Doch haben wir auf der ostpreußischen Seenplatte am Spirdingsee ein Januarklima, das in Westdeutschland erst auf der Höhe des Brockens seinesgleichen findet. Ja das Klima des äußersten Nordwestens nannte der Kenner des ostfriesischen Klimas, Prestel, im Vergleich mit dem des äußersten Nordostens im Winter fast tropisch.

Deutschland ist ein **feuchtes Land**. Es regnet in allen Jahreszeiten, doch ist der Hochsommer im allgemeinen niederschlagsreicher als der tiefe Winter. Dem feuchten Sommer entspricht das frische Grün unsrer Wiesen und Wälder, der Reichtum unsrer Quellen und Bäche. Die Luft ist bei uns so gefüllt mit Feuchtigkeit, daß kaum ein Tag vollkommen trocken genannt werden kann. Fällt kein Schnee, so schlägt sich die überschüssige Feuchtigkeit als Reif an der Erde nieder; ähnlich bildet sich der Tau fast allnächtlich in den Sommermonaten, während feuchte Nebel die Lücken zwischen den Regengüssen ausfüllen. Daher ist der Boden fast immer feucht und bewahrt selbst nach trocknen Sommerwochen Feuchtigkeit in geringer Tiefe. Es liegt also auf der Hand, daß eine Angabe wie die: Berlin hat 124 Regen- und 30 Schneetage, die Feuchtigkeit des Klimas nicht erschöpft. Gerade die intensiv wirkenden, in den Boden bringenden Tau-, Reif- und Nebelniederschläge, die auch für den Pflanzenwuchs so wichtig sind, vollenden erst den Charakter des feuchten Klimas. Wie verschieden sind auch die Regentage! Die Regen fallen bei uns sowohl im regenreichern Nordwesten und Süden als im regenärmern Osten häufig, aber in geringer Menge. Ein deutscher Regentag hat, verglichen mit einem des tropischen oder ozeanischen Klimas, etwas Abgeschwächtes. Schon die endlosen einförmigen Landregen der Alpen sind in Mittel- und Ostdeutschland seltne Erscheinungen. Die Regen fallen mit Unterbrechungen. Wir können wohl von nassen und trüben Sommern oder Herbsten, aber nicht von Regenzeiten sprechen, so wenig wir die regelmäßig wiederkehrenden Trockenzeiten Südeuropas kennen. Die verhältnismäßige Seltenheit ausgedehnter Überschwemmungen ist eine wohltuende Folge dieser Tatsache. Die großen Überschwemmungen sind bei uns lokale Katastrophen, die entweder beim Schneeschmelzen, beim Eisstoß oder endlich als Folge sogenannter Wolkenbrüche auftreten. Wo das Klima in Deutschland unfruchtbare Jahre heraufführt, kommen sie entweder von dem Überfluß der Regen im Sommer, da nasse Jahre bei uns auch immer kalte sind, oder von dem Mangel an Schnee im Winter, der, besonders wenn Regen statt Schnee dem Froste voranging, die Saaten durch Erfrieren tötet. Getreidemißwachs führt bei uns in der größern Zahl der Fälle auf den letztern Grund zurück.

Es ist wichtig, des Schnees nicht zu vergessen, der das winterliche Deutschland zuzeiten einhüllt. Die weiße Decke ist uns ein praktisches und ästhetisches Bedürfnis. Dieser Schatz von Licht und Glanz, der die Verarmung der herbstlichen Natur freigebig verhüllt und mit seinen weichen, zartumrissenen Formen sogar mancher ungefälligen Erscheinung im Bereich unsrer Wohnstätten ein freundliches Gewand anzieht, sollte nicht bloß von den Kindern, die sich der zierlichen Flocken erfreuen, dankbar hingenommen werden, und nicht bloß geschätzt werden, weil er die Wintersaaten schützt und die Quellen nährt. Man denke an den englischen Winter mit seinen Regen und Nebeln, der oft selbst in London kaum einen Schneefall bringt. Manch flache oder hügelige Landschaft hat im Schnee mehr künstlerisch Schönes als im Grün des Grases und Laubes. Sollen wir schon einmal keinen sonnigen Winter haben, so ist der schneereiche Winter besser als der neblige, zumal weil dem Schneefall erfahrungsmäßig gern helle, sonnige Tage folgen.

Wie überall auf der Erde die Masse der Niederschläge mit der senkrechten Erhebung des Bodens bis zu einer gewissen Höhe steigt, so ist auch in Deutschland der höher gelegne Süden regenreicher als der Norden, und die Grenze zwischen Tiefland und Hochland kann im allgemeinen auch als Grenze größerer und geringerer Niederschläge angesehen werden. Alle Gebirge Deutschlands, auch die kleinern, mehr vereinzelten Gruppen, wie z. B. der Harz, sind immer regenreicher als ihre niedrigern Umgebungen. Dieser Einfluß der Erhebung zeigt sich sogar in dem pommerschen Seehügelland, auf dem sich zwischen Danzig und Kolberg ein niederschlagsreicheres Gebiet bis nach Stargard erstreckt, und in der ganzen Ausdehnung des preußischen Seehügellandes. Niederschläge bis zu 2000 Millimetern kommen nur am Nordrande der Alpen vor, aber 1000 Millimeter werden auch in den Mittelgebirgen erreicht. Damit hängt die den Gebirgswanderer so oft enttäuschende Häufigkeit der Nebel zusammen.

Niederschläge und Nebel. Höhenrauch 117

die gerade die schönsten Aussichtspunkte am hartnäckigsten verhüllen. Manche deutsche Berge verdienten den Namen Nebelklippe, den die Faröer tragen. Auf dem Brocken gibt es 241 Tage Nebel, und davon sind zwei Dritteile echte Nebeltage. Der Nebel in verdünnter Form, als Dunst und Duft, hemmt immerhin die Fernsicht, wenn in die klare Luft auch nur ein Tröpfchen trübender Flüssigkeit gegossen zu sein scheint. Vom Schneeberg bei Glatz sieht man die 95 Kilometer entfernte Schneekoppe durchschnittlich nur an sechs Tagen im Jahre recht klar.

Der Duft, der einen ganz feinen Schleier vor die ferner liegenden Abschnitte einer Landschaft zieht, ist zum Teil recht irdischen, gemeinen Ursprungs. Es ist oft nichts als der Höhenrauch, auch Haarrauch und Moorrauch genannt. Der letztere Name deutet auf den Ursprung der Erscheinung hin. In den Flußgebieten der Ems und Hunte und an der deutschen Nordseeküste verbrennt man in den ausgedehnten Moorländereien die oberflächliche Vegetationsschicht, um dem tiefer liegenden Boden mit der Asche eine vorübergehende Fruchtbarkeit zuzuführen. Der dicke, übelriechende, graubraune Schwaden, der sich hierbei entwickelt, kann bis 3000 Meter senkrechte Höhe erreichen und wird dann von den obern Luftströmen über Flächenräume von Tausenden von Quadratmeilen ausgebreitet. Bis nach Süddeutschland kennt man die Sommer und Herbsttage mit „trocknen" Nebeln, an denen der wolkenlose Himmel wie verschleiert ist, und die Sonne in einer Feuersbrunst von tiefem, flammendem Rot untertaucht. Kaum dürfte indessen jede derartige Erscheinung auf Moorbrennen ohne Ausnahme zurückgeführt werden. Aus entgegengesetzter Richtung tragen Südwinde nebelerzeugenden Passatstaub über die Alpen, der als „Blutregen" den Firn braunrot färbt.

Anders ist der Nordseehimmel umwölkt, wenn die Wolken mit zerfransten Rändern bis auf das schwärzliche, leicht bewegte Meer herabhängen, anders der Himmel am Rand der Alpen, in dessen klarem Blau festgeballte, scharf umrissene Wolkenschiffe dahinsegeln, um an den höchsten Bergen vor Anker zu gehen. Wieder anders wirken die langen, fast geradlinig von unten begrenzten Bänke der roten und goldnen Wolken, die bei Sonnenuntergang über den runden Höhen eines unsrer Mittelgebirge so fest liegen, als ob sie niemals wieder von der Stelle weichen wollten. Über der tiefen, drei bis vier Monate dauernden Schneedecke Ostdeutschlands oder des Voralpenlandes wölbt sich ein glänzenderer Januarhimmel als über den auch im Winter feuchten und regenreichen Niederungen Nordwestdeutschlands. Ähnlich kontrastiert im Herbst das sonnige Firmament höher gelegner Strecken mit den nebelbedeckten Flußtälern.

Deutschland steht unter der Herrschaft der Depressionen, die vom Atlantischen Ozean kommen. Daher das Vorwiegen der Winde aus westlichen und besonders aus südwestlichen Richtungen. Die Winde sind über dem norddeutschen Tiefland stärker als in dem gebirgigen Mittel- und Süddeutschland und auf den süddeutschen Hochebenen. Die Windgeschwindigkeit ist an der untern Elbe mehr als zweieinhalbmal stärker als am Fuß der Alpen. Daß die geographische Verbreitung der Windmühlen in Deutschland im allgemeinen mit der Ausdehnung des Tieflandes zusammenfällt, hat auch darin seinen guten Grund. Die Winde sind im Tiefland auch andauernder, während sie im Hügelland und auf den Hochebenen mehr stoßweise auftreten. Dazu kommt, daß die Südwestwinde wegen ihrer Richtung überhaupt im Norden Deutschlands einen freiern Spielraum finden als im gebirgigen Süden, und daß ferner das südliche Deutschland noch unter dem Einfluß der südlichen Zyklonen steht, die am südlichen Rande der Alpen ihren Weg nach Osten nehmen, wobei Winde von östlicher Richtung besonders in dem Lande südlich von der Donau auftreten. Zugleich treten am Nordrande der Alpen starke Fallwinde auf, in denen das Herabsteigen ein auffallendes Maß von Wärme freigemacht hat. Sie sind in jedem Gebirge nachzuweisen, aber hier üben sie als Föhn einen entschiednen Einfluß auf den Gang der Witterung aus; sie unterbrechen den Winter mit hellen, sonnigen Tagen, fördern die Schneeschmelze und begünstigen im Frühling das Pflanzenwachstum.

23
Die Pflanzen- und Tierwelt

Deutschlands Pflanzenwelt steht im Übergang von der atlantischen zur pannonischen und russischen. Gewächse verschiedenster Heimat treffen in ihr zusammen. Kontinentale und ozeanische, oder sprechen wir bestimmter, russisch-sibirische und französisch-britische Pflanzen berühren sich auf diesem Boden. Für pannonische Charakterpflanzen, wie Silberlinde und Cerris-Eiche, reicht die Wärme des deutschen Sommers schon nicht mehr aus, während für eine Reihe von westeuropäischen, wie Buchs und Stechpalme, die Gegensätze der Jahreszeit in unserm Osten schon zu weit auseinander liegen. Außerhalb des Hochgebirges ist nirgends in unserm Lande noch ein Vegetationszentrum zu entdecken, von dem eigentümliche Formen nach verschiednen Richtungen sich verbreitet haben. Ohne die Alpen mit ihrer reichen und eigentümlichen Pflanzenwelt würden der deutschen Flora wenig eigne Arten verbleiben. Und ebenso ist die Zahl der Pflanzen nicht groß, die auf deutschem Boden ihre äußerste Grenze erreichen, da unser Klima eher vermittelnd als schroff abweisend wirkt.

Deutschland liegt vollkommen in der Waldregion der nördlichen gemäßigten Zone. Deutschland ist ein Waldland und war es einst noch mehr. In Europa sind nur Schweden, Rußland, Norwegen und Österreich waldreicher, während von Frankreich nur ein Elftel, von den Niederlanden weniger als ein Sechzehntel der Bodenfläche bewaldet ist. Es ist am bezeichnendsten für die treue Pflege des Waldes, daß gerade unsre geschichtlich ältesten Gebiete am Ober- und Mittelrhein noch waldreich sind. Auf der Eifel und dem Westerwald erkennen wir noch Reste alter Grenzurwälder, und im Großen Forst von Hagenau ist uns ein Jagdwald Barbarossas in der Ausdehnung von 21 000 Hektaren erhalten. Ist heute Deutschlands Boden nur noch zu etwa sechsundzwanzig Prozent Wald, so war dies sicherlich früher ganz anders. Zeugnis legen dafür alle die Gebiete Deutschlands ab, wo der Ackerbau, der die Wälder in Saatfelder verwandelt, und wo die Industrie, die die Wälder verkleinert, verarbeitet und verhandelt, nicht früh vorgedrungen sind. Unsre Gebirge sind alle stärker bewaldet als die Ebenen, und ebenso sind die dünnbevölkerten Länder Deutschlands stärker bewaldet als die mit dichter Bevölkerung. In allen Gebirgstälern sind die Sägemühlen und die Massen der um die Bahnhöfe aufgestapelten Holzmengen häufig, und der Holzreichtum hat in den Anfängen unsrer Gebirgsindustrien eine große Rolle gespielt. Deutschland hat in den ersten Jahrhunderten unsrer Zeitrechnung ebenso den Namen eines Waldlandes verdient wie im sechzehnten Jahrhundert die Länder Nordamerikas, die jetzt den Überfluß ihrer Weizen- und Maisfelder auf die europäischen Märkte werfen. Zahllose Ortsnamen auf Wald, Hain, Lohe, Reute, Rütti, Roda, Greut oder mit Baumnamen zusammengesetzte erzählen, daß Wald war, wo heute Vieh auf die Weide geht oder sich Saaten im Winde wiegen. In der Lage und Form unsrer Wälder spricht sich die Zurückdrängung des alten Waldkleides aus. Im Gebirge und Hügellande sind die Dörfer häufig, die auf allen Seiten von Wald umgeben sind, in den sie, wie sie heranwuchsen, ihre Ackerflur hineingerodet haben. In die Täler sind die Lichtungen wie Straßen am Bach entlang hineingelegt, die Ansiedler suchten sich den Talgrund aus und drängten den Wald so weit hinauf, wie nötig war. Auf der schwäbischen und bayrischen Hochebene haben sich die Reste der Wälder auf den Höhen der Bodenwellen und in den steilwandigen Tälern erhalten. Selbst größere Städte haben sich noch eine Anlehnung an den Wald bewahrt; Karlsruhe ist fast im Halbkreis von Wald umgeben; die Westseite Leipzigs ist von Wald und Wiese begrenzt, und selbst gegen das Häusermeer Berlins bringt er vor. Da der Wald den Erdboden dauernd durchfeuchtet und zugleich Massen von Wasserdampf durch die Atmungstätigkeit der Pflanzenblätter in die Luft wirft und dadurch die Luft abkühlt, da er den Boden beschattet und seine Ausstrahlung vermindert, mildert er die klimatischen Gegensätze. Das waldreiche, vielleicht zu drei Vierteilen bewaldete Germanien war ein kühleres und feuchteres Land als das heutige Deutschland, das mit zwei Dritteln seiner alten Walddecke nicht bloß Bäume und Sträucher, sondern auch Quellen, Seen,

Sümpfe, Bäche verloren hat. Das Verhältnis Deutschlands zum Walde ist auch heute ein ganz andres als südlicherer Länder. Wenn heute die Menschen Deutschland verließen, würde sich fast jeder Fußbreit Boden mit Wald bedecken, denn das Kulturland ist dem Waldland abgerungen. Die Länder jenseits der Alpen sind nie wie Deutschland mit Wald von einem Ende bis zum andern bedeckt gewesen und würden, sich selbst überlassen, nur den geselligen Strauchwuchs der Macchia entwickeln. Einst konnte man in der Zurückdrängung des Waldes einen Maßstab des Kulturfortschritts finden, und damals hat sich selbst das Naturgefühl von ihm, dem Heger des Wilden, Menschenfeindlichen, abwenden wollen. Der Wald ist aber immer mehr ein wichtiges Element der Kulturlandschaft geworden. Auf den Kampf ist die Versöhnung gefolgt. Man hütet den Wald nicht bloß, man verehrt und besingt ihn und erhebt die Vereinigung von Wald und Lichtung im Park zum Ideal landschaftlicher Schönheit. Man bewirtschaftet ihn aber auch, und die aus dem Walde hervorgegangnen Völker leuchten darin allen andern voran. In der verschiednen Art und Abstufung der Waldwirtschaft liegt mancher Unterschied der Kulturlandschaft. Die Wälder des Erzgebirges auf der sächsischen und böhmischen Seite sind so verschieden wie eine Baumschule und eine Wildnis. Indem der Boden seinen Einfluß hinzubringt, ist der Forst des Frankenwaldes nicht mehr so dicht wie im Thüringer Wald und im Fichtelgebirge. Zwar auch dort sind die Wiesentäler nur schmale Lichtungen, die sich spitz in den dunkeln Wald hineinkeilen, und einzelne hohe Fichten schauen von den runden Schieferkuppen herab auf die kleinen Dörfer in engen, menschenarmen Tälern. Aber die Bäume bleiben, ähnlich wie auf den geologisch verwandten Schiefergebirges des Rheinischen Schiefergebirges, schon in geringerer Höhe zurück, stehen dünner, werden buschartig.

Die mit dem Aufhören des Weizenbaues zusammenfallende Grenze des Eichbaumes (und zwar ist die kurzstielige Eiche Quercus pedunculata die am weitesten verbreitete) schließt nach Norden zu den Laubwald gegen den Nadelwald ab, ebenso wie in den deutschen Alpen der Laubwald bis 1400 Meter reicht, während der Nadelwald bis gegen 1700 Meter ansteigt. Deutschlands Wälder sind daher in der Ebene und im Hügelland ursprünglich vorwiegend Laubwälder. Die Verdrängung von Buchen durch Fichten ist in Norddeutschland geschichtlich nachzuweisen. Das einzige deutsche Gebirge, das sich seinen alten Laubwald erhalten hat, ist der Spessart, dessen Staatsforste fast zu dreiviertel Eichen- und Buchenwald sind. Reich an Laubwald ist auch noch die Hardt und der Odenwald. In Thüringen sind die Vorberge reich an Laubholz im Gegensatz zum dunkeln „Wald", und so trägt auch der Kyffhäuser ein dichtes Kleid von Eichen und Buchen. Die Eichen Westfalens, des Weserlandes, der Pleißeniederungen, die Buchen, die sich in Ostholstein, Mecklenburg und Preußen in der Ostsee spiegeln, sind Reste eines uralten Bestandes. In diesen Wäldern herrschte und herrscht der Grundzug einer gewissen Einfachheit, hervorgehend aus dem häufig zu beobachtenden Vorwalten weniger Baumarten, die nicht erst von der Forstkultur geschaffen, wohl aber ins Extrem ausgebildet worden ist, hervorgehend weiter aus der geringen Mannigfaltigkeit der physiognomischen Formen. Von den Gruppen, die Humboldt nach der Form des Blattes in der Physiognomie der Gewächse unterschied, sind die der Buche, der Linde, der Weide und der Eiche in diesen Wäldern vertreten. Alle wichtigen Formen, die in diesen vier Kategorien ihre Stelle finden, kommen im deutschen Walde vor, dessen vierzig Bäume und zwanzig größere Sträucher mit wenigen Ausnahmen noch über die Grenze Deutschlands hinausgehen, also nicht bei uns das äußerste Ende ihrer Verbreitung finden, deshalb noch in der Fülle ihrer Entwicklung erscheinen. Die einzige große Ausnahme von dieser Regel macht die an das ozeanisch gemäßigte Mitteleuropa gebundne Buche, die den nördlich von Königsberg gelegnen Teilen Ostpreußens fremd ist. Zur Einfachheit des deutschen Waldes trägt die verhältnismäßig geringe Entwicklung des im Nadelwald und im Buchenwald niemals stark vertretnen Unterholzes bei. Nur Eichenwälder zum Schälbetrieb werden buschartig gehalten. Noch mehr treten Schlinggewächse wie Efeu, Hopfen und Waldrebe zurück. Im nördlichen Mitteleuropa ist der Efeu, der noch in den Jurawäldern die Edeltannen umschlingt und den Boden überwuchert, schon als Baumparasit aus wohlgepflegten Forsten ausgeschlossen. Die durch Blüten und Früchte farbenreichen wilden Obstbäume sind bei uns schon nicht so häufig wie in den Wäldern der Karpathen. Im deutschen Walde sind von den Bäumen nur die Nadelhölzer immergrün, mit Ausnahme der selbst in unsern Alpen keine großen Wälder bildenden Lärche. Aber nicht alle Laubbäume, die sich entfärben, werfen auch ihre Blätter ab. Das leuchtende Braun der Blätter vieler Eichen und Buchen, die erst im Frühling ihr trocknes Laub ganz abstoßen, mildert die Eintönigkeit unsrer Winterlandschaft.

Deutschland hat keine so ausgedehnten Sumpfwälder wie Rußland, aber wo der Abfluß in seinen Stromtälern gehemmt war, haben sich Waldmoräste von beträchtlicher Größe gebildet, die freilich mehr und mehr von der Kultur eingeengt worden sind. Die Funde von uralten Bäumen in den Torfmooren beweisen, daß diese häufig zu großen natürlichen Friedhöfen geworden sind, in deren Boden Generationen von Waldbäumen begraben wurden, als der gehemmte Wasserabfluß der organischen Zersetzung ein Ende machte und die konservierten Pflanzenreste zu Torf umbildete. Die Erlen- und Birkenbrüche, eine wesentlich russische Form des Waldsumpfes, kommen am ausgedehntesten in Litauen vor; der westlichste Vertreter dieser Art dürfte der Drömling im Winkel der alten hannöverisch-braunschweigisch-märkischen Grenze sein.

Der deutsche Nadelwald umschließt nur sechs ihm sicher angehörende Arten: Föhre, Fichte, Tanne, Lärche, Wacholder, Eibe. Die Zirbelkiefer kommt nur noch in einigen Exemplaren in den bayrischen Alpen vor. Die Lärche ist wohl überall, wo sie im Tieflande vorkommt, eingeführt, und das alpine und außer den Alpen in Mooren gelegentlich auftretende Krummholz hat nichts mit dem Walde zu tun. Die Föhre ist der eigentliche Charakterbaum des norddeutschen Tieflandes. Wo sie nicht ursprünglich heimisch war, hat man sie angepflanzt. Sie fehlte früher dem Nordwesten Deutschlands, der jütischen Halbinsel und Rügen. Sie ist der farben- und formenreichste von unsern Nadelbäumen, der in freien Lagen pinienartige Schirmkronen entfaltet und sich ähnlich der Eiche in einzelnen ausdrucksvollen Gestalten über den niedrigen Wald erhebt. Aber ihr genügsames

Gedeihen im ärmsten Sandboden schadet ihrem Ansehen, so daß sie dem Manne zu vergleichen ist, der wegen seines bescheidnen Vorliebnehmens der Geringschätzung verfällt. Die Fichte ist bei uns ein südlicherer Baum. Ihre ursprüngliche Nordgrenze schnitt den Rhein beim 50. Breitengrad, die Weser bei Münden und zog durch die Niederlausitz auf die Oder. In Ostpreußen fehlte sie dem Norden und Nordosten. Die Tanne, Edeltanne oder Weißtanne, die geometrisch-regelmäßigere, aufrechtere Schwester der Fichte, ist ursprünglich der Baum der süddeutschen Gebirgswälder. Noch heute sind ihre dunkeln, vom silbergrauen Stamm breit ausgehenden Schirmkronen ebenso bezeichnend für den Schwarzwald und Vogesenwald wie die spitzen, etwas überhängenden Wipfel der Fichte für den Harz. Während diese drei Bäume ihre Gebiete ungemein ausgebreitet haben, ist die einst häufige Eibe (Taxus baccata) aus dem norddeutschen Tiefland außer West- und Ostpreußen bis auf einzelne zerstreute Bäume und kleine Gruppen am Rande der Mittelgebirge verschwunden. Und auch in den Gebirgen Tirols und Bayerns, wo Kaiser Maximilian den das beste Bogenholz liefernden dunkeln Baum zu schonen befahl, kommt sie nur noch vereinzelt vor. Der Wacholder wird in den Kieferwäldern Ost- und Westpreußens ein Baum von zehn Metern Höhe, während er nach Westen seltner wird, in Ostfriesland fehlt und bestandbildend nur als Strauch in unsern Heiden vorkommt.

Die Laubbäume mit ihrem langsamen Wuchs, ihrer mannigfaltigern Gestalt, ihrer lichtern Veräſtelung, den verschiedenfarbigen, aber durchaus hellern Tönen ihres Laubwerks treten immer im Gesamtbild hinter den Nadelbäumen zurück. Der Nadelwald gibt der Landschaft einen großen, einfachen, ernsten Zug und kommt damit in jedem Bilde ganz anders zur Geltung als der Laubwald. Da nun dieser einförmig dunkle Wald auch dadurch, daß er von allen weit sichtbaren Höhen herabschaut, im Landschaftsbilde überwiegt, geht von ihm ein nordischer Hauch über weite Gebiete aus.

An einzelnen Vertretern der Nadel- wie der Laubholzformen steht der deutsche Wald, wie überhaupt der Wald Mitteleuropas und Nordasiens dem nordamerikanischen Walde nach. Aber mit wenigen Mitteln hat die Natur hier doch einen herrlichen Schmuck geschaffen. Die zahlreichen Eichen Nordamerikas erreichen nicht den herrlichen Charakterbaum der Steineiche. Eichen wie in den Elbniederungen, im Anhaltischen oder in denen der Oder in Niederschlesien, Fichten wie in den bayrischen Kalkalpen, Edeltannen wie im Schwarzwald zeigen wohl das Schönste, was in dieser Art in Europa vorkommt. Mit unsrer Föhre und unsrer Edeltanne mißt sich keins der Nadelhölzer, die östlich vom Felsengebirge wohnen. Und wer hat etwas unserm Buchen= walde in Holstein und an der untern Weser Vergleichbares je dort gesehen? Unsre Bäume gehören überhaupt zu den schönsten der Erde, jeder hat sein eignes bedeutendes Gepräge. Die Eiche verdient insofern der deutsche Baum genannt zu werden, als nördlich von der Donau, wo Ahorn und Ulme zurücktreten, sie von allen großen Laubbäumen der am meisten hervorragende und die Landschaft charakterisierende wird. War die Eiche doch schon der Lieblingsbaum der niederländischen Maler des sieb= zehnten Jahrhunderts, die ihre knorrige Eigenart oft verherrlicht haben. Aber die Landschaft, wo „über sanften Hügeln schwe= bend, wipfelreich der Buchenforst auf säulenhohen Stämmen wogt" (Geibel, Eutin), ist doch wohl noch entschiedner deutsch, ob wir sie nun an der Ostsee oder an den steilen Uferhängen des Inn oder der Isar oder auf der Rhön erblicken, wo es übri= gens auch, wie im Spessart, phantastische Buchengestalten gibt, die der Schneedruck erzeugt. Überall, wo einst Slawen saßen, ist die Linde der nationale Baum; sie ist in den Wäldern nur noch im Nordosten stark vertreten, aber auf Dorfplätzen und an Kreuzwegen schmückt ihre breite, runde, einladende Krone die festlichen und heiligen Stätten. Die Birke vertritt in unsrer Landschaft das Zierliche, da sie ihren schlanken Stamm bis zur Spitze durchführt und eigentlich keine Äste, sondern nur schwanke Zweige hat. Im Frühling gehört ihr fröhliches Laub zu den ersten, im Herbst beginnt die Entlaubung von unten; ihr weißer Stamm, ihre braunen Zweige, hier begrünt, dort gelbblättrig machen dann einen heiter herbstlichen Eindruck. Auch die Erle sei nicht vergessen, die nicht bloß die Nähe des Wassers liebt, sondern mit ihren dunkeln, glänzenden Blättern überhaupt der echte Wasserbaum ist.

Die höchsten Teile unsrer Gebirge sind zum größten Teile waldlos. Ohnehin findet der Baumwuchs in Höhen über 1200 Meter keine günstigen Lebensbedingungen; dazu kommt der Wunsch der Anwohner, die ihren Herden das kurze, würzige Gras gönnen, das sich dort mit der braunen Heide in die vom Wald befreiten Stellen teilt und den Berghöhen einen nordisch einförmigen Charakter verleiht. Auf niedrigern Gebirgen wie der Rhön hat sich der Wald auf den steinigen Stellen erhalten, und man ist erstaunt, aus der Stille der von unzähligen Herdenpfaden durchzognen felsenbesäten Bergheide unter die Kronen von Ahornen und Ulmen zu treten, in denen der Bergwind flüstert.

Die kurzrasigen Wiesen unsrer Berghöhen gehen nach oben in eine braune, purpurschimmernde Heide über, die an die Berge von Wales und Schottland erinnert. In flachen Becken liegt Moor, das in nassen Sommern die Höhenwanderungen erschwert. In dem Wechsel von Wald, Wiese und Heide erscheint der landschaftliche Reichtum dieser Teile unsrer Mittelgebirge. Dunkler Tannenwald steht auf den Kuppen, und in den Tälern liegt das Grün der Buchen. Oben sieht man oft Ahorne von alpiner Schönheit. Nach dem gleichförmigen Waldkleid mancher Höhenrücken erfrischen diese Unterbrechungen, die alle Geheimnisse des Walddunkels an den Grenzen der Lichtungen offenbaren. Die Sonne bricht breiter durch, einzelne Bäume oder Baumgruppen lösen sich los, ihre Schatten zeichnen dunkle Streifen nebeneinander auf die Wiese, bis sich deren Fläche mittags in vollem Lichte ausbreitet. Das ist die Landschaft, wo die Romantiker die „blaue Blume" suchten. Auf einer kleinen Wiese am Hange des Berges hinter tiefem Wald und vor hohen Felswänden sah Heinrich von Osterdingen den dunklen Gang sich öffnen, der zu der Quelle führt, wo sie blüht.

Von fremden Bäumen, die auf deutschem Boden akklimatisiert worden sind, sind die Roßkastanien und die Platanen in unsern Städten allgemein verbreitet, und allmählich werden die spitzblättrigen amerikanischen Eichen, der Tulpenbaum, der Götterbaum immer häufiger. Längst ist die Pyramidenpappel längs den Landstraßen einheimisch geworden in Gemeinschaft mit Eschen und Ulmen, die aber niemals wie an italienischen und französischen Straßen durch das Abhacken der Hauptäste zu magern, geisterhaften Gestalten werden. Die Robinien (Pseud=Akazien) haben sich in einzelnen Teilen Mitteldeutschlands sehr ausgebreitet; die Magdeburger und Dessauer Gegend durch=weht im Juni der starke Duft ihrer weißen Blütentrauben. Nicht bloß in Parken stehen sie dort, auch an Dorfwegen und Waldrändern. In der Märkischen Schweiz ist um Seen, die fast kraterartig in die Sandwälle hineingebettet sind, ein dichter Kranz dieser Bäume geschlungen, deren gelbliches Grün sich freundlich von dem Blau= und Graugrün der Föhren, fast der einzigen Vertreter des Baumwuchses in diesem Gebiet, abhebt.

*

Neben dem Walde und in ihn eingeschaltet ist die Wiese, das gesellige Vorkommen der Gräser und der saftblätterigen Kräuter, eine der Charaktererscheinungen des deutschen Landes. Den Naturwiesen in den Marschländern der Küsten und an der Waldgrenze in den Alpen haben die Gebiete der Mittelmeer=flora nichts an die Seite zu stellen. Von den Savannen sondert unsre Wiesen der niedrigere und dichtere Wuchs, von den Prärien Nordamerikas die Tatsache, daß sie in ihrer beschränkten Aus=dehnung mehr Erzeugnis des Bodens als des Klimas sind. Zwanzig bis dreißig Grasarten können unsre natürlichen Wiesen zusammensetzen, während künstliche Nachhilfe die Zusammen=setzung vereinfacht. Unsre Wiesen sind ein Ausdruck der gründ=lichen Durchfeuchtung des Bodens, weshalb sie ihre schönste Entwicklung in den feuchtesten Teilen des Landes, an der Nord=see und in den Alpen, finden, während hart an der Schwelle unsers Bodens bereits die durch Trockenheit verursachte Steppen=bildung in den Pußten Ungarns eintritt.

Auch die Wiese hat gleich dem Wald einen Lebersgang, den die Jahreszeiten gliedern. Ihr frisches Ergrünen eilt im Frühling dem des Waldes voraus, weil sich unter der Schnee=decke die neuen Triebe vorbereitet haben. Dies erste Grün, der Ausdruck der Frische und Zartheit des ersten Wachstums, ist ein fröhliches Gelbgrün. Im Fortschritt zum Sommer bringen

die Grannen und Halme das Grau, die Blüten das Gelb und
Braun herein. Unsre Wiesenblumen haben vorwiegend lichte
Farben: gelb, hellblau, lila, rosenrot. In der kurzrasigen Herbst-
wiese, die zuletzt die Zeitlose trägt, überwiegen schon die bräun-
lichen Töne der welkenden Blätter.

Auf den ärmsten Böden Deutschlands kommt die Heide
zur Entwicklung, eine einförmige Landschaft, aber bei weitem
nicht die uninteressanteste und stimmungsärmste. Das tiefe
Braunrot dieser deutschen Vertreterin der Steppe breitet einen
Purpurschimmer über den ärmsten Boden; und in dessen welligen Weiten, dem hohen Himmel, der tiefen Stille webt eine
Poesie, die Stifter und Storm verherrlicht haben. Wo in dem
von einem seichten Moore ausgelaugten und von Stürmen um-
hergeworfnen Sande Nordwestdeutschlands oft bis dreißig Meter
Tiefe keine tonige oder mergelige Zwischenlagerung vorkommt,
kommt kein Wald auf. Ihn hemmen auch die Stürme, die über
die ebene Heide wegblasen. Um so leichter gedeihen hier die
holzigen Sträucher und Zwergbäumchen der Erica vulgaris.
Auch der Reichtum an Moor kommt der Heide zugute; denn
Moorboden, der austrocknet, bedeckt sich mit Heidekraut. Hier
waltet dann Erica tetralix vor. So sind besonders die Heiden
der süddeutschen Hochebene entstanden, während im Sande des
obern Rheintals die Heide unter ähnlichen Bedingungen wie
im Nordwesten auftritt. Wo der Boden des Heidelandes bewegte Formen annimmt, da entwickelt sich bald auf den Wellenhügeln, bald im Schutz der Tälchen ein dichter Wald. Mit Vorliebe tritt da die Birke auf, aber Fichten und Buchen bleiben nicht
aus, und ihr Wachstum ist nicht immer nur buschig. — Eins
der schönsten Landschaftsbilder der Heidegebiete bieten die Porst-
moore, die mit einem niedrigen Strauch, dem Porst oder Gagel,
Myrica gale bestanden sind, der besonders da gedeiht, wo zer-
trümmerte Diluvialgeschiebe, der sogenannte Grand, die Boden-
unterlage bilden. Wo er als Charakterpflanze auftritt, verleiht
er der Landschaft ein eigenartiges Gepräge, besonders im Vor-
frühling, wenn er über und über mit rotbraunen Kätzchen bedeckt ist, die eine Menge goldgelben Blütenstaub ausschütten.

Deutschland hat ausgedehnte Moore im Tiefland des

Heide — Moor — Tierwelt

Nordens und auf der Hochebene des Südens. Große Moore bedecken ein Fünfundzwanzigstel unsers Bodens. Vom Boden Hannovers ist ein Sechstel Moor, das Burtanger Moor an der Ems mißt allein 220 Quadratkilometer. Die Austrocknung der Moore ist in diesen Gebieten rasch fortgeschritten. Reich an kleinern Mooren sind die Höhen unsrer Mittelgebirge, wo sie manches alte Seebecken ausfüllen. Durch herrliche grüne Moospolster sind unsre feuchten Granitgebirge ausgezeichnet, vor allem der Harz. Das aus Klüften goldgrün schimmernde Leuchtmoos hat sicherlich manche Sage von verschwindenden Schätzen eingegeben.

In Deutschlands Tierwelt sind alteinheimische Formen mit solchen gemischt, die von Osten, Norden und Südosten eingewandert sind. Eine besonders große Zahl hat Deutschland mit Nord- und Mittelasien gemein, und gerade unter ihnen gehen manche nicht über die Westgrenze Deutschlands hinaus. Daher ist Deutschland besonders an Wirbeltieren reicher als die Nachbarländer im Westen, während es zugleich ärmer als Rußland ist. Die große Zahl der Singvögel, der durch das Meer und die Seen bedingte Reichtum an Wasservögeln und der durch die Zugehörigkeit zu atlantischen und pontischen Stromgebieten gegebne Fischreichtum sind für unser Gebiet heute bezeichnend. In Deutschlands Kulturentwicklung liegen aber zahlreiche Anlässe zu fortschreitender Verarmung der Tierwelt. In unsern Alpen kommt der Bär nur noch als aus Tirol Verirrter alle paar Jahrzehnte vor. Man kann ihn als seit anfangs der zwanziger Jahre des neunzehnten Jahrhunderts ausgerottet betrachten. Der Luchs, der Auerochs, der Steinbock sind in Deutschland nicht mehr heimisch, der Wolf ist nach Osten zurückgedrängt, das Elch, der Biber werden an einzelnen Stellen gehegt, ebenso der Hirsch in den meisten Gegenden. Die Könige der Vögel Europas, Adler und Lämmergeier, sind aus Deutschland fast verschwunden. Selbst der Fischbestand ist in Deutschland überall im Rückgang, wo die Industrie den Flüssen Wasser entzieht und ihnen schädliche Stoffe zuführt. Besonders die Verbreitungsgebiete der Lachs- und Forellenarten sind zurückgegangen, während Raubfische eher zugenommen haben.

Aber auch in einem andern, positiven Sinne ist die heutige Tierwelt Deutschlands Kulturprodukt. Sie hat sich durch die Kultur bereichert, so wie sie durch die Kultur verarmt ist. Alle unsre Haustiere sind entweder so, wie sie sind, Ausländer, oder sie sind mit fremdem Blut gemischt. Unter den in Freiheit lebenden sind Damhirsch und Kaninchen, Hausmaus und Ratte, verschiedne Schlangen und Fische durch den Menschen absichtlich oder unabsichtlich eingeführt worden. Auch eine Anzahl von Insekten gehört leider zu den unabsichtlich eingeführten. Andre kamen von selbst in dem Maße, als der Mensch die Naturbedingungen, die ursprünglich geherrscht hatten, umgestaltete. Die Schaffung einer Kultursteppe, wie Marshall die vom Ackerbau und dichter Bevölkerung gebotnen lichten Stellen im frühern Waldkleide nennt, ließ Steppentiere und körnerfressende Freunde des Getreidebaues an die Stelle der dahinschwindenden Waldtiere treten. Die Großtrappe, die meisten Lerchen, der Brachpieper, der Haussperling, die Wachtel, vielleicht auch das Rebhuhn u. a. dürften zu diesen Einwanderern gehören. Vögel, die eigentlich von Osten her einen Vorstoß nach Deutschland machen, wo sie auch brüten, wie die Kleintrappe, das Flughuhn, der Bienenfresser (Meropus), scheinen erst im Begriff zu sein, einzuwandern. Von den Tagfaltern mögen viele erst nach der Lichtung der Wälder von Osten und Südwesten her vorgedrungen sein, einige haben den Rhein, andre die Elbe noch nicht überschritten. Colias Myrmidone hat erst die Oberlausitz und die Regensburger Gegend erreicht. Von den Fischen ist der Karpfen durch den Menschen eingeführt. Schnecken, wie Bulimus radiatus, dann Schmarotzer wie Oidium und Phylloxera sind mit dem Weinbau eingeschleppt worden. Dreissena polymorpha ist in geschichtlicher Zeit von Osten her eingewandert. Insekten, die (oder deren Larvenformen) von Pflanzen leben, die die Kultur eingeführt hat, sind fast sicher erst mit diesen Pflanzen eingewandert. Orthopteren sind großenteils der Steppe gefolgt, die Wanderheuschrecke dürfte erst vor einigen Jahrzehnten vereinzelt den Rhein erreicht haben.

24
Die Landwirtschaft

Deutschland ist keins von den fruchtbarsten Ländern von Europa. Schon Cäsar hat hervorgehoben, daß Deutschland sich an Güte des Bodens nicht mit Gallien messen könne. Seine tiefgelegenen Landschaften gehören der Nordhälfte an, während im Süden rauhere Höhen vorwalten. Die Gesteine des deutschen Bodens sind nicht immer die dem Ackerbau erwünschtesten. Das gilt besonders von den weit verbreiteten Kalksteinen des Zechsteins und Muschelkalks, von der Grauwacke, von schwer zersetzlichen vulkanischen Gesteinen, von den Sanden und den Mooren. Das dem Wein, Mais und feinern Obst günstige Klima mit sieben Monaten von mehr als zehn Grad Wärme kommt nur im Rhein-, Main- und Moseltal vor. Unser regenreicher Sommer ist dem Getreidebau nicht so günstig wie der des trocknern Südostens. Aber wenn Deutschland oft schlechte Ernten hat, sind so starke allgemeine Mißernten, wie sie dort dürre Jahre bringen, in unserm Lande nicht möglich. Nicht umsonst ist der Wald in Deutschland weiter verbreitet als in den westlichen Nachbarländern. Der Wald ist für manchen deutschen Boden noch die einzige mögliche Kultur, und darum prangt auch mancher Gebirgshang und mancher Sandrücken bei uns im Waldkleid, der anderswo nackt und kahl liegt. Rund die Hälfte unsers Bodens ist Acker- und Gartenland, ein Viertel Wald, ein Sechstel Wiese und Weide.

Der Teil der deutschen Bevölkerung, der sich der Landwirtschaft widmet, ist von Jahr zu Jahr zurückgegangen. Die landwirtschaftliche Bevölkerung sank von 35,8 Prozent im Jahre 1895 auf 28,6 Prozent im Jahre 1907; 1882 hatte ihr Anteil an der Gesamtbevölkerung noch 42,5 Prozent betragen. Die Bevölkerungszunahme kommt fast ganz der Industrie zugute, die 1907 42,75 Prozent aller Bewohner ernährte gegen 35,5 Prozent im Jahre 1882.

Fast alles, was Feld und Garten bei uns hegt, ist eingewandert. Mitteleuropa scheint arm an Pflanzen gewesen zu sein, die sich der Kultur bequemten. Die meisten sind aus Osten zu uns gekommen. Auch wo einheimische Pflanzen dem Menschen auf deutschem Boden gedient haben, wie Holzäpfel und Holzbirnen, die die Pfahlbauern aßen, sind dann später in der Kultur fortgeschrittnere Abarten bei uns eingebürgert worden. Ebenso ging es mit den Haustieren, unter denen Pferd, Rind und Schwein mit Formen gekreuzt worden sein dürften, die einst wild auf deutschem Boden lebten.

Der bezeichnendste Zug in der deutschen Kulturlandschaft ist das Getreidefeld. Ein germanischer Sprachgebrauch nennt „Korn" das Hauptgetreide, das Brotkorn. In Skandinavien trägt die Gerste, in Norddeutschland der Roggen, in Süddeutschland der Weizen oder Spelz diesen Namen. In Deutschland ist der Ackerbau des Roggens und mehr noch dessen Verbrauch in geschichtlicher Zeit sehr stark durch den Weizen zurückgedrängt worden. Danzig war im siebzehnten Jahrhundert der Hauptmarkt für den Roggen, so wie es im Anfang des neunzehnten Jahrhunderts für Weizen wurde, was heute Odessa ist. Das Verhältnis ist heute so, daß Weizen in ganz Deutschland weit verbreitet ist, neben ihm aber im Norden der Roggen mehr vorwiegt als im Süden, während dafür der Mais südlich vom fünfzigsten Grad nördlicher Breite eine wichtige Getreidegattung geworden ist. Immerhin ist bei uns noch immer eine dreimal so große Fläche mit Roggen als mit Weizen und eine zweimal so große mit Hafer bedeckt. Seitdem Deutschlands Volkszahl über sechzig Millionen hinausgewachsen ist, stieg die Getreideeinfuhr und hat in den letzten Jahren durchschnittlich das Drei- bis Fünffache der Ausfuhr betragen. Dabei ist allerdings zu erwägen, daß die Kartoffel ein Hauptnahrungsmittel geworden ist, und daß Hopfen, Zuckerrüben und Tabak weite Flächen dem Getreidebau entzogen haben. Kartoffelbranntwein, Rübenzucker und Hopfen gehören zu den wichtigsten Dingen, die Deutschland auf den Weltmarkt bringt. Der deutschen Landschaft gereichte dieser Wechsel nicht zum Vorteil, denn so wie das wogende, golden heranreifende Getreidefeld legt sich nichts, was auf Kulturland wächst, ans Herz. Fast ganz ausgefallen ist aus unsrer Landschaft das Flachsfeld mit seinem dem Hafer ähnlichen, graulichen Grün und den zarten, blaßblauen, an tiefe Bergseen erinnernden Blüten, und auch das Rapsfeld mit seinem goldgelben Schimmer wird seltner.

Der Weinstock ist die Charakterpflanze des südwestlichen Deutschlands. Deutschland hat bei Naumburg, Meißen und Grünberg die nördlichsten Weinberge Europas, aber der mitteldeutsche Weinbau ist im Rückgang. Das Reichsland, Baden, Württemberg, die Rheinpfalz, Rheinhessen, der Mittelrhein bis Bonn, Unterfranken, das Mosel- und Saartal sind die eigentlichen deutschen Weinländer. In ihnen bedecken Reben alle sonnigen Hänge, besonders in Flußtälern. An Pfählen oder Drahtgittern gezogen bieten sie nicht die schönen Bilder der Weingirlanden Italiens oder der Weinlauben (Pergeln) Tirols. Die deutschen Weingärten (Wingart) tragen schon im Namen den Unterschied von den Weinfeldern Südfrankreichs, die sich in den fahlen Ebenen der Provence und des Languedoc endlos hinziehen, ebenso unmalerisch im Äußern wie reich an Früchten. Bei uns ist der Weinstock zwar noch sehr begünstigt, wie seine Verbreitung und mehr noch sein Erträgnis zeigt, aber doch immer ein Fremdling, der sich angewöhnt hat und sich nur an geschützten Stellen vollkommen wohlfühlt. Er braucht eine Sommertemperatur von fünfzehn bis sechzehn Grad und erfriert bei dreißig Grad Celsius. Höher als 250 Meter steigt er auch in guten Lagen des Rheintals nicht an. Jenseits dieser Höhen folgen noch Kornfelder, und dann bildet am Rhein häufig das buschige Wachstum der Eichenlohschläge den Übergang zum magern Wald der Hochebene. Die besten Weine gedeihen auf den Hügeln am Südrand des Schiefergebirges (Johannisberg, Geisenheim). Die Grenze des Weinbaues, die die Maas bei 51° schneidet, liegt am Rhein bei Bonn, zieht durch Niederhessen über die nördliche Werra, die Mittelelbe (Meißen), durch die südliche Mark (Senftenberg) und verläßt das Odertal (Grünberg) bei 52°, um dann rasch bis an das Schwarze Meer zu fallen. In Mitteldeutschland hat man manche Weinberge in den letzten Jahren in Erdbeerpflanzungen verwandelt.

Wo Wein gedeiht, da reift auch edles Obst. Die blaßroten Blüten der Mandeln leuchten in milden Jahren im März von den Weinbergen her. Im Südwesten gehören auch die laubreichen Wälder der Edelkastanien zur Kulturlandschaft. Dieser Baum gedeiht in Süddeutschland in denselben Lagen wie der Wein, geht aber auch höher hinauf, wo er Schutz gegen die Nordostwinde des Frühlings findet. In der Ebene um Frankfurt gedeiht die Edelkastanie nicht, wogegen sie in den nach Süden geöffneten Taunustälern ihre Früchte in Menge reift und am Donnersberg bis 470 Meter ansteigt. In den Wäldern an der Hardt, an der Nahe, bei Trier und Metz ist sie vielfach verwildert. Bei Limburg an der Lahn, bei Blankenburg am Harz, bei Dresden liegen Nordpunkte ihrer Verbreitung. Der Obstbaumbau auf freiem Felde ist in ganz Deutschland noch möglich und bringt eine Fülle landschaftlich bedeutsamer Züge, die zu denen gehören, die uns ganz besonders anheimeln: die obstbaumbedeckten Wiesen, die Obstbaumhaine, in denen Dörfer versteckt liegen, die Obstbäume an den Landstraßen. Es sind zugleich Züge des sozialen Bildes, denn sie gehen zusammen mit den kleinen, oft gartenartig gepflegten Äckern der Gebiete des zerteilten Grundbesitzes. Die unabsehbaren Weizenebenen und die breiten, mit einer und derselben: Kartoffel, Lupine oder Rübe bebauten Felder der Gebiete des Großgrundbesitzes sind landschaftlich viel einförmiger und erzählen überhaupt ganz andre Geschichten.

Die Deutschen lieben Blumen, wie sie den Gesang lieben. Selten fehlen der Galerie des oberdeutschen Bauernhauses die Nelken, deren brennendrote, an den schwanken Zweigen gleichsam herabströmende Blütenfülle das tiefe Braun des alten Holzes aufhellt. Andre Blumen von lebhafter Farbe: Geranien, Päonien, Buschnelken, Fuchsien, Verbenen, Aurikel zieren überall die Bauerngärten, wo sie, ähnlich wie die Trachten, an den einfachern und standhaftern Geschmack unsrer Großeltern erinnern. An ihre Stelle sind in den städtischen Gärten die rasch aufeinanderfolgenden Modeblumen und fremden, besonders japanischen Zierhölzer getreten. Auch an den Fenstern dumpfer Großstadtstuben sieht man häufig Blumenstöcke. Diese Blumenliebe hat aus der umgebenden Natur in unsre Gärten Veilchen und Stiefmütterchen, Maßliebchen, Maiblume, Nachtviolen, Vergißmein-

Die Obstbäume. Die Blumen. Viehzucht

nicht, Schlüsselblume, Leberblume (Hepatica), Grasnelke, Schneeball, Weißdorn, aus den Alpen Weihnachtsblume (Helleborus), Alpenveilchen, Aurikel versetzt.

Im Deutschen Reich zählte man 1905 4,3 Millionen Pferde, 20,5 Millionen Stück Rindvieh, 22,0 Millionen Schweine und gegen 7,6 Millionen Schafe, 3,5 Millionen Ziegen, 76,7 Millionen Federvieh und 2,5 Millionen Bienenstöcke. Der Vergleich mit frühern Jahren zeigt eine starke Zunahme der Rinder, eine sehr starke Zunahme der Schweine, eine mäßige Zunahme der Pferde, wogegen die Schafe fast auf ein Viertel der Zahl zusammengeschmolzen sind, die sie anfangs der sechziger Jahre betragen hatten. Die steigende Einfuhr von Wolle, Pferden, Rindern, Geflügel, Häuten, Fleisch, Schmalz, Eiern läßt erkennen, daß auch diese Zweige der Landwirtschaft dem Bedarf der anwachsenden Bevölkerung bei weitem nicht mehr genügen.

In den Marschen und Voralpen beleben frei weidende Rinder die Landschaft; ihr Fehlen entbehrt der Freund idyllischer Landschaft oft sehr in den stillen Flußauen Mitteldeutschlands. Das friedliche Bild der weidenden Schafherde ist mit der Abnahme der Schafzucht besonders in Süd- und Westdeutschland seltner geworden. Die Bienenstände gehören zum deutschen Dorfe und sind am verbreitetsten, wo die honigreichen Blüten des Heidekrauts, der Linden und des Klees häufig sind.

Volk und Staat

Einige Betrachtungen über den Einfluß des deutschen Bodens auf die deutsche Geschichte

Wie haben die natürlichen Eigenschaften des Bodens, die wir in den vorhergehenden Abschnitten geschildert haben, auf den Gang der Geschichte des deutschen Volkes eingewirkt? Und welche von diesen Eigenschaften sind berufen, kommende Entwicklungen zu tiefst mitzubestimmen? Versuchen wir es, diese Fragen zu beantworten, ehe wir die Art, die Verbreitungen, die Leistungen und Wirkungen unsers Volkes betrachten, so werden wir uns vor allem zu hüten haben, einzelne Eigenschaften dieses Bodens willkürlich herauszugreifen, etwa nach Art der Geschichtsdeuter, die rasch bereit sind, die staatliche Zersplitterung Deutschlands als eine notwendige Folge des Baues des deutschen Bodens zu erklären. Auch werden wir wohl zu beachten haben, daß unser Volk nicht auf allen Stufen seiner Entwicklung denselben Gebrauch von den Eigenschaften seines Bodens machen konnte und dieselben Wirkungen von ihnen erfahren mußte.

Die uns bereits bekannte (vgl. o. S. 3 u. f.) Lage Deutschlands in Europa, die alle andern Eigenschaften des deutschen Bodens umfaßt, zeigt zunächst ein ganz andres Verhältnis zum Erdteil als die Lage der andern großen Staaten Europas. Europa bildet eine Halbinsel, die im Norden vom Atlantischen Ozean und seinen nördlichen Ausläufern, im Süden vom Mittelmeer bespült wird. Spanien, Frankreich und Rußland nehmen Räume zwischen dem Nord- und Südrande dieser Halbinsel ein, während Deutschland nur eine Nordhälfte zwischen den Alpen und der Nord- und Ostsee einnimmt. Österreich hat umgekehrt nur eine

Südhälfte zwischen den Sudeten und dem Mittelmeere. Italien als ein im Mittelmeere natürlich abgeschlossenes Gebiet kommt dabei nicht mit in Vergleich. Doch ergänzen sich diese drei Mächte zu einem ungemein günstig gelegnen mittlern Gebiete zwischen dem nördlichen und südlichen Rand unsers Halbinselerdteils.

Diese heutige Lage Deutschlands ist das Ergebnis des Rückzuges aus einer vormaligen größern Ausbreitung zwischen Mittelmeer und Nord- und Ostsee, für die die Alpen kein Hindernis waren. Die Ursache dieses Rückzuges aber lag zuerst in der kulturlichen Schwäche der alten deutschen Südwandrer, die inmitten keltisch-romanischer, zahlreicherer Völker sich nicht in ihrer Eigenart behaupten konnten; und dann in dem Auseinanderstreben der politischen Ziele und Aufgaben zu einer Zeit, wo die Raumbeherrschung noch nicht Entwürfen von der Größe derer gewachsen war, aus denen später zum Beispiel die Nachbarmächte Frankreich und Rußland hervorgegangen sind. Deutschland stand zwischen Nord und Süd inmitten von zwei Interessenkreisen, die so fern voneinander lagen, daß sie nicht zugleich und mit gleicher Kraft vom Mittelpunkt aus zu beherrschen waren. Das alte deutsche Reich war in einen größern Raum hineingestellt, als es beherrschen konnte, und dieser Raum war im Osten und Westen schlecht begrenzt. Daher die Verlegung der Wachstumsziele und -richtungen Deutschlands von Jahrhundert zu Jahrhundert und das Schwankende der ganzen Entwicklung. Niemals hat in den Jahrhunderten, die die wichtigsten für die Herausbildung der großen europäischen Machtgebiete gewesen sind, Deutschland seine ganze Kraft einem großen Plane dauernd dienstbar gemacht. Daher ist es als Machtgebiet am spätesten und als Völkergebiet überhaupt nicht „fertig" geworden, trotz oder vielmehr wegen des ehrwürdigen Alters des deutschen Kaisertums.

Wohl reichte einst deutsches Gebiet vom Sund bis Sizilien. Als aber die Hohenstaufen in Sizilien ihren wertvollsten Besitz sahen, strebte Norddeutschland nach der Beherrschung der Ostsee und der Gewinnung des Weichsellandes. Dazu kommt, daß die Richtung des Wachstums seit dem dreizehnten Jahrhundert eine Schwankung um mehr als neunzig Grad von Süden nach

Nordosten machte. Der für die Stellung unter den Seemächten so wichtige Halt am Rheinmündungsland, durch das Streben nach Süden bereits gelockert, ging dabei verloren. Der Nordwesten lieferte dem Osten Kolonisten und rückte gleichzeitig vom Reiche ab. Deutschland wich fast gleichzeitig von den Alpen und der Nordsee zurück, d. h. von natürlichen Grenzen und verheißungsvollen Pforten, und suchte in den grenzenlosen und in der Kultur tiefstehenden Osten hineinzuwachsen.

Man bedenke, daß bei gewaltigen Raumansprüchen der für das römische Reich deutscher Nation hochwichtige Verkehr über die Alpen fünfzehnhundert Jahre lang auf die alten Römerstraßen angewiesen war! Deutschland selbst ist ein wegarmes Land bis in den Beginn des neunzehnten Jahrhunderts gewesen. Und deshalb hat niemals eine geschlossene Geschichte den ganzen Raum des Reiches ausgefüllt. Norddeutschland ist manchem deutschen Kaiser ein fremdes Land gewesen. Deutschland hat überhaupt seine alpinen und transalpinen, burgundischen und danubischen Interessen mit denen des Tieflands und den maritimen immer nur vorübergehend vereinigen können. Und darin besonders liegt ein Hauptgrund des Auseinanderfallens Nord- und Süddeutschlands. Hie Süddeutschland, Alpen und Mittelmeer, hie Norddeutschland, Ostseeländer und Ozean! In einer Zeit der Raumschwierigkeiten bedeutete es Auseinanderzerrung bis zur Zerreißung oder mindestens Entfremdung, wenn die politischen und wirtschaftlichen Zielpunkte der einen Reichshälfte nicht bloß am Meer, sondern weit über dem Meer lagen. Die Hanseangelegenheiten konnten damals nicht Reichsangelegenheiten für Kaiser sein, deren Horizont den Oberrhein mit dem Rhoneland und Oberitalien verband. Gegen Friedrich Barbarossa konnte sich Nordwestdeutschland mit Flandern, England und Dänemark verbünden. Die auffallende Nordwestlücke in der heutigen politischen Gestalt Deutschlands ist alten Ursprungs; als das Mittelmeer und die Nordsee aufhörten, zwei Verkehrsgebiete zu sein, die nichts voneinander wußten, war das Rheinmündungsland längst auf dem Wege, ein selbständiger Staat zu werden. Wenn nicht die raummächtigste Organisation dieser Zeit, die Kirche selbst, das deutsche

Ordensland in Preußen mit dem Reich verbunden hätte, wie fern und fremd wäre auch dieses geblieben. Es bewahrte sich ohnehin fast die volle Selbständigkeit, mit der die norddeutschen Länder zu Rudolf von Habsburgs Zeiten dem allein kaiserlichen Südwesten wie peripherische, fremd gewordne Glieder gegenüberlagen.

Der Unterschied der Lage zwischen dem Norden und dem Süden unsers Landes wirkte aber noch weiter. Der Norden stellte in Deutschland als östlich und westlich grenzloses Tiefland immer ganz andre Raumaufgaben als der Süden. Quer durch alle die Stromsysteme und an all den Gebirgsgruppen hin sich als ein Ganzes vom Kanal bis zur Memel hinlagernd verneinte das norddeutsche Tiefland die Sonderexistenzen des reich und eng gegliederten Südens. Wenn die Geschichtschreiber Deutschlands so oft ein vielfach eigentümliches sächsisches Sonderdasein betonen, liegt es wesentlich in diesem Unterschiede. Man bedenke, daß auch heute der althistorische Südwesten ein enges Land ist. Baden, Reichsland, Württemberg, Hohenzollern, Pfalz, Hessen stehen mit 64 000 Quadratkilometern schon hinter den 69 000 Quadratkilometern Schlesiens und Posens zurück. Schon darum war Süddeutschland früher fertig. Es steht daher noch in der Stauferzeit als ein kompaktes Land gegenüber dem weiten, durch englische, dänische, slawische Einflüsse auseinandergezognen, aber zugleich zukunftsreichern Norddeutschland. Die überall gewaltigen Aufgaben des Kaisertums waren damals nach Lage und Raum im Norden schwerer als im Süden.

Der Gegensatz von Süd- und Norddeutsch geht also nicht einfach darauf zurück, daß salische und staufische Kaiser mehr in Italien als an der Nord- und Ostsee deutsche Interessen wahrnahmen, wodurch „ein süddeutsches Kaiserreich und ein norddeutscher Bereich autonomer Weiterbildung" (Lamprecht) entstanden. Der tiefste Grund dieser Sonderung liegt in dem Ungenügen der Raumbeherrschung, die sich zu große Aufgaben gestellt hatte. Als vorübergehend Ungarn und Burgund unter den salischen Kaisern dem Reich angeschlossen und der Norden sich selbst überlassen wurde, war das eine gesunde, durch die Beherrschung der Wege durch und um die Alpen fester begründete

Politik, deren folgerichtiger Fortschritt Deutschland die Vorteile der Lage Deutschland und Frankreichs zusammen gegeben und ein zweites Deutschland an der Nord- und Ostsee zusammengefügt hätte. Nur in dualistischer Form wäre damals die Beherrschung des ganzen Raumes des Reichs möglich gewesen. Aber Burgund, „der Riegel des deutsch-italienischen Reichs", ging verloren. Nun erlangten Wege nach dem Osten im Tiefland eine neue Bedeutung, denn dieses Tiefland wird nach Osten zu immer breiter, birgt immer mehr Raum, aus dessen Fülle schöpfend ein neues Deutschland die im Westen und Süden erlittnen Verluste wenigstens zum Teil ausglich.

Im Tieflande als in dem jüngsten und raumreichsten Gebiete entstand der Keim einer gesundenden Neubildung, als Brandenburg von dem die großen ostelbischen Talwege beherrschenden Gebiet zwischen Elbe und Oder nach Osten und an die Ostsee hinübergriff, zugleich aber durch die Ausbreitung nach der Altmark die Verbindung mit dem Nordwesten vorbereitete. Preußens Entwicklung ist ein Aufsammeln staatenbildender Kräfte in dem geschichtlich jüngsten, die größten Möglichkeiten räumlicher Ausbreitung noch in sich bergenden Nordosten Deutschlands und ein Zurückwirken dieser durch Jahrhunderte zusammengefaßten Kräfte nach Westen und nach Süden. Von dem weitesten Wachstum nach Osten (1795) bis zum Bug wieder zurückgedrängt, ist Preußen immer noch fast zu zwei Dritteilen ostelbisch.

Zu dem Unterschiede der Lage kommt hier der Gegensatz von Tiefland und Hochland. Das ist nicht bloß ein Gegensatz der Höhe und der Formen. Die nach Norden offne Lage des Tieflandes am Meer, die nach Süden geschlossene Lage des Hochlands vor den Alpen sind ebenso wichtig. In ihnen liegt der tiefste, dauerndste Unterschied zwischen Nord und Süd in unserm Vaterlande. Besonders gehört aber zu den Merkmalen Mitteleuropas der enge Zusammenhang mit dem flachern Tieflande des Ostens, des, doppelt so groß als unser Erdteil, sich in seiner ganzen kontinentalen Breite hinter Mitteleuropa auftut. Daher der mächtige Einfluß des Ostens auf die Mitte Europas. Die Geschichte Deutschlands trägt die Spuren dieses

Zusammenhangs am deutlichsten; doch sind sie auch in der Geschichte Österreichs und der Niederlande sichtbar und wirken bis nach Frankreich hinein. Nicht bloß an die Einflüsse aus dem fernen Osten ist dabei zu denken. Dieses Tiefland zeigt auch in seiner Westhälfte Übereinstimmendes. Die Gemeinsamkeit der Geschichte der Niederlande und des niederdeutschen Tieflands ist seit der flandrischen Kolonisation und überhaupt seit dem Zuge der Nordwestdeutschen nach Osten eine große Sache; sie liegt in der Geschichte der Hanse wie in der preußischen Geschichte, sie zeigt sich in der Kunst und in der Wissenschaft und kommt in den neuen Anknüpfungen zwischen Niederdeutschen und Flamen auch in unsrer Zeit wieder zur Geltung.

Das Tiefland bietet geschichtlichen Bewegungen immer freiern Raum als die gebirgigern Teile. So zeigt schon die erste Ausbreitung der Germanen das leichtere Vordringen im norddeutschen Tiefland von Osten her und das schwierigere Eindringen in die Gebirge und die Alpen. So wenig wir im einzelnen von der Ausbreitung der Germanen kennen, wir sehen sie in der ersten Römerzeit schon im Norden am Rhein, wenn sie sich im Süden erst zwischen den Gebirgen durchgewunden und die Alpen überhaupt noch nicht berührt haben. Das ist eine Verbreitungsweise im Einklang mit dem Zuge der Gebirge, die das norddeutsche Tiefland zu einem sich nach Westen einengenden Keil machen. Dann geschieht die weitere Ausbreitung unter der Vermeidung des länger keltisch bleibenden Böhmens und unter der Erhaltung keltischer Reste in den Mittelgebirgen. Die Alpen werden erst überschritten, nachdem einige Jahrhunderte die Flut gegen ihren Nordrand hatten anschwellen lassen. Auch in spätern Bewegungen und Ausbreitungen hat sich ein begünstigender Einfluß des Tieflands geltend gemacht. Ihm verdankt das deutsche Volk den unschätzbaren Vorzug einer ungebrochnen Ausbreitung vom Kanal bis zur Memel, wodurch sein Gebiet die größte Breite da erhält, wo es am sichersten ist, am Meer. Mit dieser ausgedehnten Einlagerung kontrastiert die mitten in die Gebirgszone Süddeutschlands fallende Verschmälerung zwischen Taus und Abricourt, also zwischen Böhmerwald und Vogesen, die nicht mehr als ein Drittel jener größten

Breite beträgt. Und ebenso steht der weitern Verbreitung der blonden Deutschen und Slawen im Norden die Verdichtung des dunklen Elements in Mittel- und Süddeutschland gegenüber, das nur im Rheintal und in den Alpen stark mit Blonden durchsetzt ist.

Diesen großen nordsüdlichen Gegensatz durchkreuzen und schwächen auch zum Teil die ostwestlichen Unterschiede, die in den den Süden mit dem Norden verbindenden Strömen von der Maas bis zur Weichsel ihre natürlichen Leitlinien finden. Vor allem der Rhein hat seit alten Zeiten Nord- und Süddeutschland verbunden, wie er von den Alpen zur Nordsee niedersteigt. Die frühesten geschichtlichen Bewegungen der Deutschen sind nach Süden und Westen gerichtet: die Cimbern und Teutonen überschreiten die Alpen, und Cäsar tritt am Rhein ihrem Drängen nach Gallien entgegen. Durch die Übermacht der Römer wurden diese Bewegungen nicht bloß zurückgedrängt, sondern es wurde zu andern nord- und ostwärts gerichteten Bewegungen der erste Anstoß gegeben. Der römische Staat wächst über den Rhein nach Gallien hinein, mit ihm ranken Ausläufer der antiken Kultur herüber, und auf denselben Pfaden folgt das Christentum. Diese drei großen Mächte, die Europa umgestalten, machen aber ihren Weg nicht von Süden nach Norden, sondern sie biegen vor der Schranke der Alpen ab, umgehen das Hochgebirge in westlichem Bogen, und diese ungeheuer folgenreichen Bewegungen nehmen fast völlig westöstliche Richtungen an. Dem entspricht zeitlich das Erscheinen Germaniens im Licht der Geschichte hinter Gallien, Iberien und Britannien. Selbst Helvetien wird von Westen, von Gallien her für Rom gewonnen. Es wird damit eine Aufreihung der großen Völker in dem mittlern Streifen Europas zwischen West und Ost erreicht, die für Jahrhunderte hinaus den westlichen den Vorrang gibt; und es beginnt besonders das Wandern westlicher Einflüsse aus Frankreich nach Deutschland, das von da an nie mehr ganz aufhört. Deutschland pflanzt dann die Bewegung nach Osten fort. In dieser Verwandlung einer südnördlichen Bewegung in eine westöstliche liegt die größte geschichtliche Bedeutung der Alpen für Deutschland.

Ähnliche Reihenbildungen wiederholen sich auch in kleinern Räumen. Deutschland wird zunächst in sich selbst zweigeteilt durch die Romanisierung des Rheinlands, die von den Rhätern bis zu den Batavern alle Völker ergreift. Damit erhebt sich ein westliches Deutschland, bevölkerter, blühender, in der Kultur reifer — man denke an Triers Stellung in der spätrömischen und frühmittelalterlichen Geschichte — über ein östliches, das erst zu erschließen, zu erobern, für das Chr.stentum zu gewinnen ist. Ehe dies aber geschehen kann, zertrümmert eine Reihe von neuen großen Bewegungen germanischer Völker nach Westen und Süden das römische Reich. Die Germanen verlassen mit wenigen Ausnahmen ihre alten Sitze im Oder- und Weichselland, und ihr Gesamtgebiet schiebt sich dauernd westwärts, während Slawen im Osten an ihre Stelle treten. Der Westen behält aber seine Kulturüberlegenheit und daher die große Stellung des Rheinlandes im Karolingischen Reich, als dessen Lebensader man den Rhein bezeichnen kann, ebenso wie bis auf Rudolf von Habsburg der Kern des Reichs, unter wenigen Schwankungen nach Niedersachsen, hier in Südwestdeutschland lag. Daher die Zerteilung Mitteleuropas in die westöstlich nebeneinander liegenden Länder West- und Ostfranken, später Frankreich, Lothringen, Burgund, Deutschland. Indem das Wachstum von Westen aus immer weiter ostwärts fortschreitet, rückt Frankreich von der Saone zum Rhein, Deutschland von der Elbe zur Weichsel vor, und weiter im Osten bildeten sich neue ostwärts strebende Staaten im deutschen Ordensland, Polen, Österreich und Ungarn. Übergangsländer wie Lothringen, Burgund, Schlesien, Böhmen verlieren in diesem Prozeß ihre Selbständigkeit.

Nun tritt aber ein großer Unterschied immer deutlicher zutage, der Frankreich und Deutschland trennt. Frankreich schließt sein Wachstum früher ab, da es fast auf allen Seiten natürlichen Grenzen begegnet; es entwickelt das freie Meer im Rücken seine Kräfte in heilsamer Sicherheit und Geschlossenheit. Deutschland dagegen bleibt nach Osten hin offen; das Deutschtum selbst schwankt vor und zurück und wird, wie ein Blick auf die zerfransten und zerstückten Nationalitätsgrenzen vom Isonzo bis zur Memel zeigt, bis heute dort nicht fertig. Bei diesem Wachstum spielen die Nordsüdflüsse wie Regnitz, Saale, Elbe, Neiße, Oder, Weichsel, Pregel eine große Rolle als zeitweilige Grenzen, während die westöstlichen als natürliche Wege nach Osten bedeutend werden. Die Donau und der Main sind unter dieser die hervorragendsten, so wie es zur Römerzeit neben der Mosel so manches Flußtal vom Oberrhein bis zur Lippe gewesen war Diese Ostwege sind immer im Wert gestiegen, wenn eine Ostbewegung in der deutschen Geschichte einsetzte; so geschah es besonders bei der Christianisierung Böhmens, in der Donau und Main hervortreten, endlich im größten Maße bei der Kolonisation im Osten, die die Quertäler des norddeutschen Tieflandes erst ins Licht der Geschichte gerückt hat.

Besonders wirksam erweist sich auch das Hereinragen der Tiefländer des Rheins und der Oder nach Süddeutschland. Wir haben betont, wie das Rheinland ein verbindendes Glied zwischen den Alpen und dem Meer herstellt. Fassen wir auch nur die neuere Geschichte Deutschlands ins Auge, so sehen wir, wie Preußen durch die Erwerbung der Rheinlande und Hohenzollerns, das System der Bundesfestungen, die Militärkonvention mit Baden und endlich die Zurückerwerbung des Elsasses und Lothringens im Rheingebiet tief in den Süden eindringt, geradeso wie es im Odergebiet schon früher bis zu den äußersten alten Grenzen des Reichs vordringend den Süden von Osten her umfaßt hatte. Diese Wege bereiteten ihm die beiden am weitesten gegen den mitteleuropäischen Gebirgswall südwärts vordringenden Tiefländer am Rhein und an der Oder, von denen das letztere trotz seiner südlichen Lage nach Norddeutschland gravitiert, mit dem es durch den allmählichen Übergang Schlesiens ins norddeutsche Tiefland und durch das Flußgeflecht der Spree zwischen Elbe und Oder verbunden ist, während sich Böhmen trennend zwischen Schlesien und Süddeutschland hineinlegt. In dem orographischen Zusammenhang dieser süddeutschen Tiefländer mit den norddeutschen liegt natürlich auch eine Ursache der in der neuern Geschichte Deutschlands mit der Neugestaltung von Norden her überraschend hervortretenden politischen Schwäche Süddeutschlands gegenüber Norddeutschland; sie wurde von dem Augenblick an klar, wo Preußen alle die Vorteile des norddeutschen Tieflandes samt dessen südwestlichen und südöstlichen Ausläufern kräftig zusammenfaßte und zur Geltung brachte.

In derselben Richtung werden nun auch die Grundtatsachen des Gebirgsbaus bedeutsam. Die Vogesen trennen die Völker Deutsche und Franzosen, die Länder Deutschland und Frankreich. Der Böhmerwald und der Pfälzerwald scheiden ebenso Deutsche und Tschechen, Bayern und Böhmen. Am Fichtelgebirge und im Frankenwalde berührt sich Franken mit den halbslawischen Marken Zeitz und Meißen. So wie der Thüringer Wald Franken und Thüringer, schied der Harz Thüringer und Niedersachsen. Beide Gebirge sind aber Glieder eines großen, Diagonalwalls, der, sich von der Donau bis zur Ems ziehend, ein südliches und westliches jetzt rein deutsches und geschichtlich älteres von einem nordöstlichen, halb slawischen und geschichtlich jüngern Deutschland scheidet. Es ist die vorwiegend nordwestliche (s. o. S. 18, 32) Richtung des Gebirgsbaues, die hier geschichtlich wird. Sie hat im Innern Deutschlands zeitweilig eine natürliche Grenze zwischen dem Machtbereich der jungen norddeutschen Tieflandmacht und dem alten Süden gebildet; die Mainlinie wurde später der kürzere, aber künstliche Ausdruck für diese Abgrenzung. Aber noch viel wirksamer wird sie in Verbindung mit der rechtwinklig auf ihr stehenden nordöstlichen Richtung. Die beiden bilden die Gebirgsumrahmung, die aus Böhmen das geschlossenste, daher früh entwickelte und seine nationale Eigenart mitten im Deutschtum erhaltende Naturland machte. Wo sich im Fichtelgebirge die Richtungen kreuzen, da stoßen auch Böhmen, Bayern, Franken und Obersachsen zusammen.

Die Fülle mannigfaltiger Naturbedingungen im Gebirgsbau Deutschlands kommt dabei zur Geltung und macht selbst Nachbargebirge gleichen Baues und ähnlicher Lage zu Gebieten verschiedner Volks- und Staatenbildung. Gebirge, die nebeneinander aufsteigen und derselben Richtung angehören, zeigen grundverschiedne Wirkungen. Im Siebenjährigen Krieg und in den Befreiungskriegen machte sich der Unterschied der Weg-

samkeit des Erzgebirges und der Schwerwegsamkeit des Elb=
sandsteingebirges geltend. Das Erzgebirge war schon zur Zeit
des Siebenjährigen Krieges wegsam, da sein breiter Rücken
und seine Bewohntheit die Anlage von Straßen und selbst Quer=
verbindungen zugelassen haben. Dagegen war das Elbsand=
steingebirge, wiewohl niedriger, wegen seiner Schroffheit schwer
gangbar und schwer zugänglich. Vogesen und Schwarzwald
sind durch gemeinsame Züge verbunden, die in ihrer Entstehungs=
geschichte liegen, aber wie verschieden wirken der einfache Wall
der Vogesen und der selbst im Innern noch reicher gegliederte
Schwarzwald; wie viel selbständiger als das rechtsrheinische
Land stand daher Elsaß=Lothringen Schwaben gegenüber.

Wir wollen mit diesen Beispielen nicht die alte Behauptung
belegen, von den Gebirgen sei die politische Zersplitterung
Deutschlands ausgegangen; das wäre einfach darum nicht möglich, weil von ihnen nicht die Staatenbildung ausgegangen ist.
Zunächst wollen wir an das Naturgesetz erinnern, daß alle Staa
ten aus kleinen Anfängen hervorgehen. Die Zersplitterung in
kleinste Gebiete ist der Anfang aller politischen Entwicklung,
die Zusammenfassung zu größern Gebieten folgt erst später,
und alles Staatenwachstum ist ein Ringen mit der Tendenz
zur Abschließung auf dem engsten Raum. Dann aber noch etwas andres: Im sechzehnten Jahrhundert waren einige deutsche
Waldgebirge wie der Spessart und der Bayrische Wald über
haupt noch so gut wie unbewohnt, weil die Staaten in ihrem
Wachstum von den tiefern Gegenden nach den höhern erst an
deren Rand angekommen waren. Bildeten auch die Gebirge
Teile von politischen Gebieten, so lagen sie doch fast ohne Wert
überall, wo nicht Erzreichtum frühe die Besiedler anlockte. Nur
als Jagdgebiete schätzte man die innersten Waldgebirge, und
eben darum ging auch ihre Besiedlung langsam voran. Wo die
Gebirge die Größe und Gestalt deutscher Länder bestimmten,
sind nicht immer nur kleine und kleinliche Gebilde herausge=
kommen, wie sie zuletzt gerade die hügligen Länder Schwabens
und Frankens zerstückt haben, sondern eins der größten und
mächtigsten Gebiete: Böhmen. Und so sind auch die sich mit
Böhmen in der Gebirgskreuzung des Fichtelgebirges berühren=

den bayrischen, fränkischen und thüringischen Länder früh ob=
geschlossen. Böhmen drängt als tief nach Nordwest hereinragen=
der tschechischer Keil nicht bloß das Deutschtum am engsten zu=
sammen (s. o. S. 144), sondern legt sich auch so zwischen Ober=
land und Donauland, daß Schlesien dem Nordosten zugewiesen
und Oberdeutschland um ebensoviel verkleinert wird. Aber im
allgemeinen sind die deutschen Gebiete durch die Gebirge höchstens
dadurch am Wachstum verhindert worden, daß alle um ein Ge=
birge herumliegenden in das Gebirge hineinzuwachsen strebten,
um sich gleichsam darin zu verankern. So hemmten sie wechsel=
seitig ihre Ausbreitung, und so entstand die bis auf den heutigen
Tag erhaltene Vierteilung des Harzes. Bei den so häufigen
Teilungen gaben die Höhenzüge bequeme Grenzen, und da
mochte dem sich darin abschließenden politischen und wirtschaft=
lichen Selbstgenügen ein vom Urwald bis zu den Rebenhügeln
ziehendes Tal leicht als eine Welt für sich erscheinen. Auch an
andre kleine Motive ist zu denken. Wo jeder Baron sich seine
Burg baute, die nur durch Belagerung genommen werden konnte,
da war ein hügel= und bergreiches Land sozusagen von Natur
politisch zerklüftet. Jeder Hügel fand seine Bedeutung. Wer
von den Vogesen hinab= oder hinausschaut, erkennt an dem
Saum von Burgen und Schlössern, wie die Menge vorgelagerter
Klippen und hinausziehender Rücken vom Ochsenstein bis zum
Stauf die Burgbauten und die Beherrschung der Täler und des
Ebenensaums am Gebirge begünstigt hat.

*   *

Die großen Grundlinien im Bau des deutschen Bodens
sind zugleich die Grund= und Hauptwege des Verkehrs,
der die großen Erhebungen umgeht und in die großen Vertie=
fungen seine Wege legt, so naturgesetzlich wie das Wasser selbst.
Zwar konnten in der alten Zeit Moore und Flußgeflechte den
Verkehr zwingen, dicht am Rande der Höhenzüge Mitteldeutsch=
lands hin oder selbst in die Vorberge hineinzugehen; aber er
hat in dem Gebirge damals schon alle die niedrigsten Einsenkungen
aufgesucht und zuerst auf Saumwegen überschritten, die er dann
mit Straßen, endlich spät mit Eisenbahnen ausgestattet hat.

Die Vielgliedrigkeit des deutschen Bodens hat dabei die einzelnen Gebirgsglieder wie Inseln zu umgehen und zu umfahren gelehrt, und unser Mittelgebirgsland hat in der Verkehrsgeschichte nie als ein großes zusammenhängendes Hindernis der Bewegungen gewirkt. Es kann bei dem ausgesprochnen Vorwalten der großen Richtungen des Gebirgsbaues auf deutschem Boden nicht wundernehmen, daß sie auch im Verkehr hervortraten, um so mehr als große und kleine Flüsse denselben Richtungen folgen. Unter ihren Wirkungen wird immer eine der ersten das Vorwalten der Nordwestrichtung im Rhein-, Weser- oder Elblauf sein, denn sie lenkt diese großen Sammelrinnen auf die Nordsee zu. Dieselbe Richtung beherrscht auch den größten Teil des Oberlaufs, so daß vom Rhein bis zur Oder das Gesetz gilt, daß die Strommündungen mit den größten Seestädten des Landes westlicher liegen als die obern und mittlern Teile der Stromtäler. Durch die Elbe erfährt das Nordseegebiet eine Ausdehnung nach Südost, die Norddeutschland Abbruch tut. Die Elbquellen im Adlergebirge liegen 7½ Grad östlich von der Elbmündung.

Von den großen Einsenkungen auf deutschem Boden kommen für den Verkehr besonders die rheinische, die hessische, die des Elbtales und der obern Oder in Betracht. Während nun die zwei östlichen erst im Tiefland durch Havel und Spree in Verbindung treten, erscheint die hessische durch Kinzig und Fulda gleichsam nur als eine Fortsetzung oder Abzweigung der oberrheinischen. Die historisch bedeutsame Stellung von Frankfurt liegt wesentlich in der Verbindung der ober- und mittelrheinischen mit der hessischen Senke in der Lücke zwischen Odenwald und Schwarzwald. In diesen großen, für Hauptzüge des Verkehrs Richtung gebenden Senken werden durch das Gegenübertreten der Gebirge wichtige Durchgangspunkte erzeugt. Solche Lagen wie Kassel, selbst wieder eine durch ihre Fruchtbarkeit wichtige Senke, zwischen dem Sauerland und dem Hessischen Bergland, Wetzlar zwischen Westerwald und Taunus, Gelnhausen zwischen Vogelsberg und Rhön, Meiningen zwischen Rhön und Thüringer Wald, Lichtenfels und Koburg zwischen Thüringer Wald und Frankenhöhe, Bayreuth zwischen diesen Höhen und dem Fichtelgebirge, Hof zwischen dem Fichtelgebirge und dem Erzgebirge, Mühlhausen und Nordhausen zwischen Harz und Thüringer Wald sind einige Beispiele solcher Durch- und Übergangspunkte. Viel wichtiger können aber Quersenkungen werden, wie der Paß von Zabern in dem abgesunknen nördlichen Teil der Vogesen und der Übergang von Pforzheim in dem entsprechenden Teil des Schwarzwaldes. Beide Übergänge, von den Römern schon benutzt, bilden wichtige Teile von alten und neuesten Verkehrswegen zwischen dem innern Süddeutschland und Frankreich, zwischen München, Wien und Paris. Ähnlich wichtig sind die Querdurchbrüche der Mosel und der Lahn, der Sieg, der obern Lahn und der Eder, die Versenkung zwischen Harz und Thüringen, in der die Unstrut fließt; darin ist besonders das geschichtlich wichtige zehn Kilometer breite Tal der Helme, die Goldne Aue, zu nennen.

Mit diesen Querverbindungen haben wir schon Übergänge berührt, die zwischen Gebirgsgliedern gelegen sind. Nun noch ein Wort über die Paßübergänge im engern Sinne. Es erhellt aus der allgemeinen Schilderung der deutschen Gebirge, daß sie zwar nicht reich an hohen Gipfeln sind, aber der Überschreitung dennoch manche Schwierigkeiten entgegensetzen, die in ihren hohen und breiten Kämmen liegen. Das ist in ihrer auch landschaftlich stark zum Ausdruck kommenden Abtragung bis auf die massigen Fundamente begründet. Daher die Paßarmut der südlichen Vogesen, die für die politische Abgrenzung so günstig ist, daher die Schwierigkeit der Überschreitung des Schwarzwaldes, den heute noch keine Eisenbahn direkt von West nach Ost in seiner ganzen Breite durchmißt, daher die Lage der Pässe des Thüringer Waldes und des Erzgebirges in Höhen von sechshundert bis siebenhundert Metern, die im Verhältnis zur Gipfelhöhe beträchtlich sind. Von den innern Gebirgen Deutschlands sind heute nur wenige mehr ohne Eisenbahn. Die weißen Flecken, die vor zehn Jahren noch das Netz der Schienenwege unterbrachen, sind heute nur noch an der Weite ihrer Maschen zu erkennen, zu deren Schließung selbst im Harz und im Fichtelgebirge nur noch kleine Bahnstrecken nötig sind.

Die Verkehrswege, die an den Gebirgen entlang führen, halten sich oft so nahe wie möglich an deren Rand, um die einst

Päffe — Rand- und Bergstraßen; Alpenstraßen 153

versumpften und dicht bewaldeten tief gelegnen Strecken zu umgehen und um den Querverbindungen näher zu bleiben. So entstanden die Rand- und Bergstraßen, die zu den ältesten und wichtigsten gehören. Dazu gehört die am Odenwald hinlaufende Bergstraße, der uralte „Hellweg" über Soest—Dortmund, der Ostdeutschland mit dem Niederrhein verband, die am Nordrand des Erzgebirges hinführende Straße von Dresden über Freiberg, Chemnitz und Zwickau und durch das Vogtland nach Bayern. Erst nach jahrhundertelangen Arbeiten der Entsumpfung, Lichtung und zuletzt der Flußregulierung stieg der Verkehr von den Bergstraßen in die Talstraßen hinab, wo er die Flußstädte verband, die schon früher durch den Wasserverkehr aufgeblüht waren. So hielt sich der quer durch Norddeutschland führende Verkehr östlich von der Elbe am Nordrand der Landhöhen und am Südrand der Baltischen Höhenrücken. Noch heute folgen diesen Spuren die beiden großen von Berlin nach Osten führenden Eisenbahnlinien Berlin—Schneidemühl—Bromberg und Berlin—Frankfurt—Posen.

Kein großes Land Europas hat ein größeres Interesse an der Überschienung und Durchbrechung der Alpen als das vom Süden durch Gebirgsschranken abgeschlossene Deutschland. Seitdem 1854 die Linie Wien—Triest als erste Alpenbahn gebaut worden ist, ist jede Alpenbahn zwischen Montblanc und Terglou für Deutschland ein epochemachendes Ereignis. Der Brenner (seit 1867) und der Gotthard (seit 1882) haben nicht bloß die deutsch-italienischen, sondern auch die deutsch-mittelländischen und deutsch-orientalischen Beziehungen ungemein verstärkt, und auch die 1906 fertiggestellte Simplonbahn wird in dieser Richtung wirken, obgleich sie natürlich vor allem dem Verkehr zwischen Frankreich, der Schweiz und Italien dient. Jede neue Bahn über die Ost- und Zentralalpen öffnet uns Wege, die bis nach Australien und Ostasien hinführen. Das sind ausgiebigere Verbindungen, als sie einst der Augsburger Postreiter unterhielt, der in einer Woche die Briefe von Venedig nach Augsburg über den Brenner und Fern brachte. Auch der von den Römern schon beschrittene Fernpaß wird nicht unüberschient bleiben, und die Tauernbahn ist vollendet. Jeder neue Schienenweg über die Alpen bedeutet, daß der Verkehr Deutschlands alte Beziehungen zum Mittelmeer wiedergewinnt, die die deutsche Politik einst beherrscht hatte. Er bedeutet also die Ergänzung der Verkehrslage Deutschlands in Europa um jenes südliche Stück von den Alpen bis zum Mittelmeer, das einst politisch zum Reich gehört hatte.

Auf das innere Leben Deutschlands wird aber durch diese Verbindungen zuletzt jeder Fortschritt in der Weltstellung des Mittelmeers zurückwirken. Denn das Mittelmeer ist das Süddeutschland zunächst gelegne Meer. Wenn nun auch, wie für die Geographie, für den Verkehr und die Politik immer das Meer die Fortsetzung des Tieflandes ist, so daß sich der Wert der Nord- und Ostsee dem des norddeutschen Tieflandes gleichsam zufügt, so war doch die einseitige Zuwendung zur Nord- und Ostsee nicht in der Lage Deutschlands, sondern nur im Gang der Geschichte gegeben. Es ist wahr, daß das norddeutsche Tiefland als geschichtlicher Boden ein viel größeres Gewicht durch seine ozeanischen Beziehungen empfangen hat als das mittel- und oberdeutsche Hochland, das von jenem in dem Augenblick immer abhängiger werden mußte, wo es vom Mittelmeer zurückgedrängt wurde. Besonders in dem Aufschwung Norddeutschlands über Süddeutschland seit dem sechzehnten Jahrhundert liegen ozeanische Einwirkungen. Die süddeutschen Handelsstädte traten zurück, ja verödeten, während die norddeutschen mitten in politischer Trübsal eine neue Blüte erlebten. Die Stellung Deutschlands als eines Durchgangslandes zwischen den nördlichen Meeren und dem Mittelmeer fiel fast in Vergessenheit. Als Napoleon vor hundert Jahren mit dem Bau der Simplonstraße eine neue Zeit für den seit den Römern nicht mehr energisch geförderten transalpinen Verkehr heraufführte, ahnte wohl niemand in Deutschland, daß damit ein Wendepunkt der Geschichte der deutsch-mittelmeerischen Beziehungen eingetreten war, in die sich erst von da an neues Leben wieder ergoß. An dem unmittelbaren Seeverkehr zwischen der Nordhälfte Europas und dem Mittelmeer hat sich übrigens die deutsche Handelsflotte nur in geringem Maße beteiligt. Doch haben auch in dieser Beziehung die letzten Jahrzehnte vieles nachzuholen begonnen.

Noch mehr bleibt endlich in der allerdings zum größten Teil von Österreich abhängigen Entwicklung unsrer Beziehungen zur untern Donau und zum östlichen Mittelmeer zu tun.

26
Volkszahl, Volksdichte und Wachstum

Die Zählung der Bevölkerung des Deutschen Reiches von 1905 wies 60 605 183 Menschen, die Berufszählung von 1907 61 720 529 nach, das ist mehr als ein Siebentel der Volkszahl unsers Erdteils, von dessen Fläche Deutschland ein Zwanzigstel einnimmt. Daraus erkennt man sogleich die dichte Bevölkerung unsers Landes, und zwar ist es unter den Ländern seiner Größenstufe das dichtest bevölkerte. Großbritannien, Italien, Belgien, die Niederlande stehen ihm voran, während die Volksdichte des europäischen Rußlands (außer Polen und Finnland) nur ein Fünftel von der Deutschlands beträgt.

Deutschland hat am Rhein und in Mitteldeutschland zwei ausgedehnte Gebiete dichter Bevölkerung, daneben größere Inseln dichter Bevölkerung an der Saar, der mittlern Weser, an den Mündungen der Elbe, Weser und Trave. Natürlich bildet auch jede Großstadt mit ihren Umgebungen eine derartige Insel. Diese Arsenale dichter Bevölkerung übertreffen an Ausdehnung die Frankreichs, Österreichs oder der südeuropäischen Länder. Der große Gegensatz zwischen dem Gebirgsland und dem Tieflande Deutschlands kommt in der Volksdichte in der Weise zum Ausdruck, daß eine Linie von Wesel lippeaufwärts über Minden nach Hildesheim, Magdeburg, Bautzen, Görlitz, Breslau und Oppeln die Bewohner Deutschlands in zwei große Gruppen nach der Dichte teilt. Nördlich davon herrschen mit wenigen Ausnahmen der Mündungen der großen Ströme Bevölkerungen von mäßiger bis mittlerer Dichtigkeit, südlich davon wechseln dicht und dünn bewohnte Gebiete in großer Zahl miteinander ab. Leicht erkennt man hier den mächtig anhäufenden Einfluß der Hauptströme und ganz besonders des Rheins ebenso wie die der Kohlen- und Eisenlager am Nordrand der Mittelgebirgszone und das fruchtbare Gebiet des Zuckerrübenbaues. Zwischen dem Harz und der Donau liegen in vielen großen und kleinen Gebieten nebeneinander die Gegensätze von unter 25 Menschen und mehr als 250 auf einem Quadratkilometer, nördlich davon schwanken die Unterschiede nur von weniger als 25 bis 75 und sind mit langsamen Übergängen über große Gebiete verteilt. Aber auch im norddeutschen Tiefland veranlaßt der Baltische Höhenrücken eine starke Auflockerung der Bewohnung, die in Schleswig-Holstein das merkwürdige Bild einer Dreibänderung nach der Volksdichte zwischen Ostküste, Mitte und Westküste gewährt. Wenn selbst die Niederlausitz und der Fläming einen Streifen dünnerer Bevölkerung in das Tiefland hineinlegen, so ist das nicht unmittelbare Folge der Höhe, sondern kommt von der Sandüberschüttung her, die allerdings mittelbar auch mit der Erhebung dieser Landrücken zusammenhängt. Südlich von der Donau überwiegen wieder dünne Bevölkerungen, so daß die mitteldeutschen Verdichtungen um so deutlicher hervortreten.

Ein bezeichnendes Merkmal Deutschlands ist die Erhaltung sehr dünnbevölkerter Gebiete neben dichtbevölkerten. Sie ist zunächst in der Bodengestalt begründet, deren Hügel und Berge vielfach dem Walde günstiger sind als dem Acker. Wir finden es natürlich, daß im Hochgebirge im allgemeinen keine dauernden Siedlungen über 1000 Meter liegen. Das ganze Innere des Gebirges wird dadurch zu einer Stätte der Einsamkeit, des Naturfriedens. Es überrascht uns aber, wenn wir in Oberbayern weit vom Hochgebirge entfernt in den Vorbergen Waldstrecken finden, in denen wir Meilen gehen, ohne ein Haus oder eine Hütte zu finden. Der Weg von Reith im Winkel nach Seehaus und Ruhpolding führt neun Stunden lang durch Hochwald mit wenigen Lichtungen. Der Gutsbezirk Oberförsterei Karlswalde im Kreis Sagan in Niederschlesien besteht auf etwa 200 Quadratkilometern aus einer Oberförsterei, acht Förstereien, einem Pechofen und einem Arbeiterhaus, zusammen mit 83 Einwohnern. Und der große Forst bei Hagenau, schon dem Mittelalter als „heiliger

Forst" bekannt, umfaßte in der Zeit seiner größten Ausdehnung 21 000 Hektare. Da unzählige menschenleere Waldparzellen über den deutschen Boden zerstreut sind, ist selbst großen Städten die „freie" Natur noch nahe. Städte, die wie München und Karlsruhe an herrlichen Wald gleichsam angebaut sind, findet man westlich von Deutschland nicht mehr, sie fehlen auch schon dem Nordwesten unsers Landes.

Auffallend ist die Volksdichte in einigen deutschen Mittelgebirgen. Schwarzwald, Erzgebirge, Fichtelgebirge, Thüringer Wald und Riesengebirge finden unter den Gebirgen Europas wenige ihresgleichen an Volksdichte. Das Erzgebirge gehörte mit mehr als zweihundert, der Thüringer Wald mit mehr als hundert Bewohnern auf einem Quadratkilometer zu den bevölkertsten Gebieten Mitteleuropas. Erz- und Holzreichtum erzeugten hier Hausgewerbe, die die Bevölkerung über die Fruchtbarkeit des Bodens hinaus wachsen ließen. Wo der Bergbau aufhörte, hat man dann, wie im Annaberger Bezirk, die fernliegenden Industrien der Spitzenklöppelei, der Posamenten, der Perl-(Gorl-)näherei ergriffen, um auf dem Boden ausharren zu können.

Aus der alten, schon zu Rudolf von Habsburgs Zeiten bekannten Holzfällerei und -flößerei des Schwarzwalds ist die Schwarzwälder Holzschnitzerei und aus dieser die Uhrenindustrie hervorgegangen, und auf dem Holzreichtum ruht die Spiel- und Kleinwarenindustrie des Thüringer Waldes. Köhlerei, Glasbrennerei, Teer- und Pottaschebereitung halfen den Waldreichtum ausnützen. Aber ein ungewöhnliches Maß von Genügsamkeit mußte dazukommen, um auf dem rauhen Erzgebirge gegen 25 000 Menschen noch in einer Höhe von mehr als 800 Metern überhaupt Lebensbedingungen zu gewähren. In so hoher nördlicher Breite und in der Höhenlage von 600 Metern steht Annaberg mit 16 837 Einwohnern in Mitteldeutschland einzig da. Bei Gottesgab reift nur ein warmer Sommer ganz den Hafer, das einzige Getreide dieser Gegend, die dennoch 4000 Bewohner in einer Höhe von mehr als 900 Metern aufweist!

In Norddeutschland kann man den genannten Orten des

Erzgebirges Klausthal-Zellerfeld im Harz unter noch höherer nördlicher Breite und in einer Höhenlage von 550 Meter mit rund 13 000 Einwohnern an die Seite stellen.

* * *

Auf dem Boden des heutigen Deutschen Reichs wohnten 1816 25, 1870 41, 1895 52 und 1905 60,6 Millionen Menschen. Die Zunahme ist noch immer am größten in den ohnehin schon großen Städten und den ohnehin schon dichtbevölkerten Industriegebieten. An der Spitze stehen Berlin, dessen Bevölkerung sich seit zwanzig Jahren verdoppelt hat, Hamburg, Bremen, Sachsen, Westfalen, Rheinland. Eine mittlere Zunahme zeigen Gebiete mit einer ausgleichenden Mischung von Ackerbau und Gewerbe, wogegen unter dem Durchschnitt alle süddeutschen Länder und die dünnbevölkerten Ostprovinzen Preußens mit starker Auswanderung bleiben. Rückgang der Bevölkerung zeigen in den größern Gebieten Deutschlands nur die beiden Mecklenburg; doch gibt es in Deutschland keine Fläche von hundert Quadratmeilen, die nicht an einer oder mehreren Stellen Abnahme zeigte. Größern Geburtenüberschuß als Deutschland zeigen unter allen großen Ländern Europas nur England, Schottland und Norwegen. Er ist in Deutschland fast dreimal so groß als in Frankreich. Aber ganz langsam schwankt doch die Bewegung der Bevölkerung auch in Deutschland der Stufe der altgewordnen Kultur zu, wo die Menschen sich schwächer vermehren und länger leben.

Der überseeischen Auswanderung, die nur einen Teil des Überflusses fortführt, steht eine immer lebhafter werdende innere Wanderung zur Seite, in der eine westliche Richtung entschieden vorwiegt. Allein aus den polnischen Bezirken gehen jährlich gegen 100 000 Menschen nach West- und Mitteldeutschland. Zur Begründung dieser Tatsache sei folgendes angeführt. Von 1895 bis 1900 wanderten aus Ostpreußen 146 000, Westpreußen 70 000, Pommern 55 000, Posen 128 000, Schlesien 73 000, Provinz Sachsen 64 000, Hannover 20 000. In dieser Zeit gewannen Berlin 127 000, Brandenburg 107 000, Westfalen 178 000, Rheinland 182 000, das Königreich Sachsen 90 000, Baden 30 000, die freien Reichsstädte 55 000, Hamburg allein

43 000. Die Bevölkerung drängt sich aber besonders nach den großen Städten zusammen und am meisten nach den volkreichsten, in denen die Vororte wieder am raschesten wachsen. Umgekehrt verliert das flache Land an Bevölkerung in wechselnder Entfernung um die Stadt. Deutschland hatte 1905 33 Städte mit mehr als 100 000 Einwohnern, England 39, Frankreich 15, Österreich-Ungarn 8. Deutschland ist gleich England städtereicher im Verhältnis zu seiner Volkszahl als seine Nachbarländer. Viele Städte haben sich in zwei oder drei Jahrzehnten verdoppelt. Dresden beherbergte 1815 $1/_{25}$ und 1895 $1/_{10}$, 1905 $1/_9$ der Bevölkerung von Sachsen; Berlin hatte 1684 10 000 Einwohner, 1895 1 677 000 und 1905 2 040 222. Viele, die vor zwanzig Jahren den Mangel einer großen deutschen Hauptstadt im nationalen Interesse beklagten, sehen ängstlich der Entwicklung einer Großstadt von drei Millionen entgegen, die zwar nicht die Rolle von Paris spielen, doch aber eine besondre, in der deutschen Entwicklung bisher nicht gehörte Erscheinung von unberechenbaren Folgen sein wird. In Gesamtdeutschland nahm die städtische Bevölkerung 1822 27 Prozent der ganzen Bevölkerung in Anspruch, 1900 53,5 Prozent, 1905 58 Prozent. Dabei sind ländliche Bezirke und kleinere Städte und Marktflecken allenthalben zurückgegangen. In Baden wuchsen in der ersten Hälfte der achtziger Jahre alle größern Städte und die gewerbreichen Bezirke, während fast alle Bezirke ohne gewerbliche Bedeutung und 16 Städte unter 3000 Einwohnern in derselben Zeit zurückgegangen sind, und in Sachsen betrug der Anteil der ländlichen Bevölkerung an der Gesamtbevölkerung 1905 nur noch 28 Prozent.

27

Die Städte, Dörfer und Höfe

Die Städte sind in Deutschland durch Geschichte und Volksart zu einer besondern Aufgabe berufen. Deutschland besteht heute aus 22 Monarchien, hat also auch 22 wirkliche Residenzstädte. Dazu kommen Straßburg als Regierungshauptstadt für Elsaß-Lothringen und die drei Hansestädte, die sich selbst Hauptstädte sind; diese sind als politische Mittelpunkte freilich weit weniger bedeutend denn als wirtschaftliche. Aber die meisten deutschen Länder haben mehrere Hauptstädte. Neben Koburg steht Gotha, neben Berlin Potsdam, Hannover, Kassel, Wiesbaden, Posen. Einige Städte führen den Titel von Residenzstädten, wie Würzburg, andre sind tatsächlich zeitweilig Residenzen, wie Baden-Baden oder Eisenach, und ungemein groß ist die Zahl derer, die in Schlössern und Gärten die Reste einer einst höhern Würde bewahren. So hat das kleine Anholt neben Dessau Köthen und Zerbst, die kleinen Fürstentümer Schwarzburg neben Rudolstadt Schwarzburg und neben Sondershausen Arnstadt. Neben seinen 21 Universitätsstädten hat Deutschland eine ganze Reihe von alten Universitätsstädten, wie Erfurt und Helmstedt, die es nicht mehr sind. Noch viel größer ist neben den elf starken Festungen, die heute Deutschlands Landesgrenzen schützen, die Zahl der alten Festen und Festungen, unter denen Landstädtchen wie Philippsburg oder Orsoy kaum noch Spuren der Wälle zeigen, während andre wie Rothenburg in einer interessanten Renaissancerüstung stecken geblieben sind.

Die Deutschen haben sich aus einer dünnen, höchst lückenhaften Verteilung über das Land, die keine andern Städte als die von den Römern gegründeten kannte, bei fortschreitender Verdichtung und Arbeitsteilung in immer größern Siedlungen zusammengezogen, sind ein immer städtischeres Volk geworden. Die deutschen Städte hatten einst große Gemarkungen und umschlossen zahlreiche Familien, die von Ackerbau und Viehzucht lebten. Die zahllosen Städtchen von dörflicher Größe sind gleichsam fossile Reste aus dieser Zeit. Baden hatte 1890 eine Stadt von 152 (Hauenstein) und acht von weniger als 600 Einwohnern. In den früher polnischen Gebieten ist die große Zahl dörflicher Städte eine ganz andre Erscheinung; man hat dort nur aus politischen Gründen Dörfern den Rang von Städten erteilt. Viele von diesen Städten bauten einst ihren Lebensbedarf auf eignen Feldern. Noch heute ist es nicht anders in unsern kleinern Städten, und in vielen Gegenden von Deutschland ist auch in

Stadt und Land — Städtebevölkerung

den mittlern Städten die Landwirtschaft ein wichtiger Erwerbszweig geblieben, während der Unterschied zwischen den kleinern Städten und den Dörfern oft verschwindend gering ist. Solche Städte haben oder hatten etwas von dem organischen Verwachsensein des Dorfes mit seinem Boden. Frankfurt hat seine ländlich rauhe Sachsenhäuser Bevölkerung von Spargel- und Kohlbauern, Stuttgart umschließt eine beträchtliche Bevölkerung von Winzern, München hat im Lehel und in der Au Stadtteile von halb ländlicher Bauart bewahrt. Andrerseits sind Dörfer von mehr als 2000 Einwohnern in den blühendsten Teilen Deutschlands häufig. Die Bodenverteilung beeinflußt natürlich auch die Siedelungen. Der Großgrundbesitz im Nordosten hat keine echten Bauerndörfer entstehen lassen, und der zerstückelte Besitz im Südwesten hat Bauerndörfer in Städtchen verwandelt.

Die in den meisten deutschen Großstädten fünfzig Prozent und mehr der eingebornen Bevölkerung betragende zugewanderte Bevölkerung ist je nach den Zuständen des Landes verschieden. Wie die englischen Großstädte erhalten die rheinischen, westfälischen, sächsischen eine bereits sozial zersetzte, vielfach aber auch in Fabrikarbeit geschulte Bevölkerung aus dem weithin dem Großgewerbe zu-, dem Landbau und Handwerk abgewandten Lande. Im übrigen Deutschland kommt der Zuzug großenteils aus den bäuerlichen und kleinbürgerlichen Kreisen; es ist eine wirtschaftlich weniger gewürfelte Zuwanderung, die die deutsche Stadt im allgemeinen nie so einseitig und rein zweckmäßig städtisch werden läßt wie die englische. Dadurch wirkte dieses ungleiche Wachstum auch viel tiefer auf die allgemeine Lage und Verteilung des Volkes ein. Der Unterschied von Stadt und Land wird immer fließender. So wie die alten malerischen Städtesignaturen von den Karten, verschwinden die Städte mit Woll und Tortürmen von der Erde. Endlich ist die Stadt, wie schon längst bei den Romanen, nur noch eine größere Bevölkerungsanhäufung. Aber einstweilen ist die geschichtliche Bruchlinie zwischen Stadt und Land noch erkennbar und tritt in jeder politischen oder sozialen Bewegung zutage.

Dabei ist zu beachten, daß Deutschland erst seit dem Dreißigjährigen Kriege ein stetiges Wachstum der Bevölkerung zeigt.

Große Schwankungen sind seitdem nur noch in beschränkten Gebieten eingetreten. Ganz selten ist die Aufgebung oder Verlegung eines Dorfes geworden. Aber die Verwüstung war so groß, daß in den vom Dreißigjährigen Krieg am schwersten heimgesuchten Gegenden Deutschlands die alten Häuser- und Bewohnerzahlen oft erst nach zwei Jahrhunderten wieder erreicht worden sind. In neunzehn hennebergischen Dörfern waren 1634 1773 Häuser bewohnt, 1649 316, 1849 1619.

Deutschland kennt nicht die trotz dünner Bevölkerung großen Dörfer der Steppen Ungarns oder Kleinrußlands, die drei bis vier deutsche Meilen von ihren Äckern entfernt liegen, so daß in der Zeit des Anbaues und der Ernte die Bewohner Zeltlager näher bei der Arbeitsstätte beziehen müssen. Die aneinander gereihten Farmen einer nordamerikanischen Township, durch die Zäune (Fences) aus rohen Holzscheiten getrennt, oder die durch noch ursprüngliche Waldstrecken getrennten Farmen jüngster Anlage des Far West kennen wir ebensowenig. Glücklicherweise sind bei uns auch die vernachlässigten Dörfer Englands selten, wo einstige Besitzer, jetzt ausgekauft, als Tagelöhner leben, bis ihnen auch die letzten Hütten genommen und ihre Ackerstücke in Pferdeweide oder Wildparke verwandelt werden. Das deutsche Dorf bezeugt im allgemeinen ein Fortschreiten seiner Bewohner zu behaglicherm Dasein, es erzählt aber auch von den geschichtlichen Schicksalen, die es noch viel mehr mitgenommen haben als die geschütztern Städte. Es gibt uns sogar Kunde von Verschiedenheiten der ältesten Besiedlung und alten sozialen Unterschieden. Der stolze oberbayrische Einödhof, der westfälische Bauernhof sind Herrensitze, verglichen mit dem schmalen Steinhaus an langer einförmiger Dorfstraße Frankens oder des Rheinlandes.

Auf deutschem Boden finden wir auch in der Form der Siedlungen die keltischen, romanischen und slawischen Spuren, zwischen denen durch und über die hin sich überall die deutschen Formen der Siedlung teils erhalten, teils ausgebreitet haben. Es ist nicht leicht, diese deutschen Formen rein herauszuschälen. Wo es noch möglich ist, da finden wir Dörfer von mittlerer Größe, in denen die Gehöfte anscheinend planlos liegen; daher der Name

Haufendorf. Die Flur ist in der Weise in Hufen geteilt, daß jede Hufe einem Hausvater mit seiner Familie und seinem Gesinde hinreichende Nahrung gibt. Das Ackerland wurde in Gewanne von gleicher Bodenbeschaffenheit geteilt und in jedem Gewann jeder Hufe ein bestimmter Anteil zugewiesen. Daher liegen die Äcker eines Besitzers bunt über die Flur zerstreut. Das Haus ist in diesen Dörfern das sogenannte fränkische in irgendeiner seiner zahlreichen Abwandlungen: die Wohnräume den vordern, die Ställe den hintern Teil einnehmend, die Scheune als besondrer Bau daneben. Das Gebirgshaus der Schweiz und der alemannisch-schwäbischen Teile der Alpen ist eine dem Gebirge angepaßte Abart. Die Art der Bodenverteilung läßt noch heute die Walddörfer unterscheiden, wo sich von den Gehöften im Tal aus die Flur in unregelmäßigen Stücken die beiderseitigen Abhänge hinaufzieht, und die Dörfer, wo nach flämischem Herkommen die Hufen als parallel von einem Mittelweg ausgehende Streifen angelegt wurden. Der Hof, von einigen auf das alte keltische Clanhaus zurückgeführt, hat alle seine Felder in geschlossenem Zusammenhang mit Wald und Weide um sich liegen. Welches auch sein Ursprung sei, er steht so fest und sicher in der Natur, als sei er da herausgewachsen. Er ist als ein echtes Langhaus in Westfalen und in leichten Abwandlungen am Niederrhein und bei den Friesen und Holländern und zerstreut bis über die Elbe hinaus nach Rügen und Pommern zu finden, wo er sich vielfach den Dörfern eingegliedert hat. Alles gruppiert sich hier ursprünglich um die Diele, die vorn Tenne, hinten Herdplatz ist und unmittelbar vom Dach bedeckt wird. Die fächerförmige Anlage des Rundsdorfes gehört den westlichen wendisch-sorbischen Stämmen. Die Gehöfte liegen im Kreis oder hufeisenförmig um einen runden oder ovalen Platz, der ursprünglich nur einen Zugang hatte. Hinter jedem Gehöft folgt ein keilförmig sich verbreiternder Baumgarten, und das Ganze umschließt eine runde Hecke. Eine andre Form ist das östlich von der Oder häufige Straßendorf. Die Häuser stehen in zwei Reihen an einer breiten Straße, in der Kirche, Schule, Schmiede und der Dorfteich liegen. Beide Formen gehen zusammen mit der slawischen Hausgemeinschaft. Indem die Deutschen von den Alpen bis zur Ostsee in die von Slawen besetzten Länder vordrangen, führten sie zwar überall ihre Bodenverteilung ein, ließen aber in vielen Gegenden die slawischen Dorfanlagen bestehen. In Litauen fanden sie den Einzelhof vor, der dem westfälischen ähnlich ist.

Neben den Formen der Anlage bringt auch die ganze Haltung des Hauses Unterschiede in das Dorf. Der Slawe baut in den meisten Gegenden schlechter als der Deutsche, im polnischen Gebiet schwindet das Haus zur Lehmhütte zusammen. Hinter dem Unterschiede des Holz- und des Steinbaues, den heute in Deutschland der Fachwerkbau und der Holzbau auf steinernen Grundmauern vielfach vermitteln, liegt ein größerer: hier das Blockhaus des Roders im Urwald und der locke Bau des zum Ackerbau übergehenden Nomaden, dort das schon den römischen Steinbau nachahmende halbstädtische Haus.

In der Anlage des einzelnen Wohnplatzes machte sich natürlich der Einfluß der Bodengestalt unmittelbar und von Anfang geltend. Indem die Walddörfer über die Lichtungen hinauswuchsen, auf denen sie entstanden waren, bildeten sich in den Tälern langgestreckte, in den Mulden dagegen zusammengedrängte Ortschaften. Die Stätten der ersten Siedlungen waren aber Täler und Mulden, und die ersten Blockhütten erhoben sich längs Bächen oder um Quellen. So wiederholen sich in allen deutschen Gebirgen diese beiden Formen, denen die Mannigfaltigkeit der Bodengestalt in formenreicherem Gelände noch manche Abwandlung erlaubt. Wo die Industrie die Bevölkerung verdichtet, da entstehen aus den schmal fortwachsenden Dörfern die meilenlangen Häuserreihen, die man in der Lausitz und in Schlesien findet. Die „Lange Gasse" vom Probsthainer Spitzberg bis Haynau ist eine dreißig Kilometer lange Kette von Dörfern und einzelnen Wohnstätten, die administrativ zwar getrennt, topographisch aber ein Ganzes sind. In den Gebirgen zerschneiden die Erhebungen die bewohnbaren Stellen, zwischen die sich unfruchtbare Striche legen, und so haben wir im allgemeinen kleinere Wohnplätze. In Württemberg umschließt ein Dorf oder Weiler im Neckarkreis fast fünfmal mehr Einwohner als im Donaukreis. In Baden hat man den besondern Namen „Zinke" für die Gruppe der ein Tal entlang zerstreuten Häuser.

Daß aber auch in Westfalen Landgemeinden von mehreren hundert Wohnstätten vorkommen, worunter kein einziges wirkliches Dorf ist, weist auf die Stammeseigenschaften und -gewohnheiten hin, die auch im Wohnen zur Ausprägung kommen. Das Hofsystem ist nicht bloß dort zu finden, wo es durch die klimatischen und örtlichen Verhältnisse begünstigt wird. Es wird von einigen Stämmen unsers Volkes bevorzugt, während andre in Dörfern sich zusammenzudrängen lieben. In Deutschland sind die Gebiete, wo das Höfewohnen die größte Ausdehnung erreicht, Westfalen, Oberbayern, Oberschwaben, jenes tief, dieses hoch gelegen, jenes Ebene, dieses vorwaltend Gebirge. Wir finden es im alemannischen Schwarzwald; wo man sich aber an der Murg der Frankengrenze nähert, da nehmen die Höfe plötzlich ab, und es erscheinen die geschlossenen Dörfer. Die badische Statistik bringt dafür die Zahlen von 43 Menschen auf einen Wohnort im Amtsbezirk Triberg und 643 im Amtsbezirk Wiesloch. Dann ist auch wieder der sich am schrägen Berghang hinaufbauende alemannische oder bayrische Bauernhof ein andrer als der westfälische, der seinen breiten, regelmäßigen Bau in eine weite Ebene stellt. Beiderlei Höfe sind aber Heimstätten selbständiger Charakterentwicklung. Angesichts des niedersächsischen Hofes schrieb Justus Möser: Alle Verfassungen freier Nationen haben ihren Ursprung in der häuslichen.

28

Die deutsche Kulturlandschaft

Indem die Deutschen sich mit wachsender Zahl immer enger mit ihrem Boden verbanden, entstand eine ganz neue Landschaft, eine Kulturlandschaft, die voll ist von den Zeichen der Arbeit, die ein Volk in seinen Boden hineinrodet, hineingräbt und hineinpflanzt. Wir sehen viele kleine, einander ähnliche Wirkungen der in vielen kleinen Bezirken mit ähnlichen Mitteln wirkenden Kraft eines arbeitenden und fortschreitenden Volkes.

Und diese Wirkungen sind von den in benachbarten Ländern zutage tretenden ebenso verschieden, wie das deutsche Volk nach Art und Geschichte von ihnen verschieden ist.

Das Land, das sich einst einförmig hin erstreckte, ist in eine Menge von Stücken zerteilt worden, die alle im Verhältnis zum Ganzen sehr klein sind. In ihnen zeigen die scharfen Furchen der Äcker, die schnurgeraden Gräben der Bewässerungsanlagen und selbst die reinlichen Umrisse der Strohschober die Sorgfalt einer emsigen Arbeit von langer Tradition und Übung, die sich das ganze Land vom Rhein bis zur Weichsel unterworfen hat. Gerade diese Gleichmäßigkeit ist bezeichnend. Es gibt auch in Deutschland Flächen ohne Kultur, aber nur wo der Anbau vollkommen unlohnend ist. Wir haben keine Campagna und keine Despoblados. Das Viertel des deutschen Bodens, das noch mit Wald bedeckt ist, der eingeengte, zusammengedrängte, durch Lichtungen jeder Form und Größe durchbrochne und zerschnittne Rest jenes alten germanischen Urwaldes, der einst undurchdringlich genannt wurde, kann heute ebensogut als Kulturland gelten wie Äcker und Wiesen. Die Waldkultur nützt den Boden aus, der sonst unergiebig wäre, und ist an andern Stellen unentbehrlich für die Erhaltung eines gesunden klimatischen und hydrographischen Zustandes. Ja man wird füglich sagen dürfen, der Ackerbau sei in vielen Teilen Deutschlands schon weiter gegen den Wald vorgedrungen, als Boden und Klima gestatten. Die armen, steinigen Hafer- und Kartoffelfelder auf dem Rücken des Erzgebirges, im Harz, in den südlichen Vorbergen des Thüringer Waldes oder auf manchen steinigen Muschelkalkhochebenen über dem Main und der Tauber bieten ihren Bebauern geringen Nutzen. In die Landschaft bringen diese kärglich bewachsnen Wölbungen mit ihren grüngrauen flechtenbewachsnen Felsgraten oder ihren seit Generationen herausgepflügten und zu breiten Steinwällen aufgeschichteten Kalksteinfladen, die die geringe Tiefe der Ackererde bezeugen, einen Zug von Armut, den in unsrer Zone selbst die Heide nicht kennt. Sie verkünden das Vorhandensein einer dichtern Bevölkerung, als dieser Boden verträgt.

Die ältesten Spuren und Reste der Bewohner des deutschen

Bodens in Höhlen, Pfahlbauten, Küchenresten, Gräbern jeder
Art zeigen immer nur kleine Völkchen in weiter Zerstreuung.
Sie haben auch keine so zahlreichen Steinpfeiler, Steinkreise
und Dolmen aufgerichtet wie in manchen Teilen Westeuropas.
Wir haben auf deutschem Boden kein einziges prähistorisches
Denkmal von wahrhaft monumentalem Charakter. Nur im Tief=
land ist noch da und dort eine Steinsetzung an einsamer Stelle
erhalten, die das Grab eines großen Mannes bedeckt, und wenige
Höhen des Mittelgebirges sind von Ringwällen umzirkelt, deren
schönste Beispiele der Altkönig im Taunus bietet. Auch das
Fichtelgebirge hat schöne Reste davon. Manche, die in einst sla=
wischen Gebieten gefunden wurden, ragen deutlich in die ge=
schichtliche Zeit herein.

Wohl werden auch in grauer Vergangenheit Völkerwellen
von Osten, Süden und Norden her das in der Mitte Europas
gelegne Land überschwemmt haben; aber sie konnten dieses
Land nicht bedecken. Sie breiteten sich auf den natürlichen Lich=
tungen in den Heiden und längs den Flußläufen aus. Die älte=
sten Wege auf deutschem Boden können nur Waldpfade gewesen
sein, die die Lichtungen miteinander verbanden. Sie waren
ebenso vereinzelt und abgebrochen wie der Verkehr, der sich
auf die Verbindung der einander nächstgelegnen, durch alte, ge=
heiligte Formen die Gemeinsamkeit des Ursprungs bewahrenden
Stämme beschränkte. Selbst diese ließen weite Wildnisse, die
höchstens Jagdgebiete sein konnten, zwischen sich bestehen, in
denen an wenig Stellen bewachte Durchgänge offen gehalten
wurden. Im Osten dürfte der von der Adria zum Samland die
kürzesten Entfernungen suchende Bernsteinhandel am frühesten
einzelne Pfade zu einem Wege vereinigt haben, der von der
Donau zur Elbe, Oder und Weichsel führte. Im Westen haben
zuerst die Römer ihre Verkehrswege in einer Weise durchgeführt,
daß noch heute Römerstraßen und römische Warttürme in der
historischen Landschaft wirksam erscheinen. Wir haben aber
keinen Rest von den alten Knotenpunkten dieses Verkehrs, denn
dieser hatte vor der Römerzeit auf deutschem Boden noch nicht
die nachhaltige Kraft, die zur Städtebildung notwendig ist. Höch=
stens zeigt eine auffallend zusammengehäufte Menge von Bronze=

oder Bernsteingegenständen an einer Stelle, ein sogenannter Depotfund, den Rastplatz eines Handelsmanns an.

Erst der Ackerbau trug in das Leben der alten mitteleuropäischen Völker eine Entwicklung hinein, durch die die Zahl der Menschen auf demselben Boden immer weiter wachsen und sich zu einzelnen Gruppen zusammenschließen konnte. Da der Ackerbau nicht überall gleichartig war, sondern unter sehr abweichenden klimatischen Bedingungen arbeitete und aus verschiednen Quellen stammte, so sind bis auf den heutigen Tag auch seine Spuren verschiedenartig. Eine große Anzahl von Kulturpflanzen, Geräten und Methoden der Landwirtschaft führt auf römische Einführung zurück. Aber schon vor dieser scheinen die Germanen einen tiefer greifenden Ackerbau getrieben zu haben als die Slawen.

Römische Einflüsse können im Bau und in der Anlage der Wohnstätten und Dörfer in Süd- und Westdeutschland deutlich nachgewiesen werden. Die Unterschiede der Dorf- und Hofanlagen und Gemarkungen (s. o. S. 163) sprechen noch deutlicher von Stammeseigentümlichkeiten, die besonders weit auseinander liegen in den slawischen oder einst slawischen und den germanischen Teilen unsers Landes. Man glaubt sogar keltische Reste in den westfälischen Langhäusern zu erkennen, wo Wohnräume und Stall unter demselben Dach und in einer Flucht liegen. Und von spätern Einwirkungen sind besonders die flandrischen nicht zu verkennen, die durch die mittelalterliche, von Westen nach Osten gerichtete Kolonisationsbewegung ihren Weg bis weit über die Elbe hinaus gefunden haben. Wer sich mitten in Pommern durch Straßenzeilen mit saubern roten Backsteinhäusern mit großen Fenstern, niedern Mauern und hohem Dach angemutet fühlt, steht denselben von Westen her übertragnen Einrichtungen gegenüber, die wir auch in einer bestimmten Gemarkungsform und dann in ganz andrer Ausprägung in den Anklängen an holländische Hafenstadtanlagen finden, wie sie in allen unsern Seestädten wiederkehren.

Nur wenig hat der Boden diese Unterschiede beeinflußt. Das Wohnen in Einzelhöfen und kleinen Hofgruppen (Weilern, Zinken), das der Alpen- und Voralpenlandschaft einen so reich

Die Siedlungen — Ihr Alter 169

belebten Charakter gibt, ist auch in den Vogesen und im Schwarzwald üblich, aber nur, wo Alemannen und Schwaben vorwiegen; es verschwindet in den fränkischen Gebieten und kehrt dann in Nordwestdeutschland, besonders in Westfalen, wieder, allerdings mit einer ganz verschiednen Anlage des Hauses. Den schärfsten Gegensatz zu dieser Zerstreuung, die den engsten Anschluß der menschlichen Wohnstätten an die Natur bedeutet, zeigen die befestigten, auf Hügeln oder halbinselartigen Höhenvorsprüngen zusammengedrängten Dörfer. Diese sind allerdings auf dem eigentlich deutschen Boden nirgends so verbreitet wie in den von Mongolen- und Türkenstürmen bis ins neunzehnte Jahrhundert immer wieder heimgesuchten deutschen Kolonialgebieten Siebenbürgens mit ihren burgenartigen, geräumigen, befestigten Kirchen.

Die weitaus größte Zahl der deutschen Städte und Dörfer reicht um ein Jahrtausend zurück, aber jede einzelne Siedlung, mit wenigen Ausnahmen, ist gewachsen. Man ist erstaunt, wie früh selbst die Namen von Höfen und Hütten der hintersten Alpentäler vorkommen. Eine Karte, auf der jede Siedlung durch einen Punkt bezeichnet wäre, würde für das Jahr 900 viele Teile von West- und Süddeutschland nicht viel anders zeigen, als sie heute sind. Ganz anders, wenn wir die Größe der Wohnplätze berücksichtigen. An die Stelle einer ältern Ungleichheit der Bevölkerungsverteilung, die zwischen den am frühesten urbar gemachten sonnigen Hängen und natürlichen Lichtungen der Flußtäler weite menschenleere Strecken liegen ließ, ist seit Jahrhunderten eine andre immer wachsende Art von Ungleichheit durch den Wechsel von dicht und dünn bewohnten Gebieten getreten. Stärker als je hat der Zug nach den Städten unsre Bevölkerung erfaßt. Das war nicht immer so. Das Deutschland der sächsischen und schwäbischen Kaiser war viel städteärmer, und seine Städte waren eng und von halb dörflichem Wesen und durch weite unbewohnte Räume getrennt. Aber da sich die Städte niemals wie die Dörfer an den Wald und das Feld anschmiegen und gleichsam organisch mit ihrem Boden verwachsen, sondern vielmehr mit der Natur um den Vorrang kämpfen und etwas Selbständiges und Dauerndes in der Landschaft darstellen, so sind aus der frühesten Städtezeit Mauern, Tore, Türme, Brücken,

Paläste, Kirchen erhalten, und so aus allen folgenden. Deshalb gehören städtische Bauten aus allen Zeiten zu den hervortretendsten Zügen der deutschen Landschaft und tragen am allermeisten zu ihrem geschichtlichen Charakter bei. Jedes Jahrhundert, jede geschichtliche Gruppierung, jeder Stil hat seine Spuren in ihnen zurückgelassen.

Abstrakt angesehen ist ja jeder Städtebau eine Erhöhung über die Umgebung; aber die alten Burgen, Kirchen, Schlösser suchten von vornherein höhere Punkte auf, von denen sie zu Schutz und Augenlust einen weiten Bereich überblicken konnten. Wenn dann im Laufe der Jahrhunderte das Schutzbedürfnis ab- und die Volkszahl zunahm, stiegen alle die jüngern Teile in die Ebene hinab, und so sehen wir, wie sich in Jahresringen das Wachstum nach unten und außen ausbreitet. Wir gehen in Baden und Heidelberg von den Römertürmen zu den alten Burgen und von diesen zu den neuen Schlössern hinab und sehen heute die einst am Bergabhang aufgebaute Stadt breit in die Ebenen der Oos und des Neckar hinausziehen. Je neuer die Städte sind, desto tiefer liegen sie in der Regel. Die jüngsten Städte, deren Keime der wirtschaftliche Aufschwung des letzten Halbjahrhunderts ausgestreut hat: Bremerhaven, Ludwigshafen, sind von Anfang an breit ans Wasser hingebaut. Die Siedlungen sind nicht bloß hinabgestiegen, sie haben sich auch aus dem Schutze zurückgezogner Lagen hinausgewagt, wie ein Vergleich zwischen Stettin, das eine der natürlich geschütztesten Lagen unter den Ostseestädten hat, und Swinemünde zeigt. Dagegen liegen selbst im Tieflande die alten Städte auf den Wölbungen des Bodens und ragen nicht selten wie türmende Inseln aus flachem Tieflandhorizont hervor. Weite Gebiete von sonst einförmigen Linien gewinnen ungemein durch ihre von weither sichtbaren türmereichen Städte. Und soweit man sie sieht, so weit legt sich auch der Hauch ihrer geschichtlichen Erinnerungen über die Landschaft. So schauen Halberstadt, Merseburg, die Marienburg weit ins Land hinaus, wie Lübeck und Stralsund von der hohen See her lange sichtbar sind, aus der ihre stolzen Türme unmittelbar aufzutauchen scheinen. Deutlich erkennt man vor allem an den ostelbischen Städten den fast allgemeinen Ursprung aus den Befestigungen. Und Leipzig, Brandenburg, Posen liegen wohl inmitten sumpfiger Flußgeflechte, aber doch etwas erhöht. Sehr häufig erinnert daher der Gegensatz der buckligen Straßen der Stadt zu den flach hinlaufenden Chausseen draußen an die unebene Unterlage, auf die der erste Gründer seine Stadt gestellt hat.

Überall in Deutschland haben die zwei das Land beherrschenden Stände des Mittelalters, Kirche und Landadel, die freien, aussichtsreichen Lagen zuerst herausgefunden und verwertet. Daher auch hier die lang nachwirkende Verbindung zwischen den Klöstern, Kirchen, Kapellen, Burgen und den malerischsten Punkten der Landschaft. Das östliche Mitteldeutschland zeigt davon nicht soviel wie das westliche, wo schon die Römer mit ihren Warttürmen und Merkurstempeln vorangegangen waren. Aber die Katharinenkirche über Wunsiedel, die heute als der schönste unter den leicht erreichbaren Aussichtspunkten des Fichtelgebirges gilt, oder die Trümmer von Paulinzelle im Thüringer Walde, die Rudelsburg und Giebichenstein an der Saale, die hochragende Landskrone bei Görlitz sind aus tausend herausgegriffne Beispiele, wie das moderne Naturgefühl und Erholungsbedürfnis die Wohnstätten der Alten aufsucht.

Diese Alten stellten nicht nur ihre Bauten mit Vorliebe auf erhabne Punkte, sie bauten auch selbst hochstrebende Türme und Giebel. „Scharfzinnige" Gassen sind für Städte wie Nürnberg, Hildesheim, Lübeck ebenso bezeichnend wie eine gewisse Flachheit für die jüngern. Kein Stil hat die deutsche Landschaft so beeinflußt wie der gotische. Kinder der Gotik sind nicht nur die hochragenden Türme von Köln, Straßburg, Freiburg, Ulm, Regensburg und die einfachern Türme der großen Backsteinkirchen des Nordens; auch die schlanken spitzen Türme einfacher Dorfkirchen gehören zu dieser Familie. Der herrliche durchbrochne Turm des Straßburger Münsters herrscht königlich über der Landschaft des mittlern Elsasses. Er ist in dem ebnen Tal des Oberrheins sichtbar vom Fuß der Vogesen bis zum Fuß des Schwarzwalds. So beherrscht aber auch jeder Kirchturm seinen Umkreis, in dem er das hervorragendste und idealste Bauwerk ist. Es ist also wichtig, daß er hoch herborragt. Im ganzen hat Oberdeutschland mehr hochragende spitze Kirchtürme als Niederdeutschland, und vielleicht sind die schlanksten von allen am Rande der Alpen zu finden. Die grüne Farbe der schmalen spitzen Kirchtürme ist einer der freundlichsten Züge in der Voralpenlandschaft. Am Neckar und am Oberrhein herrschen die Kuppen und Zwiebeltürme von oft sehr feinen Kurven bor. Unter den niederdeutschen sind dagegen die Türme der vorpommerschen und rügischen Dorfkirchen massig; Eckkrönungen sind häufig angebracht, um den schweren Eindruck zu mildern. Fast kastellartig sind in Mitteldeutschland die Kirchtürme des Werralandes, während weiter östlich die Mannigfaltigkeit der Kirchturmformen manch einförmiges Bild des Wellenlandes zwischen Harz und Erzgebirge belebt. Der zwischen zwei einander überragenden langen Höhenwellen hervorragende Kirchturm ist immerhin eine edlere Staffage als die Flügel einer Windmühle.

Die katholischen Gegenden Deutschlands haben allein in ihren Feldfluren und auf ihren Anhöhen manche andern Zeugnisse ihres Glaubens bewahrt, der sich oft wunderbar feinfühlig mit einem alten, unbewußten Natursinn verbindet. Wer wissen will, wie tief das Naturgefühl in der deutschen Seele wurzelt, der sehe sich einmal die Lage der einfachsten Kapellen, Kreuzwege und Wallfahrtskirchlein an; kaum eines, das nicht den Blick über ein weites, fruchtbares Land, oder die von selbst zur Umschau anregende Lage auf einem Gebirgskamm, oder die Schauer einer Waldestiefe mit dem religiösen Empfinden zu vereinigen gesucht hätte. Außerdem hat jeder alte Bischofssitz und haben viele Klöster mit den religiösen auch künstlerische Anregungen ausgestrahlt. Welcher Wandrer, der durch das Rhönland gezogen ist, hat nicht empfunden, wie die von der Bischofsstadt ausgehende Kunstübung in der Gegend von Fulda die „Bildsteine" reicher gestaltet, mit gewundner Säule, Reblaubgewinden und reichem Schmuck kleiner Figuren ausgestattet hat. Die alte christliche Kultur breitet überhaupt einen vergeistigenden Hauch über das ganze Fulderland aus. Der Petersberg mit seinem pyramidenförmigen Aufbau, den die weit überragende Kirche krönt, ist ein echter heiliger Berg. Bis auf die Gipfel

Kirchliche Denkmale — Städteverwandtschaft 173

der Rhön haben Waller die Pfade gebahnt. Bildsteine und Kruzifixe ersetzen die Wegweiser; die Kapelle und die Steinkanzel auf der stillen Höhe der Milsenburg vollenden diesen religiösen Charakter der ganzen westlichen Rhönlandschaft.

So hat sich auch die geschichtliche Verwandtschaft der Städte in dem Stein der Bau- und Bildwerke dauernde Denkmale geschaffen. Der Charakter der Städte wechselt von Landschaft zu Landschaft. Verwandte Geschicke, verwandte Bilder. Unmittelbare Nachahmung hat in leicht kenntlicher Weise die Ostseestädte einander ähnlich gemacht. Lübeck ist in der zweiten Hälfte des zwölften Jahrhunderts die Musteranlage für zahlreiche Städtegründungen in den Ostseeländern geworden, wie Rostock, Wismar, Stralsund, Greifswald, Stettin, Anklam, Stargard, Kolberg. Die Anklänge an die Lübecker Marienkirche reichen in den alten Hansestädten noch weiter nach Osten und binnenwärts. Wie die Leuchttürme schauen zum Verwechseln ähnlich die Türme der Kirchen auf die blaue Ostsee hinaus. Eine andre Familienähnlichkeit umfaßt tiefergehend alle Seestädte. In den Seestädten riß der Faden der Entwicklung niemals so leicht ab wie in den Binnenstädten. Lübeck und Danzig zeigen unter allem Wechsel der Geschicke eine ruhige Entwicklung, wenn auch ebbend und flutend, während Augsburg und Nürnberg nach regstem Leben in Schlaf sinken. Das Meer erlaubt nicht die vollständige Wegleitung und Abdämmung des Verkehrsstroms. Daher haben die Binnenstädte monumentale Zeugnisse ihrer Blüte aus wenigen Jahrhunderten, oft nur aus einigen Jahrzehnten, während in den Seestädten kein Jahrhundert ohne neue Schöpfungen vorbeigegangen ist, die sich an dem nie ganz abreißenden Lebensfaden aufreihten. Viel mehr Besonderheiten weisen trotz der gemeinschaftlichen römischen Grundlagen die rheinischen Städte auf mit ihren herrlichen romanischen und noch mächtigern gotischen Bauten. Basel, Straßburg, Speier, Worms, Mainz, Köln zeigen, daß der Rhein einst die Lebensader des römischen Germaniens und des Reiches der Karolinger war und es mit Unterbrechungen in der ganzen großen Zeit der deutschen Kaiser aus fränkischem und schwäbischem Stamme geblieben war. Trier und Frankfurt gehören in diese Familie. Daß aber dieser Garten

Deutschlands nicht immer eines der blühendsten Länder der Christenheit war, sondern schwere Kriegsstürme über sich hinziehen lassen mußte, das lehrt in ergreifender Weise die schwermutsvolle Größe so manches Bildes, das dort an unsern Augen vorüberzieht, wo auf den altersgrauen Dom die zerstörte Feste hinabschaut.

Die zahllosen Burgen und umtürmten Städtchen am Rhein und seinen Nebenflüssen erzählen eine andre Geschichte: sie sind Zeugnisse der Zerklüftung und Zersplitterung, die mit hundert Schlagbäumen und Sperrketten die mächtige Lebensader unterband und kaum eine Brücke für den Verkehr von Ufer zu Ufer bestehen ließ. Wie anders ist wieder die Sprache jüngerer und jüngster Städte wie Mannheim und Ludwigshafen und der neu hinzugewachsnen Quartiere von Straßburg, Köln und Düsseldorf, in denen der alte Kern der Stadt fast verschwindet: sie sind aus dem Bedarf eines großen fesselosen Verkehrs entstanden, dem die blühendste Vergangenheit nichts an die Seite zu stellen hat, modern, regelmäßig, unmalerisch im höchsten Grade, großenteils Schöpfungen des Augenblicks und nur dem Augenblick aufs stärkste imponierend. In manchen Beziehungen sind ihnen die zahlreichen kleinen und großen Residenzstädte verwandt, die ja zum Teil auch ganz künstliche Schöpfungen sind; aber fast allen fehlte einst das mächtige Verkehrsleben, das durch jene pulst; und manche sind auch, abgesehen von Schloß und Zubehör, nicht viel mehr als Landstädtchen von auffallender Regelmäßigkeit und Stille. Nur wenige hat ein Strahl der Geschichte hell und für immer erleuchtet. Weimar hat seinesgleichen nicht in der Welt. Nur noch wie eine Dämmerung liegt es dagegen auf kleinern der Gattung wie Rastatt, Ludwigsburg, Wolfenbüttel, Blankenburg. Dabei durchdringt der allgemeine Charakter ihrer Landschaft diese Städte. In der Regelmäßigkeit und Breite Karlsruhes und Darmstadts kommt die flache Rheinebene zur Geltung. Haben nicht die thüringischen Städte ursprünglich alle etwas von thüringischer Enge und von der Armut des Gebirges an sich? Man muß nicht die mit Villenkränzen umgebnen neu aufgeblühten wie Eisenach, Weimar, Koburg oder Naumburg, sondern die im alten Zustand erhaltnen wie

Schmalkalden betrachten. Dazu trägt ähnlich wie auch in den alten hessischen Städtchen der vorwaltende Fachwerkbau bei, der leichter einen verfallnen Charakter annimmt als der reine Steinbau.

So wie die Städte und Marktflecken durch den Verkehr entstanden oder wenigstens gewachsen sind, so sprechen sich auch in ihrer Anlage die von Jahrhundert zu Jahrhundert wechselnden Richtungen des Verkehrs aus. Die älteste Blüte des Städtewesens finden wir in den Gegenden, wo der Verkehr am frühesten aufblühte, und mit der Verdichtung des Netzes der Verkehrswege wuchs auch die Zahl und Größe der Verkehrsmittelpunkte. Um nur eine neuere, in die Gegenwart hereinragende Entwicklung zu nennen, lagen in dem Netz der deutschen Poststraßen vor der Zeit der Eisenbahnen Tausende von Ruhepunkten des Verkehrs; daher alle zwei bis drei Meilen die mit behaglichen Postwirtshäusern ausgestatteten Städtchen und größern Dörfer, an denen der Eisenbahnverkehr, der so kurze Pausen nicht liebt, nun vorbeisaust, um wenigere, größere Verkehrsmittelpunkte zu schaffen. Ein andrer Unterschied, der schon tiefe Spuren in unsrer Landschaft zurückgelassen hat, liegt darin, daß der alte Wagen- und Botenverkehr in die Städte hineinführte, wo der Marktplatz ihm breiten Raum bot, während sich der viel anspruchsvollere Eisenbahnverkehr seine „Stationen" in der Regel außerhalb der Städte schaffen muß. Daher sehen wir in vielen Städten die Marktplätze oder die in süddeutschen, besonders bayrischen Städten häufigen breiten Straßen, wo einst Märkte gehalten wurden, veröden und an ihre Stelle einen Bahnhofstadtteil treten, der als der Inbegriff des Neuen, Modernen und Unfertigen der alten abgeschlossenen Stadt ganz unorganisch angegliedert ist.

Gehören nicht auch Tausende von Meilen Landstraßen und Wegen samt ihren Brücken aus Holz oder Stein, Fähren usw., die neben den Eisenbahnbrücken wie Spielzeug aussehen, schon zur historischen Landschaft? Ihnen reihen sich die Telegraphenlinien als ein absolut neuer Zug in unsrer Landschaft an. Wenn man erwägt, daß Deutschland heute mehr Eisenbahnen hat als noch im zweiten Jahrzehnt des neunzehnten Jahrhunderts Kunst-

Straßen, und daß die schönsten Straßenbauten heute neben den Aufschüttungen, Einschnitten, Brücken und Viadukten der Eisenbahnen verschwinden, ferner, daß wesentlich den Eisenbahnen die Steigerung der Beweglichkeit der Bevölkerung zugeschrieben werden muß, die eine ganz neue Verteilungsweise über das Land bewirkt, so muß man wohl auch im landschaftlichen Sinne unsre Zeit das Zeitalter der Eisenbahnen nennen.

Die Geschichte jeder Stadt und jeder Landschaft lehrt die fortreißende Gewalt kennen, die in jedem kleinsten Äderchen dieses modernen Verkehrssystems wirksam ist. Sie gehören alle einem einzigen Strome an, und so sind sie auch überall dieselben und streben überall die Ausgleichung der in zwei Jahrtausenden angesammelten Verschiedenheiten an, die den wesentlichen Charakter der deutschen historischen Landschaft, die Mannigfaltigkeit, ausmachen. Später erst werden die Spuren der politischen Mannigfaltigkeit verschwinden, die in der Zeit der staatlichen Zersplitterung den deutschen Boden mit zahllosen politischen Mittel- und militärischen Stützpunkten kleinsten Formats, mit Schlagbäumen und Grenzpfählen in allen Farben und mit allen jenen Abstufungen der staatlichen Leistungen und Attribute bedeckt haben, die wir z. B. noch sehr deutlich in dem Unterschied der Güte der Landstraßen von der Rheinpfalz durch Baden und Württemberg nach Altbayern wahrnehmen. Mit der Zersplitterung zusammen ging ein Überwuchern der politischen Züge in der historischen Landschaft, Zeugnisse der Vielregiererei und Bevormundung, die zum Glück großenteils der Vergangenheit angehören. Es bezeugt ein gesünderes Leben, daß die in der Lage und den Bodenverschiedenheiten liegenden Kulturunterschiede diese Merkmale künstlicher, willkürlicher Sonderungen immer mehr verdrängen, und daß damit die historische Landschaft immer treuer den organischen Zusammenhang des Volkes als eines Ganzen, wenn auch Mannigfaltigen, mit seinem Boden abspiegelt.

29
Die Herkunft der Deutschen

Es gab eine Zeit, wo im größten Teil unsers Landes keine Deutschen wohnten. Unsre Vorfahren sind von außen gekommen, und es ist höchst wahrscheinlich, daß dieses Außen der Norden und Osten unsers Erdteils ist. Daran ändert nichts, daß sie wie so viele andre Völker überzeugt waren, auf diesem Boden entstanden zu sein, denn diese Überzeugung gehört der Sage an. Dagegen ist es geschichtlich, daß Süd- und Westdeutschland nicht von Deutschen bewohnt waren, als die Römer dorthin vordrangen. Vieles deutet auf die Ostseeländer als ein Gebiet altgemeinsamen Wohnens des Völkerstammes, aus dem die germanischen Zweige der Goten, Skandinavier, Friesen, Deutschen, der vielgemischten Engländer endlich hervorgesproßt sind.

Aber noch weiter deutet die Verwandtschaft der germanischen Sprachen mit dem Lateinischen, Griechischen, Keltischen, Slawischen, Litauischen, Persischen, Indischen und allen ihren Tochtersprachen. Die Sprachen der germanischen Völker sind nur ein Ast am Baume der indogermanischen oder arischen Sprachgemeinschaft. Nacheinander sind Glieder dieser Sprachfamilien nach Mittel- und Westeuropa vorgedrungen. Sie waren zuerst Wanderer, Nomaden, die mit Herden und Zelten oder auf Wagen ruhenden Hütten einherzogen, sie setzten sich dann in dem guten Lande fest, und ihnen folgten andre. Ihre Heimat konnte kein enger Fleck Landes sein. Dazu sind sie zu verschieden. Sie mochte in den weiten Ebenen Asiens liegen, wo sich heute Völker türkischen und mongolischen Stammes tummeln. Und da es dort keine natürliche Scheidung Asiens von Europa gibt, so mochten sich diese Sitze auf das Europa ausgedehnt haben, das eine westliche Fortsetzung Asiens ist, besonders das steppenhafte Südosteuropa. Von hier aus müssen zu oft wiederholten Malen Völkerwellen bis ins westlichste und nördlichste Europa ebenso wie in das südliche Asien vorgebrandet sein. Das Volk aber, das uns Tacitus in der Germania geschildert hat, dieser eigenartigste aller hellfarbigen Menschenstämme, kann sich dann nur in nordischer Absonderung entwickelt haben. Kraftvoll, kühn, abgehärtet, Sturm und Kälte nicht scheuend, zur Einfachheit gewöhnt, treten uns die Germanen entgegen, und wir sagen uns: das sind nicht die Kinder eines milden Himmelsstriches. Ebensowenig könnten sie aber der hinausgedrängte Überfluß eines dicht beisammenwohnenden Kulturvolkes sein.

Südeuropa gehört den Nachkommen der Griechen und Römer, der Westen denen der Iberier und Kelten, Osteuropa den Slawen. Die Germanen nehmen aber auch heute nord- und mitteleuropäische Sitze ein, und sie saßen einst nördlicher in ihnen als heute. Es dünkt uns daher am wahrscheinlichsten, daß die Germanen auf den nordeuropäischen Halbinseln und Inseln die Möglichkeit zu jener Sonderentwicklung gefunden haben, die sie als eine geschlossene Rasse, nicht nur als ein Volk, durch alle Wanderungen und Mischungen bis heute erhalten hat.

Innerhalb der Germanen sind die alten Deutschen eine durch nachbarliche Wohnsitze verbundne und nach gemeinsamer Überlieferung verwandte Gruppe. Alle ihre Stämme führten ihren Ursprung auf Tuisto zurück, dessen drei Söhne Ingo, Isto und Irmin den Ingävonen, Istävonen und Herminonen, Nieder-, Mittel- und Oberdeutschen, ihre Namen gaben. Allen dreien war gemein und beeinflußte alle gleich stark die frühe Verbindung mit andern Völkern. Die Skandinabier auf ihren dünnbevölkerten Inseln und Halbinseln, die Friesen und Angeln auf Küstenstreifen und Inseln konnten sich viel eher gesondert halten; die Deutschen, die sich in Mitteleuropa hielten und ausbreiteten, erfuhren von Anfang an bis heute den Fluch und den Segen der zentralen Lage; sie gerieten in die Umarmung andrer Völker, und ihr Leben wurde in Frieden und Krieg ein Kampf um die Erhaltung ihres Volkstums. In den Schwankungen dieses Kampfes mit Nachbarn aller Art erwuchs aus den alten Deutschen ein andres Volk, die Deutschen von heute.

Blonde Haare, helle Haut und lichte Augen bezeichneten den Römern den echten Germanen. Sie kannten aber auch Kelten, die diese Eigenschaften hatten; und hinter den Germanen saßen blonde Slawen, Litauer, Preußen, Esten und

Finnen. Auch heute ist die blonde Bevölkerung Europas nicht bloß germanischen Stammes oder bloß germanisch gemischt. Selbst blonde Juden sind gerade in Dutschland häufig. Aber die ausgesprochensten Blonden, die weite Gebiete geschlossen einnehmen, sind allerdings die Germanen. In dem großen Verbreitungsgebiet der Blonden, einerlei welchen Stammes in Europa nehmen nun die Deutschen die südwestliche Ecke ein, die keltischen, romanischen, slawischen und magharischen Einflüssen am meisten ausgesetzte. Wie ein heller Strom breitet sichs von der Nord- und Ostsee in das Gebirgsland aus, überschreitet breit die Mosel und den Main, erfüllt das oberrheinische Tiefland und endigt mit gerade recht ausgezeichneten germanischen Typen in den Alpen vor Steiermark bis zum Berner Oberland. An der Donau hin ragt von Osten das dunkle Element in dieses blonde Gebiet herein. Dazwischen sitzen aber Deutsche mit slawischen und Deutsche mit keltischen Merkmalen, jene am dichtesten im Nordosten, diese im Süden und Westen. Diese Dreiteilung, die mit der geschichtlich wohlbekannten Verbreitung dieser drei großen Völkergruppen Mitteleuropas stimmt, scheint auf den ersten Blick genügend, die Rassenelemente der heutigen Deutschen zu erklären.

Allein die vorgeschichtlichen Funde zeigen uns Menschen auf deutschem Boden viele Jahrtausende vor den Kelten, Germanen und Slawen. Und diese vorgeschichtlichen Deutschen sollten ganz verschwunden sein? Kaum wird man geneigt sein, diese Frage zu bejahen, wenn man sieht, wie in den verschiedensten Schichten des vorgeschichtlichen Bodens Skelettreste und Werke menschlicher Hände eine reiche Folge von uralten Bewohnern des deutschen Bodens verkünden. Der diluviale Mensch ist auf deutschem Boden in Mooren Oberschwabens, in Höhlen des Frankenjura, auf dem Muschelkalke Thüringens nachgewiesen. Taubach bei Weimar gibt unzweifelhafte Zeugnisse, daß er mit Rhinozerossen, Elefanten, Bisonten, Löwen, Hyänen, Höhlenbären in einer wärmern Interglazialperiode lebte, während an der Schussenquelle in Oberschwaben die in den Schluß der Eiszeit zu setzenden Renntiere, Vielfraße, Bären, Wölfe und Polarfüchse seine Gesellschaft sind, eine hochnordische Fauna. Zahlreiche andre Funde lassen keinen Zweifel übrig, daß Menschen auch in andern Höhlen zur Diluvialzeit gelebt haben. Zerschlagne Knochen, Quarzitmesser, Geräte aus Renntierhorn, Harpunen, Reibsteine liegen bei Andernach unter dem Bimsstein einer vulkanischen Eruption. In der postglazialen Steppe Mitteleuropas hat der Mensch das Renntier und das Wildpferd, das Mammut und den Riesenhirsch gejagt. In den ältesten Pfahlbauten finden wir die Menschen in Gesellschaft der wichtigsten Haustiere, zu denen man sich neue Rassen östlichen Ursprungs, immer mehr Früchte des Ackerbaus und stufenweise die Metalle Kupfer, Bronze und Eisen fügen sieht, bis in den jüngsten Pfahlbauten bereits römische Einflüsse auftreten, und die ganze Erscheinung geschichtlich wird.

Deutschland hat also schon in vorgeschichtlicher Zeit Einflüsse von Süden und Osten her erfahren. Der Süden steht unter dem Einfluß der norditalischen Kultur, die man nach den Etruskern zu nennen pflegt, und entwickelte am Nordrande der Alpen den nach Hallstadt genannten Zweig, dessen Bronze- und Eisenerzeugnisse in der nach dem Pfahlbau La Tène genannten Periode von neuen Formen in Bronze und Eisen verdrängt wurden, die auch nach Norddeutschland vordrangen. In dieser Periode, die wir drei bis vier Jahrhunderte vor unsrer Zeitrechnung setzen, kommt der Gebrauch des Eisens zum Durchbruch, später wohl im Norden als im Süden. An sie schließt sich die römische Kultur, die nun Deutschland mit Einfuhren südlichen und westlichen Ursprungs überschüttet. Weiter zurück, in eine Zeit, wo man in Deutschland noch keine Metalle benutzte, reichen noch andre Einflüsse. Das Auftreten des Kupfers in den jüngern Pfahlbauten am Rande der Alpen und der Bronze vor dem völligen Aufgeben der Steinwaffen und -geräte, des möglicherweise aus Innerasien stammenden zähen grünen Beilsteines Nephrit in Pfahlbauten der jüngern Steinzeit geht auf fremde Beziehungen zurück, wenn auch schon früh Kupfer aus mitteleuropäischen Erzen gewonnen wurde.

Was nun von Resten der Menschen selbst in allen diesen Ablagerungen gefunden wurde, läßt keinen tiefen Unterschied von Gliedern des geschichtlichen Volkes der Deutschen erkennen.

Es sind der ältern Reste nur wenige; aber sie zeigen deutlich genug, daß die körperlichen Merkmale der heutigen Deutschen älter sein müssen, als die nach den Sprachen unterschiednen, geschichtlichen Völker und Stämme auf deutschem Boden: dieselben Schädel, deren Trümmer man auf diluvialen Fundstätten aufgehoben hat, sitzen auch zwischen den Schultern von heutigen Deutschen.

Die Stämme

Da diese vorgeschichtlichen Bewohner ebensowenig ruhig auf engem Boden sitzen geblieben sein werden wie die geschichtlichen, können wir auf die scharfe Gliederung der Deutschen in Stammesgruppen und Stämmen durchaus kein entscheidendes Gewicht legen. Beständig durchkreuzten sie Völkerbeziehungen und -bewegungen, und im Osten sind alle drei Gruppen in enge Verbindung mit den Slawen getreten. Soweit der niederdeutsche Pommer, der mitteldeutsche Sachse und der oberdeutsche Kärntner sprachlich voneinander entfernt sein mögen, die Zumischung slawischen Blutes reicht doch in allen dreien tiefer als ihr dialektischer Unterschied. Zwar hat der deutsche Boden seinen Anteil an dem Unterschiede zwischen Nieder- und Oberdeutsch, dem ungefähr der geschichtlich so tief greifende Unterschied zwischen Tiefland und Hochland entspricht. Ebenso umfaßt das dazwischen liegende Mitteldeutsche die Welt der Mittelgebirge und ihrer Vorländer. Die Grenze zwischen Ober- und Mitteldeutschland, die vom nördlichen Wasgau nach dem Böhmerwalde zieht, stellt dem alpinen und subalpinen Boden Oberdeutschlands das weichere hügelige Mitteldeutschland gegenüber. Und dieses Oberdeutschland ist alter keltischer Boden. Um einige weitere Beispiele natürlicher Stammesgrenzen zu nennen, trennt der schmale Rücken des Thüringer Waldes mit seinem merkwürdigen Grenzweg, dem Rennsteig, obersächsisches und thüringisches Volk von fränkischem. So wie nördlich davon die Saale östliche Gebiete mit mehr slawischer Beimischung von westlichen, reinern Deutschen scheidet, so trennt weiter im fränkischen Lande die bei Gemünden in den Main fließende Sinn die östlichern, mit Slawen gemischten Ostfranken von den westlichern Rheinfranken. Und die Hessen westlich der Werra zeichnet die Freiheit von slawischen Beimischungen von den östlich davon wohnenden Thüringern aus. So begrenzen auch südlich von der Donau der Ammersee und die Amper die schwäbischen Vorposten im Gebiet der Bayern, während der Lech das geschlossene Gebiet der Schwaben von dem der Bayern sondert.

Von allen diesen Trennungen geht sprachlich die zwischen Mitteldeutsch und Niederdeutsch am tiefsten; Mitteldeutsch gehört sprachlich zum Oberdeutschen. Niederdeutsch grenzt sich im Süden ab zuerst durch eine Linie Venlo—Düsseldorf. Niederdeutsche Elemente enthält aber noch der von hier aus bis Bonn reichende Kölner Dialekt. Rechts vom Rhein sind die Mitscheide, das Rothaargebirge, der Habichtswald Grenzhöhen. Münden, einst fränkisch, ist jetzt niederdeutsch. Dann trennt der Kaufungerwald. An der Werra ist Hedemünden niederdeutsch, das eine Stunde höher gelegne Gerthausen fränkisch. Im Harz liegen Klausthal und Andreasberg in einer mitteldeutschen Sprachinsel. Die Grenze berührt dann nördlich von Nienburg die Saale; und diese ist nun bis zu ihrer Mündung die Grenze, wie von da abwärts die Elbe. Mitteldeutsch ist heute Wittenberg, niederdeutsch der Fläming. Die Grenze zwischen den Provinzen Sachsen und Brandenburg ist weiterhin ungefähr die Sprachgrenze, die Kreise Krossen und Züllichau sind mitteldeutsch. Bei Birnbaum trifft diese Grenze mit der deutsch-polnischen Sprachgrenze zusammen.

An manchen Stellen ist diese Linie mehr als Sprachgrenze. Sie teilt z. B. das Fürstentum Waldeck und da schildert man uns den Unterschied des bedächtigen und hochgewachsnen niederdeutschen Waldeckers von dem gedrungnen beweglichern oberdeutschen Waldecker. Das breite niederdeutsche Bauernhaus steht hier dem schmalen an die Dorfstraße gedrängten fränkischen gegenüber. Einst schied die Sprachgrenze auch abweichende Sitten und Trachten und selbst Abweichungen des Ackergeräts. Aber es wäre verfehlt, Niederdeutsch und Oberdeutsch als polare Gegensätze des deutschen Volkes aufzufassen. Im Oberdeutschen kehren Merkmale des niederdeutschen Gebietes wieder, die dem mitteldeutschen Gebiete fehlen. Das alemannisch=oberschwäbisch=bahrische Wohnen im „Einödhof" ist doch wieder sehr ähnlich dem im westfälischen Langhaus, wenn man beide mit der fast städtischen Dorfanlage in Franken vergleicht. Alemannen und Mecklenburger die unsre größten Dialektdichter geboren haben, verstehen sich sprachlich nicht, stehen einander aber seelisch viel näher als den Mitteldeutschen. Im Schatten der Alpen und am Rande des Meeres sind knorrigere, eigenartigere Volksstämme aufgewachsen als im nivellierenden, dichtbewohnten, gewerb= und städtereichen, von Osten her am tiefsten slawisch beeinflußten Mitteldeutschland. Ist es nicht bezeichnend, daß das Mitteldeutsche gegen das Niederdeutsche gerade so rührig vordringt wie gegen das Oberdeutsche? Im Harz ist es an der Stiege und Altrode ins Bodetal gewandert, und jede große Stadt im mittlern Norddeutschland wird zur mitteldeutschen Oase. So hat es auch südlich vom Thüringer Wald an Boden gewonnen, und selbst in Böhmen ist das Übergewicht der mitteldeutschen Nordböhmen über die westlichen Deutschböhmen oberdeutschen, bohrischen Stammes nicht zu bestreiten.

Möchte nun nicht der Unterschied zwischen den Ober=, Mittel- und Niederdeutschen als der geographisch, sprachlich und geschichtlich berechtigste erscheinen? Er teilt die Deutschen des Reichs so ziemlich gleich in drei große Gruppen, während außerhalb unsrer Grenzen die Oberdeutschen überwiegen.

Nur übersehe man dabei nicht, daß bei keinem andern großen Volke Europas die Standesunterschiede so fließend sind, wie bei den Deutschen, in die besonders vom breiten Osten her immer neue fremde Elemente eindringen, und von denen im Osten und Süden immer von neuem urdeutsche Bestandteile abbröckeln. Treitschke hat im Eingang zu seiner Geschichte Deutschlands im neunzehnten Jahrhundert die Deutschen als das jüngste Volk Europas bezeichnet, weil sie in unsern Tagen den Bau ihres Staates auf völlig neuer Grundlage zu beginnen hatten und erst jetzt wieder „als geeinte Macht in die Reihe der Völker" eingetreten sind. Vielleicht würde es deutlicher sein und weniger leicht Mißverständnisse hervorrufen, wenn man sagen würde, statt das jüngste Volk das zuletzt verjüngte und vermöge seiner

Lage sich immer neu umgestaltende Volk, das am spätesten fertig werdende von allen Völkern Europas. In diesem Prozeß liegen die nie zu übersehenden Altersunterschiede unter den deutschen Stämmen. Unser Volk ist im Westen älter als im Osten. Dort reichen die Friesen, Sachsen, Franken, Alemannen und Bayern bis in die Zeit der Völkerwanderung zurück. Jüngere Völker haben sich dagegen im Osten herausgebildet und sind noch heute in der Neubildung durch Vermischung deutschen Blutes mit slawischem und litauischem begriffen. Hier sind die Unterschiede der Kultur, die zum Teil in Rasseneigenschaften begründet sind, viel größer als die Sprachverschiedenheiten.

Gegenüber all diesen sich durchkreuzenden Abwandlungen dürfen wir festhalten, daß wer in Deutschland besonders zwischen Süd und Nord schneidende Unterschiede herauszufinden strebt, und sie sind mit frevelhaftem Eifer gesucht worden, die tiefe Übereinstimmung der natürlichen Anlage und Gaben des Landes, also gerade die geographischen Bedingungen übersieht. Die Geschichte konnte kleine Gegensätze der Länder und Provinzen zu großen auswachsen lassen, aber diese natürliche Anlage sorgte dafür, daß immer eine Summe von Gemeinsamkeiten übrig blieb. Gerade sie gehören zum Wesen des deutschen Volkes. Selbst West und Ost, die natürlich und geschichtlich am weitesten voneinander entfernten Teile Deutschlands, rücken einander immer näher. Eine Hauptaufgabe des Reiches ist, diese Bewegung zu begünstigen. Ostpreußen und Rheinländer haben sich seit 1814 unter dem preußischen Adler, Rheinpfälzer und Niederbayern unter dem bayrischen Löwen leichter zusammengefunden, als jene voraussahen, die nicht daran dachten, daß der Gegensatz des Normannen und Provenzalen, des Schotten und des Mannes von Essex, des ligurischen Piemontesen und des phönikischen Sizilianers überhaupt in Deutschland nicht vorkommt und nicht aufkommen könnte. Dem Verkehr Süddeutschlands, der Schweiz und Österreichs nördlich der Alpen sind die Wege nach Norden gewiesen. Und der Osten wird nicht immer industriearm bleiben. Der deutsche Bauer baut Getreide und Kartoffeln von den Alpen bis zur Nordsee, sein Pflug, sein Wohnen, selbst der Ofen, hinter dem er sitzt, sind ähnlich. So sind seine Lebensanschauungen, so war vor der verhängnisvollen kirchlichen Trennung seine religiöse Auffassung dieselbe. Die Natur hat Deutschland darin eine große Kraft gegeben, deren Bewußtsein verblassen konnte, die sich aber glücklicherweise der Belebung fähig erwiesen hat.

30
Nichtdeutsche in deutschen, Deutsche in fremden Ländern

Die Deutschen berühren sich auf dem Boden des Reiches mit Nichtdeutschen, die von den Nachbarländern, wo ihr Schwerpunkt liegt, herüberreichen. Und umgekehrt erstreckt sich das Wohngebiet der Deutschen in die Nachbarstaaten hinein. Das ist für unsre ganze Geschichte in so hohem Grade bezeichnend und erfüllt uns täglich neu mit Stolz, aber auch mit Sorgen, daß wir nicht die einzigen Deutschen in Europa sind. Das macht auch die Betrachtung der Lage der Deutschen zu ihren mitteleuropäischen Nachbarvölkern zu einer notwendigen Voraussetzung des Verständnisses der Stellung Deutschlands in Europa. Es gibt mehr als dreißig Millionen Deutsche außerhalb Deutschlands: gegen 11 Millionen in Österreich und Ungarn (11,3 nach der Zählung von 1905), 2,3 in der Schweiz, 3,2 in Belgien und Luxemburg, 5,4 in den Niederlanden, 7 in Nordamerika, 1 in Rußland, 2 in der Welt zerstreut. Die Zahl der deutschen Reichsgebürtigen im Ausland beträgt schon 3 030 000, zu denen noch 450 000 kommen, die die deutsche Staatsangehörigkeit besitzen.

Mit diesen Zahlen ist aber nicht das Wesentliche ausgesprochen. Österreich-Ungarn ist bis auf den heutigen Tag ein Land deutscher Herrscher, deutschen Heeres, deutscher Art der Verwaltung, in Handel und Wandel. Sind auch nur elf Millionen Deutsche, die sich so fühlen, im Lande, die Zahl derer, die deutsch sprechen, und die deutsche Bildung in sich aufnehmen, auch ohne es zu wollen und zu wissen, ist viel größer. Man spricht deutsch bis an die Donaumündungen, und das Deutsche behauptet sich als Verkehrssprache in vielen Teilen der Balkanhalbinsel. 200 000 Deutsche, die mit rührender Treue an ihrer Sprache, ihrer Sitte und ihrem Glauben hangen, halten die Grenzwacht seit dem zwölften Jahrhundert in Hermannstadt, Kronstadt, Bistritz, den guten, alten Sachsenstädten. So ist in der Schweiz zwar neben dem Deutschen das Französische und Italienische gleichberechtigt. Aber die Schweiz ist ein aus urdeutscher Verfassung der Talschaften um den Vierwaldstätter See herausgewachsener Staat, und deutsch ist der Geist ihrer Verfassung und ihres politischen Lebens; so wie ihr Ursprung, liegt auch ihr politischer Mittelpunkt auf deutschem Boden. Rußlands Entwicklung zeigt die Deutschen an der Kulturarbeit in allen Sphären und in allen Provinzen; neben dem Russischen ist nur das Deutsche als Verkehrssprache allgemein bis in das äußerste Sibirien hinein verbreitet. In Belgien zählte man 1900 28 000 nur deutsch, 2,8 Millionen nur flämisch, 7000 deutsch und flämisch und gegen 800 000 französisch neben deutsch oder flämisch Sprechende. Außerdem leben in Belgien und Frankreich 800 000 Angehörige Deutschlands, der Schweiz, Luxemburgs und Österreich-Ungarns. Die Flamen Belgiens haben in den letzten Jahren gegen die Zurückdrängung ihrer Sprache durch das Französische mit Erfolgen, wenn auch noch nicht mit dem endgültigen Erfolg gekämpft. Die Niederländer fühlen sich als Sondervolk. Wer möchte die hohe geschichtliche Berechtigung dieses Gefühles bestreiten? Aber ihre Lage setzt sie ebenso wie die Skandinavier in die engste geistige und wirtschaftliche Beziehung zu den Deutschen; eines Tages werden sie von selbst einsehen, daß in die heutige Weltlage wenigstens ihre wirtschaftliche Sonderexistenz nicht mehr paßt.

 Wie steht nun das Gebiet der Deutschen zu den Gebieten der Nachbarvölker? Die Lage und Gestalt des von Deutschen bewohnten Gebiets in Europa ist im ganzen der Lage und Gestalt Deutschlands ähnlich. Die Hauptunterschiede sind aber folgende: Das Gebiet der Deutschen erstreckt sich im Nordwesten in einem Teil bis an den Kanal, im Süden erreicht ob er überschreitet es den Hauptkamm der Alpen zwischen dem Monte

Rosa und der Ostabdachung des Gebirges. Der böhmische Keil ist im Gebiet der Deutschen weniger scharf und dringt nicht so tief ein wie in Deutschland, umgekehrt ist der polnische Bogen größer in jenem als in diesem. Das Gebiet der Deutschen greift am weitesten über die politische Grenze hinaus gegen die Niederlande, Belgien, Luxemburg, die Schweiz, Österreich und Rußland. Diese Länder haben in ihrer Bevölkerung mehr oder weniger starke deutsche Elemente, deren Stärke dadurch wächst, daß sie sich an das politische Gebiet des Deutschen Reichs anlehnen. Es sind also nur Frankreich und Dänemark selbständige Nachbarländer, deren Sprachangehörige teilweise auf politisch deutschem Boden sitzen.

Die Nachbarvölker

Noch beschwerlicher als die große Zahl der Nachbarstaaten (S. 6) ist die bunte Reihe der Nachbarvölker. Das deutsche Sprachgebiet berührt sich mit Franzosen, Italienern, Romanen, Slowenen, Magyaren, Slowaken, Tschechen, Polen, Litauern und Dänen, also zehn Völkern, wobei kleinere Zweige, wie Wallonen oder Wenden, gar nicht gerechnet sind. Dieser großen Zahl der Grenzstämme entsprechen zahlreiche und mannigfaltige Beziehungen geistiger Natur; es werden Kenntnisse hervorgerufen die anderwärts fehlen; die Völkerkenntnis wächst, die für den Staatsmann oft wichtiger als die Menschenkenntnis wird. Aber wer möchte zweifeln, daß ihr auch ebenso viele und vielartige Reibungen entsprechen müssen? Darin liegt einer der Gründe, warum wir eine gewisse Abneigung und Mißgunst gegen die Deutschen so weit verbreitet finden. Wir finden Franzosenfreunde in Brüssel und Luxemburg, auch in der deutschen Schweiz, Italianissimi in Trient und Triest, Magyaronen in Ungarn und Siebenbürgen, Panslawisten in Posen und Bromberg, Panskandinavier in Schleswig. Die Bestrebungen dieser Gruppen sind mannigfaltig, aber die Abneigung und zur Not der Kampf gegen das Deutschtum ist in der Regel ihr nächstes und das sie einigende Ziel.

Die großen Nachbarn der Deutschen sind die Völkerfamilien der Romanen und Slawen. Die Slawen sind gegen die Deutschen in drei Kolonnen vorgeschoben: im Weichselland die Polen, im Elbgebiet die Tschechen und in den südöstlichen Alpen die Slowenen. Die Wenden sind gleichsam nur ein in Stillstand geratner vereinzelter Posten. Am breitesten dringt in großem Bogen die polnische Kolonne vor, am geschlossensten und tiefsten, keilförmig die tschechische; und die an sich schwächste, die slowenische, hat den Vorteil einer trefflich gelegnen Meeresküste. Im Besitz des Küstenlandes von Triest werden die Slowenen sogar zu einem für das Deutschtum höchst wichtigen Nachbar. Polen, Tschechen und Slowenen lehnen sich an die große Slawenmasse Osteuropas an, die vom Weißen bis zum Schwarzen Meer und vom Bug bis zum Ural reicht; Deutsche und Russen berühren sich infolgedessen nur an wenigen Stellen unmittelbar. Ihre geschichtliche Stellung bleibt immerhin die, daß sie Vorposten des großen osteuropäischen Slawentums sind. Im einzelnen ist der Verlauf der deutsch-slawischen Sprachgrenze höchst unruhig durch Tausende von Ein- und Aussprüngen, großen und kleinen Sprachinseln: Zeugnisse der Unfertigkeit der Beziehungen dieser beiden Völkerfamilien, Ursachen endloser Reibungen.

Zwischen Tschechen und Slowenen greift ein breiter Streifen deutschen Gebiets in das magyarische ein. Das Donau-Raab-Dreieck mit der Spitze Raab ist fast ganz deutsch.

Das romanische Gebiet umfaßt das deutsche in einem rechten Winkel, in dessen Scheitel der Monte Rosa steht, der zugleich auch der Grenzstein zwischen dem Französischen und dem Italienischen ist. Außer diesem Winkel ist ein zweiter im Norden vorgeschoben, der durch das niederländische und flämische Gebiet gebildet wird, und dessen Spitze bei Gravelingen in der Nähe von Dünkirchen liegt. Unbedeutende Ausbeugungen liegen vor Luxemburg und Basel, während ein schärferer Winkel im Etschtal gegen Trient vorspringt. Auf der französischen Seite tritt das wallonische Südbelgien bei Lüttich tief herein, dann springt noch einmal ein stumpfer Winkel in der Linie Nancy—Straßburg vor. Auf der Südseite ragt in Graubünden das Romanische, das sich indessen im Rückgange befindet, und in Südtirol das Ladinische herein. Im allgemeinen bezeichnet aber ein glatter Verlauf die deutsch-romanische Sprachgrenze, in deren Grenzgebieten seit langem nicht mehr von Kolonisationen in erheblicherm Maße die Rede gewesen ist. Leicht erkennt man: das ist die Grenze zwischen zwei alten hochkultivierten Völkergruppen, die mehr im ganzen und nur durch die politische oder Kulturüberlegenheit der einen oder der andern sich noch langsam verschieben wird. So ist das Französische seit Jahrhunderten auf der ganzen Strecke von Luxemburg bis Dünkirchen in langsamem Vordringen gewesen und dann in Stillstand geraten.

Die Geschichte der Goten und Longobarden erinnert an eine einst viel weitere und dichtere Verbreitung der Germanen südlich von den Alpen. Wo die Geschichte schweigt, reden die Namen Dietrich von Bern, Ortnit, Rosengarten. Christian Schneller hat an den Gardasee Kaiser Ortnits Wort in der Heldensage angeknüpft:

Es steht ein Turm auf Garten, darinnen liegt mein Hort,
Er ist gefüllt mit Schätzen vom Boden bis zum Bort.

Steub will in Gossensaß Gotensaß erkennen und in den freien stolzen Bauern des mittlern Tirols Gotenenkel. Die Schnalser und Sarntaler waren ihm Reste einer „rätischen Gemsenwacht" Theoderichs. Sogar bis auf die Cimbern hat man die Sieben Gemeinden im Vicentinischen zurückführen wollen, die noch Reste der deutschen Sprache haben, während die Dreizehn Gemeinden fast ganz verwelscht sind. Von den im Welschtum der Südalpen zerstreuten Gemeinden liegen Gruppen am Monte Rosa, im Nonsberg, im Fersinatal, im Tal der Brenta, einzelne an der kärntnerisch-friaulischen Grenze. Sicherlich ist es von hohem Wert, dieses zerstreute und vielfach bedrängte Deutschtum zu schützen und zu erhalten. Aber dieses Bestreben darf nicht von der unhistorischen Voraussetzung ausgehn, daß der Südabhang der Alpen und ein großer Teil Oberitaliens einst deutsch gewesen sei. Selbst die öfters mit Sicherheit ausgesprochne Behauptung, Trient sei noch im sechzehnten Jahrhundert zur Hälfte deutsch gewesen, kann nicht begründet werden. Es war schon damals nicht viel anders als heute, wo in den italienischen Städten Welschtirols nur Beamte und Garnison einen deutschen Rückhalt bilden. Die Longobarden und ihre Genossen beherrschten eine überwiegend romanische Bevölkerung. Ihre Reste muß man nicht in einigen deutschen Bauernschaften von großenteils späterer Einwanderung, sondern hauptsächlich in den den Norditaliener auszeichnenden wirtschaftlichen und politischen Eigenschaften suchen.

Die Sprachverhältnisse im nordöstlichen Schleswig, wo Deutsche mit Dänen zusammenstoßen, liegen heute folgendermaßen: Was südlich und östlich von einer Linie Flensburg—Husum liegt, ist niederdeutsch. Niederdeutsch ist auch Bredstedt mit einem ans Meer reichenden Gebiet und die Inseln Nordstrand und Pellworm. Ein Gebiet, wo Deutsch und Dänisch in wechselnden Verhältnissen nebeneinander gesprochen werden, zieht sich dann von Bau (nördlich von Flensburg) bis südlich von Tondern und Hoyer. Nördlich von diesem Mischgebiet wird Dänisch gesprochen. Aber in diesem Gebiete herrscht das Deutsche vor oder hat eine beträchtliche Minderheit in Hoyer, Tondern, Lügumkloster, Apenrade, Hadersleben, Christiansfeld, Sonderburg, Augustenburg und Norburg (auf Alsen). Das Dänische hat besonders in Angeln im Laufe des letzten Jahrhunderts an Gebiet verloren und geht auch auf dem Mittelrücken Schleswigs zurück. Mehr gewinnt allerdings das Deutsche dem Friesischen ab.

Endlich wird im äußersten Nordosten ein schmaler Zipfel des Reichsgebiets von dem Litauischen eingenommen, das nördlich von einer Linie Labiau-Pillkallen gesprochen wird. In Resten kommt das Litauische bis Goldap vor. Die nächsten Verwandten der in diesem Nordostwinkel ausgestorbnen Preußen sind die paar hundert Letten oder Kuren auf der Kurischen Nehrung.

Fremdsprachige Bürger des Reichs

Deutschland zählt ungefähr ein Zwölftel Nichtdeutsche in seiner Bevölkerung (gegen 4,2 Millionen in den 51,8 Millionen der Zählung von 1900). Ziehen wir davon 600000 Juden als Deutschredende und 500000 Bürger fremder Staaten ab, so bleiben gegen 3½ Millionen fremdsprachige Bürger des Deutschen Reichs übrig. Davon waren 1900 3,3 Millionen Polen, Kassuben und Masuren, 93000 Wenden und 43000 Tschechen. 211000 Franzosen in Elsaß-Lothringen sowie 12000 Wallonen in der Rheinprovinz, 141000 Dänen und 106000 Litauer. Den Boden Deutschlands bewohnt also eine so überragende Mehrzahl von Deutschen, daß Deutschland fast ein nationaler Staat wird; aber doch kann es nicht mit demselben Rechte wie Frankreich mit seinen anderthalb Millionen Kelten, Basken und Italienern so genannt werden. Leider entscheiden hier die Zahlen nicht allein. Es kommt auch die Lage, die geschichtliche Vergangenheit und der Volkscharakter ins Spiel. Es wäre töricht, zu leugnen, daß gerade diese aus den Polen, den Franzosen und den Dänen Deutschlands drei auf selbständige Entwicklung oder wenigstens Erhaltung hinzielende und damit Keile in den Stamm des Reichs treibende Volksbruchstücke machen. Diese darf man nicht vergleichen mit den Kelten oder Basken, an das einsame Meer hinausgedrängten, harmlosen Völkersplittern. Die Polen sind ein Teil eines noch immer zahlreichen Volkes, das eine große Vergangenheit hat, die es verhindert, seine Zukunft aufzugeben. Sie gehn nicht zurück wie die Wenden, Litauer und Friesen, sondern ihr Wachstum in dem letzten Menschenalter war durch Geburtenüberschuß, Zuwanderung aus Rußland und Polonisierung von Deutschen sehr beträchtlich. Einmal findet dieses Wachstum in dem Hauptwohngebiet statt, und dann führt es zu einem Hinausströmen nach Westen, das bis nach Westfalen hin starke polnische Gemeinden geschaffen hat. Der konfessionelle Gegensatz der katholischen Polen zu den in der Mehrheit protestantischen Deutschen der Ostprovinzen verschärft den Gegensatz der beiden Völker. Das Polnische ist nicht bloß die Sprache einer einzigen Schicht der Bevölkerung, eine Bauernsprache, wie das Litauische und Wendische oder wie der masurische Dialekt. Die Polen bilden einen vollständigen gesellschaftlichen Aufbau von den Bauern bis hinauf zu einer stolzen Aristokratie. Das einst fast noch fehlende Bürgertum hat sich nach deutschem Beispiel und unter dem Schutze der preußischen Verwaltung kräftig entwickelt. In Posen, Westpreußen und Schlesien gibt es 78 Städte und Städtchen mit polnischen Mehrheiten, die Stadt Posen ist der einzige nichtdeutsche Stadtkreis Preußens, und endlich gibt es in Kreisen, die der Mehrzahl nach deutsch sind, sechs polnische Städte.

Wie auch die Zahlenverhältnisse der Deutschen und der nicht deutsch Sprechenden im Reiche sein mögen, alle andern Sprachen, die auf deutschem Boden heimisch sind, stehen hinter der deutschen dadurch zurück, daß diese die Sprache der Regierung, der Schulen — die fremdsprachigen Rekruten machen nicht einmal ganz zwei Prozent der Gesamtzahl der Eingestellten aus —, der Armee, des großen Verkehrs und der Gebildeten ist, und überhaupt dadurch, daß es eine von etwa achtzig Millionen auf der Erde gesprochne Sprache ist. Das nimmt nun eigentümliche geographische Formen an, die dem allgemeinen Gesetze folgen, daß der Deutsche in der Regel die politisch, kulturlich und wirtschaftlich bessern Stellen inne hat. Eine so ganz im Rückgange befindliche Sprache wie das Friesische hat nur noch einen kleinen Küstenstrich und ein paar kleine Inseln. Auch das Wendische, das Kassubische und das Masurische sowie das Tschechische: sie alle sind bei uns nirgends die Sprachen der Städte, sie werden auf Dörfern gesprochen, und man hört sie nicht an den großen Verkehrswegen. Ist eine Sprache, wie das Dänische und Polnische, noch weit genug verbreitet, daß sie größere Städte in ihrem Gebiete hat, dann sind diese Städte zweisprachig, wie Posen oder Hadersleben. Dabei schichtet sich die Bevölkerung nach den Sprachen so, daß die herrschende Sprache immer auch die Sprache der mit der Regierung und dem Verkehr in Verbindung stehenden oder von ihnen abhängigen Kreise, die andre hauptsächlich die des Landvolks und der Kleinbürger ist, jene die Sprache des öffentlichen Lebens, diese die Sprache der Familien.

31
Das Reich und die Bundesstaaten

Deutschland verleugnet nicht die Entwicklung aus dem alten, einst in 1789 selbständige Stücke und Stückchen zertrümmerten Reiche. Es ist ein bunt zusammengesetztes Land mit seinen 4 Königreichen, 6 Großherzogtümern, 5 Herzogtümern, 7 Fürstentümern, 3 Freistaaten und 1 Reichslande. Aber heute hat ein Königreich das unzweifelhafte Übergewicht des Raumes, der Macht und des Ansehens: Preußen. In den Flächenraum von 540 777 Quadratkilometern des Deutschen Reiches teilen sich die Glieder des Bundesstaats so, daß Preußen 65, Bayern 14, Sachsen 2,8, die 4 übrigen süddeutschen Staaten 10 Prozent einnehmen, in die Bevölkerung so, daß Preußen 60 Prozent, Bayern 11 und die 4 übrigen süddeutschen Staaten 13 Prozent haben. Im Reichstage sitzen unter 397 Mitgliedern 236 Preußen, 103 Süddeutsche und 58 Mitteldeutsche.

Die Form des Reiches ist die eines konstitutionellen Bundesstaats unter der Oberleitung des Deutschen Kaisers, dessen Würde erblich in der Krone Preußens ist. Der Kaiser hat die vollziehende Gewalt, das Recht, Verträge zu schließen, Krieg zu erklären und Gesandte zu beglaubigen. Die Gesetzgebung über Streitkräfte, Finanzen, Verkehr, Heimatwesen und Rechtswesen steht beim Bundesrat, von dessen 58 durch die Oberhäupter der Einzelstaaten ernannten Mitgliedern 17 von Preußen, 6 von Bayern, je 4 von Sachsen und Württemberg, je 3 von Baden und Hessen, je 2 von Mecklenburg-Schwerin und Braunschweig, je 1 von allen übrigen Bundesstaaten ernannt werden.

In der Lage der selbständigen politischen Gebiete Deutschlands erkennen wir zuerst die Dreiteilung in Nord-, Süd- und Mitteldeutschland wieder, denn Norddeutschland wird großenteils von Preußen eingenommen, während in Süddeutschland Bayern das Übergewicht über die drei andern Mittelstaaten hat, und Mitteldeutschland das eigentliche Land der Mittel- und Kleinstaaten ist. Zugleich geht aber auch durch diese Lagerung wieder

der große Gegensatz zwischen dem Südwesten, wo die größte politische und Stammesverschiedenartigkeit herrscht, und dem von der mittlern Elbe an einförmig preußischen Nordosten. Die beiden Mecklenburg, Oldenburg und die drei Hansestädte zeigen, daß auch in Deutschland die Küste selbständige Staatengebilde begünstigt. Sehr bezeichnend ist es, daß zwar norddeutsche Staaten Besitzungen in Süddeutschland, aber kein süddeutscher Besitzungen in Norddeutschland hat. Selbst in kleinern Verschiebungen, wie sie 1866 Bayern und Hessen an der Rhön und in Oberhessen erlitten haben, lag die Zurückdrängung nach Süden. Preußen ist ein norddeutscher Großstaat. Ehe es der Grund- und Eckstein des Deutschen Reiches wurde, hat es dieselbe Aufgabe noch entschiedner im Norddeutschen Bunde gelöst. Mit seiner Masse liegt es nördlich vom 51. Grad, greift aber im Osten mit Oberschlesien und im Westen mit dem südlichsten Teil der Rheinprovinz (R.-B. Trier) über den 50. Grad hinaus. Über den Thüringer Wald greift es außerdem mit einigen Exklaven hinüber. Mit dem südlichen Schlesien und den beiden südwestlichen Provinzen Rheinprovinz und Hessen-Nassau flankiert es also das mittlere Deutschland und nimmt einen so großen Teil davon ein, daß es treffend doch nur als ein nord- und mitteldeutscher Staat bezeichnet werden kann.

Preußen ist in Süddeutschland nicht nur durch die hohenzollernschen Lande vertreten; es übt vielmehr einen großen Einfluß auf die Regierung des Reichslandes Elsaß-Lothringen, das vom König von Preußen als dem Deutschen Kaiser verwaltet wird. Ferner hat Preußen die Leitung des Heerwesens und das Reich die Verwaltung des Post- und Telegraphenwesens in Baden, und das Reich übt auch einen bestimmenden Einfluß auf das Heerwesen Württembergs und Bayerns.

Volksgebiet und Staatsgebiet

Der deutsche Politiker muß immer, wenn er Gewinn und Verlust seines Volkes schätzen will, zwei Bilanzen ziehen: die des Staats und die des Volkstums. Unsre politischen Grenzen sind seit bald einem Menschenalter unverrückt geblieben und werden wahrscheinlich noch länger so bleiben. Die Grenzen unsers Volkstums dagegen schwanken von einem Tag zum andern. Die Kraft des Reiches läßt sich wenigstens an einigen allgemein angenommenen Maßstäben schätzen, wie Volkszahl, Heer und Flotte, Reichtum, Finanzen. Das ist aber noch nicht die Kraft des deutschen Volkes. Um diese zu schätzen, gibt es keine so einfachen Mittel. Dazu gehören tiefe Einblicke in die Beziehungen der Deutschen zu allen ihren Nachbarvölkern. Daher die verwirrende Vielseitigkeit unsrer nationalen Probleme, die von den Flamen im französischen Norddepartement bis zu den Deutschen an der Wolga und von den Deutschen an der dänischen und friesischen Grenze in Schleswig bis zu den Sprachinseln von Gottschee und Görz reichen. Hier gehn uns Deutsche als Einzelne durch Sprach-, selbst Namenwechsel verloren, dort schreitet das Deutsche als wirtschaftlicher oder geistiger Einfluß vorwärts, der einzelnen aus dem fremden Volk die deutsche Sprache aufzwingt. In der Lage der Deutschen in Mitteleuropa ist es gegeben, daß sie bereit sein müssen, fremde Elemente in sich aufzunehmen, ohne daß diese fremd bleiben, und ohne daß durch ihr Fremdtum die alten Volkseigenschaften angegriffen werden. Diese Aufgabe des deutschen Volkes entspricht ganz der in derselben Lage gegebenen Aufgabe des deutschen Staats (s. o. S. 12). Aber beide Aufgaben decken sich nicht.

Die Staatsgrenzen

Von allen großen Ländern Europas ist das Deutsche Reich das am wenigsten natürlich abgesonderte und abgegrenzte. Wenn wir es mit Großbritannien, dem meerumflossenen Insellande, vergleichen, mit Italien und Spanien, den Halbinselländern, deren Rücken die Hochgebirge der Alpen und Pyrenäen decken, mit Frankreich, das wie ein breiter Isthmus zwischen Mittelmeer, Atlantischem Ozean und Nordsee liegt, so beschleicht uns ein Gefühl des Neides. Wir fühlen uns zurückgesetzt. Unsre Grenzen sind auch im Verhältnis zu der umschlossenen Fläche zu lang: 6200 Kilometer mißt die Peripherie des Deutschen

Reiches. Das kommt von den vielen großen und kleinen Aus- und Einbuchtungen der Grenzlinie, besonders im Osten und Süden. Nur Österreich ist ähnlich schlecht mit Grenzen von der Natur ausgestattet, und ein tieferer Grund der Anlehnung beider Mächte aneinander darf auch hierin gesehen werden. Nur die Grenze, die das Reich nach dem siegreichen Kriege gegen Frankreich selbst gezogen hat, kann als gut gelten. Auch der dänische Krieg hat unsre Landgrenze verkürzt und unsre Küste verlängert. Und die Küste bleibt ja immer die beste aller Grenzen.

Die ältern Grenzen Deutschlands tragen dagegen alle die Merkmale der zerfahrnen, zersplitterten, verlustreichen Entwicklung Deutschlands vor 1815. Noch im Wiener Frieden hat Preußen statt der Weichsel= die Prosnalinie und die schlechteste aller Grenzen im Nordwesten erhalten, die Deutschland in sichtbarer Entfernung von der schiffbaren Maas hält. Die beschämende Unempfindlichkeit gegen schlechte Grenzen, die Deutschland im Zustande des politischen Zerfalles zeigt, hat heute aufgehört. Aber die alten Fehler sind nicht so leicht gutzumachen. Ich erinnere an das Zurückfallen der deutschen Grenze von den Wasserscheiden im Erzgebirge, im Böhmerwald, in den Alpen, an die schweizerischen Gebiete von Schaffhausen und Basel auf dem rechten Rheinufer. Die größten Mängel der deutschen Grenze sind auch leider die unverbesserlichsten: der böhmische Keil und der polnische Bogen, beide mit Millionen slawischer Bewohner gegen Deutschland vorschwellend.

Deutschlands Grenzen sind auch im Kulturwert ungemein verschieden. Im eigentlichen Europa kann man ja niemals die Geschichte der Kultur, der Wirtschaft, der geistigen Strömungen für ein einzelnes Land, sondern nur für Italien, Frankreich, England, Deutschland, teilweise auch Spanien gemeinsam schreiben. Für jedes einzelne war es ein Glück, dieser Gemeinschaft anzugehören, die politisch, sprachlich, konfessionell getrennt ist, aber gemeinsame Ideale von Kultur, von Menschlichkeit entwickelt hat und mit einem Stolz hochhält, der über den Nationalstolz hinausgeht. Es liegt auf der Hand, daß es ein Unterschied ist, ob ich mitten in dieser Gemeinschaft lebe, wie Frankreich, oder mich nur mit einer Seite an sie anlehnen darf und so an der andern den Luftzug eines rauhern, noch nicht so gereisten, noch nicht gemilderten Volkslebens empfinde. So ist die Stellung Deutschlands und Österreichs. Die deutsch-russische Grenze ist nicht die Grenze zweier Staaten, sondern zweier Welten. Dieser Unterschied bringt sich schon im Verkehrsleben zur Geltung; er bewirkt aber auch, daß wir uns geistig im Osten vor einer kalten Wand fühlen.

Die Verbreitung der Deutschen und die Ausbreitung des Reiches

Von der deutschen überseeischen Auswanderung geht der weitaus größte Teil nach Nordamerika und besonders nach den Vereinigten Staaten von Amerika. In dem Jahrzehnt 1897 bis 1907, das sich durch hohen wirtschaftlichen Aufschwung Deutschlands auszeichnet, gingen von 267 000 deutschen Auswanderern*) dahin 252 000, nach Brasilien 5000, nach Kanada und dem übrigen Amerika 7000, nach Afrika 2200, nach Australien 1500, nach Asien 400. Nach Nordamerika geht hauptsächlich die süddeutsche und die ostdeutsche, nach den übrigen Ländern mehr die Auswanderung aus dem Nordwesten und den Hansestädten. Für die Auswanderung nach Rußland liegen nur Schätzungen vor, die für die Jahre 1857 bis 1878 die Zahl von 685 000 erreichen, die eine sehr große Zahl einfacher Reisender einschließen dürfte. Während sich die ältere deutsche Auswanderung, sowohl die kontinentale nach Rußland und Ungarn als die überseeische hauptsächlich aus Süddeutschland, besonders Baden, Württemberg und der Pfalz, rekrutiert hatte, und dieses Übergewicht noch in den fünfziger Jahren des neunzehnten Jahrhunderts andauerte, sind seit Jahren die deutschen Ostseeländer die Hauptquelle der überseeischen Auswanderung.

Dieser Auswanderung danken wir eine Verbreitung der deutschen Sprache in allen Einwanderungsgebieten der Erde.

---

*) Daß die Auswanderungsstatistik im allgemeinen zu geringe Zahlen ergibt, ist bei der Unmöglichkeit einer strengen Kontrolle selbstverständlich. Wir werden wohl annehmen dürfen, daß in diesem Jahrzehnt gegen ⅓ Million Deutsche ausgewandert sind.

Die Zahl der dort Deutschsprechenden ist bei der Schnelligkeit nicht zu bestimmen, womit viele Deutsche ihre Muttersprache ablegen. Doch nimmt man für die Vereinigten Staaten von Amerika sechs bis sieben Millionen, für Kanada 300 000, für Südbrasilien 250 000 Deutschsprechende an. In der weiten Verbreitung der Deutschen wird immer eine Quelle deutschen Einflusses über die Erde hin zu suchen sein. Kein kontinentales Land in Europa hat eine so starke und stetige Auswanderung wie Deutschland. Von 1821 bis heute sind ungefähr sieben Millionen Deutsche nach überseeischen Ländern gezogen. Nur Großbritannien und Irland, die in demselben Zeitraum dreizehn Millionen aussandten, übertreffen darin Deutschland. Während aber Irland durch die Auswanderung entvölkert wurde, ist Deutschland mit am raschesten unter den europäischen Ländern gewachsen, denn seine Auswanderung ist im Vergleich zur Volkszahl nicht groß und seit 1893 vorübergehend im Sinken. In dem Jahrzehnt 1898 bis 1907 betrug die Auswanderung 0,047 Prozent der Gesamtbevölkerung. Wenn in Irland von 100 000 Einwohnern zwölf den Wanderstab ergriffen, so gab es in Deutschland nur vier in der gleichen Menge, die die Gefahren und Nöte der Wanderung auf sich nahmen und das alte Wort: „Bleibe im Lande" vergaßen. Noch immer kann in Deutschland eine größere Volkszunahme stattfinden. Wie anders in Frankreich, wo das Wachstum der Bevölkerung nahezu stillsteht und die Auswanderung doch nur ein Vierzigstel von der deutschen beträgt.

Einst ergoß Deutschland den Überfluß seiner Bevölkerung einfach wie dem natürlichen Gefäll folgend nach Osten. Was jenseits der Saale und der Elbe deutsch ist, wurde wesentlich dadurch gewonnen. Heute ist Deutschland mit einer absolut großen, an Dichtigkeit über die aller seiner Nachbarn außer Belgien und den Niederlanden hinausgewachsnen Bevölkerung zwischen Länder eingekeilt, die alle schon so bevölkert sind, daß sie keine starke Zuwanderung mehr aufnehmen können. Übrigens würde die deutsche Einwanderung heute auch aus politischen Gründen abgelehnt werden, wo sie früher, wie in Rußland, willkommen geheißen wurde. Deutschland ist also vor die Notwendigkeit gestellt, sich den freien Zugang in die Kolonialländer

Die Auswanderungsziele — Die Kolonisation 199

der gemäßigten Zone offen zu halten, wo es noch genug Länder gibt, deren Bevölkerung dünn im Vergleich zu der Deutschlands ist. Ist doch Neuseeland siebzigmal, die brasilische Provinz Sa. Caterina dreißigmal so dünn bevölkert. Diese Forderung, die ganz unabhängig von der gegenwärtigen und jeweiligen politischen Konstellation, von kühnen Plänen und ängstlichen Erwägungen ist, sich vielmehr als eine Forderung der Natur des Volkskörpers, vergleichbar dem Hunger und Durst, hinstellt, wird immer mehr eine Hauptaufgabe der deutschen Politik werden.

Die Auswanderung und der überseeische Handel haben Deutschland auf die Bahn der Kolonisation geführt, die aber bei dem offenbaren Mangel politisch besetzbaren Bodens in der gemäßigten Zone zunächst nur der freiern Betätigung einzelner oder kleiner Gruppen, nicht den Massen zugute kommen konnte. In Togo hat sich Deutschland in Oberguinea zwischen die ältern Niederlassungen Englands und Frankreichs eingeschoben, zwischen beide auch in Kamerun. Togo liegt vor dem produktenreichen Haussaland, im fruchtbaren Voltabecken. Kamerun hat das günstigere Geschick gehabt, sich bis gegen den Tsadsee und Schari ausdehnen zu können, so daß diese Kolonie nun bis in das Herz des zentralen Sudan hineinreicht. Deutsch-Südwestafrika nimmt den größten Teil der atlantischen Seite Südafrikas ein und hat im Nordosten eine Verlängerung bis zum Sambesi. Es scheint bestimmt zu sein, ein großes Viehzuchtgebiet zu werden, und wird sich mit der Zeit mit einer deutschen Bevölkerung auch dann besiedeln, wenn sich die großen Hoffnungen auf reiche Gold- und große Kupfererzlager nicht verwirklichen werden. Deutsch-Ostafrika bietet auf dem dreifachen Raume Deutschlands wenig guten Boden in der Nähe der Küste; seine zukunftsreichsten Gebiete liegen weit im Innern nach den großen Seen zu. Sie werden erst in Jahren erschlossen werden. Europäer in größerer Zahl werden sich nur in weniger hochgelegnen Strichen ansiedeln können. In Neuguinea, im Bismarckarchipel und auf einem Teil der Salomonsinseln haben wir Boden für tropische Plantagenwirtschaft gewonnen und im Marschallarchipel einen Stützpunkt des pazifischen Inselhandels. Seit 1899 hat das Deutsche Reich die Hauptinseln der Samoagruppe mit Ausnahme von Tutuila durch das deutsch-englisch-amerikanische Abkommen erworben, nachdem es vorher mit England und den Vereinigten Staaten von Amerika gemeinsam den Schutz über die Inselgruppe ausgeübt hatte. In China hat es in Tientsin und Hankau eignen Boden für deutsche Konsulate, Kaufhäuser und Quartiere erworben; und durch die Pachtung eines Gebiets von 500 Quadratkilometern um die Kiautschoubucht wird die Halbinsel Schantung deutschem Einfluß unterworfen, der sich vielleicht einst tiefer hinein ins Becken des Hoangho ausbreiten wird.

Aus der deutschen Auswanderung, worunter wir die körperliche Wanderung von Land zu Land und die geistige Umfassung der Welt verstehn, aus der Erstarkung des deutschen Handels, der wieder in die vorderste Reihe getreten ist (s. u. S. 213), und der Handelsflotte mußte der deutschen Staatskunst ein weltpolitischer Zug zuwachsen. Es mußte so kommen, daß endlich auch die Deutschen, als zeitlich drittes in der Reihe germanischer Völker Europas, dieselbe Bahn beschritten, die seit dreihundert Jahren Holländer und Engländer eröffnet hatten: die Bahn der kühnen Seefahrt über die ganze Erde hin, die Bahn der nachhaltigen Kolonisation begründet auf eine zahlreiche Auswanderung, die familienweis geschieht. Die geographische Lage des Landes und die Begabung des Volkes drängten darauf hin. Die Romanen hatten schon gezeigt, was sie können, die Russen hatten sich nach Osten gewandt. Die Deutschen (und Italiener) hatten sich noch zu erproben. In solchen Dingen leitet nicht die verstandesmäßige Überlegung und Berechnung, sondern eine Art nationalen Instinkts für das geschichtlich Gebotne, Notwendige.

Auch hier wie in dem Fortschreiten der Deutschen zur politischen Einheit und Machtstellung wiederholte es sich, daß geistig langsam vorbereitet wurde, was stofflich sich verwirklichen mußte. Deutschland stand auch an geistiger Umfassung der ganzen Erde seit zwei Menschenaltern allen andern Völkern Europas in einigen Beziehungen voran, in andern wurde es nur von Großbritannien übertroffen. Aus Deutschland ging die wissenschaftliche Erdkunde hervor, in Deutschland hat man für Literatur und Kunst aller Völker den Sinn offen behalten, Deutschland zeichnet seit langem die besten Karten und liest die meisten Reisebeschreibungen. Bis eine deutsche Reisebeschreibung ins Englische übertragen wird, werden zehn englische ins Deutsche übertragen und außerdem noch englische in Deutschland gedruckt. Schon vor hundert Jahren hatte Deutschland die beste geographische Zeitschrift. Die Kenntnis moderner Sprachen ist nirgends so verbreitet. Die praktischen Konsequenzen dieses Weltbürgertums der Bildung haben sich zuerst auf dem wirtschaftlichen Boden entwickelt und mußten dann notwendig auch in den politischen Fragen einen weitern Blick zur Geltung bringen.

Trotz seiner jungen Kolonien, seiner Auswanderung und seines großen überseeischen Handels bleibt aber Deutschland mit seiner Lage im Herzen des Erdteils eine wesentlich europäische Macht, während Englands Stellung auch in und zu Europa selbst nicht ohne die Berücksichtigung Indiens zu verstehn ist, und das europäische Rußland immer enger mit Russisch-Asien zusammenschmilzt. Wenn für Deutschlands Bevölkerungsüberfluß außereuropäische Betätigung notwendig ist, so bleibt doch für Deutschlands Zukunft eine Dorfgemarkung in Europa wichtiger als ein Sultanat in Afrika. Deutschland wird seine durch die Staatskräfte und die Lage unter den Staaten des europäischen Kontinents vorgeschriebne Aufgabe zwischen Weltmächten im Osten und Westen, die den Raum von Europa beanspruchen, zunächst in der Zusammenfassung und Sicherung der Kräfte Mitteleuropas zu erkennen haben.

Einige politische Charakterzüge der Deutschen

Nennen wir den politischen Charakter eines Volkes die Anlagen, die dem Leben des Staates seine besondern Richtungen geben, so müssen wir bei den Deutschen den Sinn für die Selbständigkeit der Einzelnen, Familien und Gemeinden vor allem betonen. Er tritt im Wohnen und Arbeiten, im geistigen und wirtschaftlichen Schaffen ebenso hervor wie in der Verfassung der Gemeinden und Staatswesen. Er fiel den Römern auf, als sie der Germanen zuerst ansichtig wurden, und wir erstaunen über die Lebenskraft, mit der er sich in einer von ausgleichenden und großräumigen Strömungen beherrschten Zeit behauptet. Er nennt sich Freiheit. Diese deutsche Freiheit ist etwas ganz andres als die französische, sie ist auch nicht genau so wie die englische, mit der sie nächstverwandt ist. Von Gleichheit will sie gar nichts wissen, und dem Staat gesteht sie nur das Notdürftigste zu. Wenn dieser Selbständigkeitssinn in Deutschland, in den Niederlanden und in der Schweiz die politische Zersplitterung mit hervorrufen half, hat er sich bekanntlich immer gern auf die alte deutsche Freiheit berufen. Derselbe Sinn trägt auch die Schuld an der religiösen Zerklüftung der Deutschen, die sich wiederum an der politischen genährt hat. Die politische Schädlichkeit des übertriebnen Selbständigkeitsgefühls zeigt sich auch in den Kolonien, die überall durch die Vorliebe der Deutschen für den Ackerbau, durch Fleiß, Ordnung und Sauberkeit ausgezeichnet sind, aber durch den Mangel an freierm politischem Blick gehemmt werden. Die Deutschen in Siebenbürgen, an der Wolga und im Kaukasus, in Südafrika, Nordamerika und Südbrasilien haben wirtschaftlich blühende Bauernschaften, zum Teil auch ein kräftiges Bürgertum entwickelt, aber sie sind entweder nicht politisch selbständig geworden oder haben ihre staatliche Selbständigkeit wieder eingebüßt. Auch die Ausbreitung der Deutschen über ihr geschlossenes Gebiet hinaus hat unter der angestammten Neigung zum Stammes-, Gemeinden-, Familien- und Sektenpartikularismus gelitten.

Der viel beklagte Mangel an Nationalsinn hat ebenfalls darin seine Wurzel. Allerdings verstärkt ihn die geographische Lage mit ihren vielfältigen Völkerberührungen, die einem insular geschlossenen Nationalbewußtsein immer entgegenwirken werden. Aber auch der echt germanische Sinn für alles Gegenständliche, trete er nun als Natur- und Wandersinn, als Forschungslust oder als Teilnahme an fremder Sprache und fremdem Volkstum auf, hat bei den Deutschen sehr häufig eine antinationale Richtung angenommen, und die Deutschen werden vielleicht immer mit der Tatsache rechnen müssen, daß sie in fremdem Volkstum ihre nationale Eigenart schneller aufgeben als andre Völker. Das deutsche Volk ist noch nicht lange genug geeinigt, um eine so sichere, abgeschlossene Vorstellung von seinem Lande zu haben wie der Engländer von seiner „meerumschlungnen Insel", der Franzose von seinem „schönen Frankreich". Der einzelne Deutsche hat zunächst nur ein Verhältnis zu seinem Land oder Ländchen; das braucht aber beim Altbayern nicht bis nach Franken und beim Preußen nicht über die Elbe westwärts zu reichen und braucht selbst beim Hamburger noch nicht mehr als die 400 Quadratkilometer hamburgisches Gebiet zu umfassen. Der Lokalpatriotismus in allen Abstufungen und Farben wird dem größern Patriotismus für das ganze Reich noch lange abträglich sein.

Daher wäre es auch aus politischen Gründen so wünschenswert, daß der Deutsche mit Liebe das ganze Deutschland umfasse. Gerade weil es nicht zu den Ländern gehört, die eine einzige hervorstechende Eigenschaft für sich haben, sei es die Raumgröße oder die Gunst der Lage oder ein herrliches Klima, will Deutschland gut gekannt sein. Seine Macht hängt mehr als bei Rußland, England oder Frankreich von dem Gebrauch ab, den sein Volk von dem macht, was die Natur ihm verliehen hat. Wir müssen wissen: unser Land ist nicht das größte, nicht das fruchtbarste, nicht das sonnig heiterste Europas. Aber es ist groß genug für ein Volk, das entschlossen ist, nichts davon zu verlieren; es ist reich genug, ausdauernde Arbeit zu lohnen; es ist schön genug, Liebe und treuste Anhänglichkeit zu verdienen; es ist mit Einem Worte ein Land, worin ein tüchtiges Volk große und glückliche Geschicke vollenden kann; vorausgesetzt, daß es sich und sein Land zusammenhält.

Der deutsche Sinn für Familie und Haus ist einer der wichtigsten Grundzüge des Nationalcharakters; er spricht sich im Hausbau, in der Wohnweise und in der Lage der Siedlungen äußerlich aus. Viel tiefer aber reicht sein stärkender Einfluß auf die Kolonisationsfähigkeit, und noch wichtiger wurde er als eine Lebenskraft, die die Erneuerung der Nation aus dem tiefsten Innern heraus nach schweren Schlägen immer wieder in fast wunderbarer Weise gelingen ließ. Seine Kehrseite ist das Pfahl bürgertum und Philistertum, die besonders in jenen traurigen Zeiten allgemeiner Schwächung und Verarmung mächtig geworden sind, in denen sich die Nation von allen öffentlichen Aufgaben zurückgezogen hatte, um langsam Behagen und Wohlstand wieder aufzubauen und zusammenzusparen. Daher die merkwürdige Erscheinung, daß sich der Deutsche in kleinen Gemeindewesen als ein Bürger voll Gemeinsinn erweist und sich zugleich den Aufgaben eines größern Staates verschließt, daß die Enkel der Gründer blühender Bürger- und Bauernstaaten alle staatlichen Leistungen den „Staatsdienern" überlassen. Wie Nesseln im Schutt sind in dieser Zeit Neid und Mißgunst, Kleinlichkeit und Geiz gegenüber öffentlichen Forderungen emporgewuchert. In dieses Kapitel gehört auch die Abneigung der deutschen Frau, ihre Aufgabe anderswo als im Hause und am eignen Herd zu suchen. Es ist aber nicht zu verkennen, daß in dieser Tugend des Nachinnengewandtseins der großen Hälfte der Nation auch eine politische Schwäche liegt, die man erst recht erkennt, wenn man die Mitarbeit der angelsächsischen und slawischen Frau bei nationalen Aufgaben betrachtet.

Der Haus- und Heimatsinn ist ein germanisches Erbgut. Er wurzelt in der dem Aussichherausgehen abgeneigten Anlage. Doch ist er nirgends so stark entwickelt wie beim Deutschen, bei dem noch die Liebe zur Scholle hinzukommt, die von großer geschichtlicher Bedeutung durch die ausgesprochne Neigung zum Ackerbau geworden ist. Der Deutsche ist in dem ihm zusagenden Klima der beste Ackerbaukolonist. Nirgends erkennt man das besser als in den jüngsten Gebieten der Vereinigten Staaten und Kanadas, wo er im Wettbewerb mit Engländern, Schotten, Iren und Franzosen am festesten an der Scholle hält, den größten Erfolg in der Landwirtschaft erzielt und die geringste Neigung zeigt, am Zuge zur Stadt teilzunehmen. Wie sehr diese Eigenschaften die vorhin erwähnte Einseitigkeit der deutschen Bauernkolonisation verstärken, ist überall sichtbar, wo Deutsche in größerer Zahl kolonisiert haben. Der abgeschlossene Bauer rheinfränkischen Stammes in Pennsylvanien macht heute den Eindruck des Versteinertseins, gerade wie der südafrikanische Bur.

Der emsige Fleiß bei häuslicher Arbeit, das Wohlbehagen

in schützenden Genossenschaften und Zünften, die eng damit verknüpfte Pflege der Poesie der Arbeit hängen mit diesem Zuge zusammen; aber auch die Genügsamkeit, die sich eher zu Hungerlöhnen herabdrücken ließ, als daß sie die Heimat verlassen hätte, und das verhängnisvoll späte Einsetzen einer starken, kolonisationskräftigen Auswanderung, die trotz des hinaustreibenden Elends des Dreißigjährigen Krieges erst lange hinter der spanischen, französischen, englischen und holländischen Auswanderung kam und in den von frühern Kolonisten leergelassenen Lücken geduldete Plätze suchen mußte.

Solange die Deutschen bekannt sind, werden sie als ein kriegerisches Volk betrachtet, d. h. sie sind den andern Völkern durch Mut, Ausdauer und die Fähigkeit überlegen, sich im Kriege ebenso entschieden unterzuordnen, wie sie sich im Frieden selbständig behaupten möchten. Die Römer haben diese Eigenschaften zuerst an ihnen erfahren. Aber auch die Militärmächte der mittlern Zeit und zum größten Teil auch der neuern sind deutschen Ursprungs. Wenn diese Gaben ausschließlich zum Besten Deutschlands verwertet worden wären, würde Deutschland die größte Macht des Kontinents gewesen sein; statt dessen haben sich die Nachbarn der kriegerischen Fähigkeiten der Deutschen zu bedienen gewußt, und diese sich selbst in endlosen Bürgerkriegen zerfleischt. Roheit und Zerstörungslust, die Begleiter des Krieges, haben manche Schatten auf die glänzenden Leistungen der altgermanischen Krieger und der Landsknechte geworfen; aber zwecklose Grausamkeit liegt dem Deutschen fern. Das zeigt auch sein Verhältnis zur Tierwelt. In den letzten Jahrhunderten hat gerade in den deutschen Heeren die Mannszucht die höchste Ausbildung erreicht.

Von den Charakterverschiedenheiten der deutschen Stämme möchten wir nur die betonen, die sich offenkundig im Laufe der Geschichte der Deutschen herausgebildet haben. Konnten doch die Charaktereigenschaften noch weniger als die körperlichen in dieser Lage und bei einer so bewegten Geschichte unverändert bleiben. Im allgemeinen sind wohl die, die sich in der Geschichte als die eigentlich germanischen erwiesen haben, auch heute noch in Deutschland dort am reinsten zu finden, wo sich auch die körperlichen Merkmale der germanischen Rasse erhalten haben. Die Selbständigkeit des Einzelnen und der Gemeinden sind im Nordwesten und im Süden am deutlichsten ausgeprägt. Die Niedersachsen, Altbayern, Schwaben und Alemannen sind die an „Persönlichkeiten" reichsten Stämme der Deutschen. Daß sich größere Staatenbünde von republikanischer Form nur in den Niederlanden und in der Schweiz erhalten konnten, ist nicht bloß in der Anlehnung an die freie Natur des Meeres und des Hochgebirges, sondern auch in der germanischen Freiheitsliebe der Niederfranken und Alemannen begründet. Das erkennt man am besten durch den Vergleich mit der Entwicklung der benachbarten wallonischen und französischen Gebiete. Es ist dagegen kein Zufall, daß sich die am festesten monarchisch zusammengefaßten Gebiete dort ausgebildet haben, wo sich die Deutschen am meisten mit Slawen gemischt haben, in Preußen und Österreich. Wie die slawisch gemischten Ostdeutschen schon äußerlich durch eine viel größere Gleichmäßigkeit des Körper- und Gesichtbaues ausgezeichnet sind, zeigt sich auch in diesem Gebiet eine weniger starke Ausbildung des Selbständigkeitsgefühls. Es mag in den unterworfnen Slawenstämmen zum Teil erstickt worden sein, aber es ist in der slawischen Geschichte überhaupt nicht so lebendig wie in der deutschen, am wenigsten dort, wo die mongolische Rassenmischung so tief eingegriffen hat wie bei den Nordslawen. Jedenfalls hat aber die slawische Mischung auf die Deutschen nicht überal gleich gewirkt. Abgesehen davon, daß einzelne slawische Gebiete vor der Germanisation so entvölkert waren, daß sich die Deutschen fast rein darin erhalten haben, wie in Mecklenburg und im östlichen Holstein, sind auch die Slawen unter sich weit verschieden. Und so haben die leicht beweglichen Polen, deren Charakter uns an die alten Keltensitze in den Karpaten erinnert, weichere, beweglichere Mischvölker erzeugt als die härtern, zähern Tschechen.

Auch der dunkle Alemanne und Schwabe Südwestdeutschlands ist eine weichere Natur als sein fränkischer Nachbar, und der niederfränkische Holländer ist beweglicher als sein niedersächsischer Nachbar in Westfalen. Dort kann man an keltische und romanische Mischung denken, während im nordwestdeutschen

Charakter unverkennbar eine Annäherung an den nordgermanischen stattfindet, so daß ein unbefangner Beobachter, der von Basel rheinabwärts nach England reist, stufenweis eine Annäherung an Angelsächsisches und Nordisches in einer Menge von Lebensformen und Lebensäußerungen beobachtet. In der politischen Entwicklung hat aber von der Schweiz bis England und Preußen die germanische Härte und Ausdauer die keltische und slawische Weichheit und Beweglichkeit unterworfen; freilich nicht, ohne daß diese Völkereigenschaften auch auf die Unterwerfer und Herren zurückwirkten. Daher sind die keltisch, romanisch und slawisch gemischten Deutschen bajuvarischen Stammes in Österreich die weichste Abart der deutschen Natur; in ihnen ist von dieser durchgreifenden Organisations- und Herrscherkraft am wenigsten geblieben.

Die geistigen Kräfte

Unter allen großen Völkern der Erde hat das deutsche die beste Schulbildung. Von seinen Rekruten waren 1905/06 0,4 unter tausend des Lesens und Schreibens unkundig (1895/96 1,5); in Frankreich belief sich 1895/96 die entsprechende Zahl auf 55, in Österreich auf 238, in Ungarn auf 281, in Italien auf 389. Die größte Zahl von Analphabeten haben die am stärksten mit slawischen Elementen durchsetzten östlichen Teile von Deutschland aufzuweisen. In Österreich, Ungarn und Rußland ragen ebenfalls die Deutschen durch bessere Schulbildung über ihre Nachbarvölker hervor. Über den 60 500 Volksschulen des deutschen Reiches erhebt sich eine in vielen Beziehungen musterhafte Organisation der Mittelschulen, Hochschulen und Fachschulen. Im deutschen Reiche zählt man 1909 22 Universitäten, die durchschnittlich von 49 100 Studierenden jährlich besucht werden. Rechnet man die Schüler der technischen Hochschulen, Berg- und Forstschulen, Kunstschulen und andrer Fachschulen hinzu, so genießen mindestens 62 000 Jünglinge in Deutschland Hochschulunterricht. Als Universitäten deutscher Sprache sind noch 3 schweizerische und 5 österreichische zu nennen. Dorpat ist jetzt größtenteils russifiziert. In Freiburg in der Schweiz herrscht die deutsche neben der französischen Vortragssprache. Der deutschen Sprache bedienen sich zur wissenschaftlichen Verständigung am meisten die Gelehrten der Niederlande, der Nordgermanen und unsrer slawischen Nachbarn. Neben dem deutschen Heere gelten die deutschen Hochschulen als Musteranstalten, deren Einrichtungen in der ganzen Welt nachgeahmt worden sind. Ihre Vereinigung der Lehr- und Lernfreiheit mit gründlicher und ausdauernder Arbeit ist indessen auf anderm Boden nie so recht gelungen. Der deutsche Buchhandel wirft jetzt jährlich gegen 32 000 Bücher und Schriften auf den Markt.

Der Wert des Bildungswesens in Deutschland liegt nicht bloß in seinen augenblicklichen Leistungen, die vielmehr in manchen Beziehungen noch gesteigert werden können und müssen. Wir dürfen nie vergessen, daß es eine Zeit gab, wo bei uns die Einheit und die Macht nur in der Bildung lag, die geistige Größe des deutschen Volkes ist seinem politischen Aufschwung vorhergegangen. Der Charakter, den wir uns als Volk nach langen Zeiten politischer Willenlosigkeit wieder erworben haben, ist in der stillen, geistigen Arbeit vieler Einzelnen herangebildet worden, die in den Schulen und besonders an den Hochschulen ihre Nahrung fand. Darin allein liegt der berechtigte Sinn der Phrase, daß der deutsche Schulmeister die siegreichen Einigungsschlachten geschlagen habe. Aber auch zur Behauptung der errungnen Stellung sind uns die geistigen Kräfte unentbehrlich. Man kann sich Völker denken, bei denen diese Notwendigkeit nicht so dringend ist. Aber der Deutsche ist durch seine Stellung in Europa gezwungen, auf Volksgenossen jenseits der Reichsgrenzen und zugleich auf andre Völker zu wirken. Es gibt nicht bloß im Deutschen Reich eine deutsche Literatur und Kunst, sie blühen auch in Österreich und in der Schweiz, und die von dorther kommenden Rückströmungen gehören seit lange zu den Lebenskräften der Nation. Der Ernst und die Gediegenheit unsrer ganzen Kulturarbeit muß für uns sprechen. Die Welt erträgt ein Volk in einer so herrschenden Stellung auf die Dauer nur, wenn dieses Volk an den gemeinsamen Aufgaben der Menschheit entsprechend seinem Machtanspruche mitarbeitet.

Die geistigen Kräfte — Die Konfessionen

Glücklicherweise liegt es nicht in der Natur des Deutschen, sich mit der Ausübung einer Gewaltherrschaft zu begnügen. An geistiger Aufnahmefähigkeit übertrifft kein Volk das unsre. Es ist fast noch mehr das Volk der Übersetzer als das Volk der Denker und Dichter. In wissenschaftlicher Arbeit fast jeder Art steht es freilich an der Spitze; und nachdem die Deutschen in den Jahrhunderten ihres kleinstaatlichen und kleinbürgerlichen Verfalls wenig an den großen Entdeckungen und Erfindungen teilgenommen hatten, ist im letzten Jahrhundert eine Reihe der wichtigsten Erfindungen in den angewandten Wissenschaften in Deutschland gemacht worden. Vielleicht zeigt sich aber schon hier ein Überwiegen der fleißigen und gründlichen Arbeit über die schöpferische. Es gibt Völker von gestaltungskräftigerer Phantasie, wenn auch nicht von reicherer. Besonders in den bildenden Künsten und zum Teil auch in der Poesie scheinen Völker von keltischer Mischung den Deutschen darin überlegen zu sein. Damit hängt der gewaltige, die eigne Schöpferkraft lähmende Einfluß der französischen und der englischen Literatur auf die deutsche zusammen. Nur in der Musik sind gerade als Schöpfer neuer Weisen die Deutschen allen andern voran. Man wird um so mehr darauf achten müssen, daß die methodische Schulung nicht die Freiheit der Geister über das notwendige Maß bändigt. In der deutschen Natur liegt ein phlegmatischer Zug, den man nicht in die Stubenhockerei ausarten lassen darf, ebenso wie die Fähigkeit, sich ein- und unterzuordnen, nicht in stummen Gehorsam ausarten soll. Das geistige Leben der Nation braucht freie, selbstschaffende Persönlichkeiten. Sein Bedürfnis begegnet sich mit dem des Staates, dem nicht mit einem Bildungsideal gedient ist, das ersessenes Bücherwissen über Lebenserfahrung und Weltkenntnis stellt.

Das deutsche Volk ist unter den großen Völkern der Erde das konfessionell zerklüftetste. 62,0 Prozent der Bevölkerung des Reiches sind evangelisch, 36,4 Prozent katholisch. 1905 zählte man 608 000 Juden. Da der Protestantismus in Deutschland nicht bloß das Erzeugnis einer großen geistigen Bewegung, sondern auch der politischen Schwäche des alten Reiches ist, ist die Verbreitung der beiden Konfessionen eine außerordentlich bunte und bietet in vielen Zügen ein deutliches Abbild der alten politischen Zerklüftung. Der Protestantismus herrscht im innern Deutschland von Böhmen bis Dänemark und von der Weser bis zur Oder. Der Katholizismus herrscht im Donau- und Rheingebiet, im Emsland und jenseits der Oder sowie im obern Odergebiet vor. Die Gebiete, wo sich die beiden am buntesten durcheinanderdrängen, sind die Gebiete der ärgsten Zersplitterung im alten Reiche: die schwäbischen und fränkischen Lande. Unter den Bundesstaaten sind Bayern, Baden und Elsaß-Lothringen die einzigen, deren Bevölkerung in der Mehrzahl katholisch ist. In Preußen ist das Verhältnis ähnlich wie im Reich, in Württemberg und Hessen sind 30, in Oldenburg 22 Prozent Katholiken. Während beiden Konfessionen der Widerstreit ihrer Lehren ein reiches inneres Leben verleiht, das besonders den deutschen Katholizismus vor dem der romanischen Völker auszeichnet, wo er Alleinherrscher ist, schädigt das Übergreifen dieses Widerstreits auf das politische Gebiet die Wirkung der Kirchen auf die Bevölkerung. Der Katholizismus kommt als Weltkirche den nationalen Bedürfnissen nicht genug entgegen, und die protestantischen Kirchen leiden umgekehrt an ihrer beschränkenden Abhängigkeit von Staatsgewalten. Dazwischen schreitet die Entkirchlichung weiter Kreise der Nation fort. Bei den Deutschen drängt die religiöse Anlage ohnehin, wie die Geschichte zeigt, nicht so heftig zu Äußerung und Ausbreitung wie bei andern Zweigen des germanischen Stammes.

Die Wehrkraft

So wie Deutschland in Landkriegen seine Selbständigkeit verlor, nachdem es schon lange vorher seine Machtstellung zur See eingebüßt hatte, hat es dann auch durch die Kräftigung seiner Landmacht seine Selbständigkeit wiedererkämpft. Das ist in seiner Lage in Mitteleuropa und in dem vorwiegend kontinentalen Charakter der geschichtlichen Entwicklung der mittel- und osteuropäischen Staaten begründet. Daher die überragende Bedeutung des Landheeres und der die Landgrenzen schützenden

Die Wehrkraft 211

Festungen auch für das heutige Deutschland. Auf Grund der allgemeinen Dienstpflicht, die für die wehrfähigen deutschen Männer vom 20. bis zum 39. Jahre dauert, stellt das deutsche Reich ein Heer von 619 000 Mann durchschnittlicher Jahresstärke auf*), das in 23 Armeekorps 609 Bataillone und 34 Jägerbataillone, 490 Eskadronen Reiterei, 583 Batterien Feld- und 38 Bataillone Fußartillerie, 26 Pionierbataillone, 22 Trainbataillone, dazu Eisenbahn-, Telegraphen- und Luftschifferabteilungen umschließt. Im Kriegsfall besteht das Heer und die Reserve aus 1 128 000 Mann, wozu die Landwehr ersten und zweiten Aufgebots mit 1 471 000 Mann kommt. Landsturm und Ersatzreserve würden diese Zahl verdoppeln, so daß im äußersten Fall mehr als ein Fünftel der männlichen Bevölkerung der Heeresorganisation angehören würde.

Große Festungen, die durch weit vorgeschobne Forts und Zwischenwerke zu befestigten Lagern gemacht worden sind, sind an Deutschlands Westgrenze Straßburg, Metz, Mainz und Köln an der Ostgrenze Posen, Thorn und Königsberg, an der Donau Ulm und Ingolstadt, im Innern Spandau und Magdeburg. Dem Küstenschutz dienen die Befestigungen von Memel, Pillau, Weichselmünde, Swinemünde, Friedrichsort an der Ostsee, Cuxhaven, Helgoland, Wilhelmshaven, Geestemünde an der Nordsee. Minder wichtige Punkte, zum Teil nur einzelne Forts, sind Neubreisach, Bitsch und Diedenhofen im Westen, Graudenz, Feste Boyen, Glatz im Osten und Königstein im Süden. Seit 1870 ist eine große Reihe von Festungen aufgegeben worden, zum Teil Plätze von hohem geschichtlichem Ruhm, wie Landau, Rastatt, Erfurt, Stralsund, Kolberg. Einzelne Werke der Befestigungen von Koblenz und Danzig werden erhalten. Für das deutsche Befestigungssystem bezeichnend ist die Abwesenheit eines geschlossenen Defensivgürtels, die Verstärkung der nach Osten gewandten Festungen seit 1870 und die fast völlige Neuschaffung eines Küstenbefestigungssystems in demselben Zeitraum. Die nach Süden gewandten Festungen haben verhältnismäßig am wenigsten Verstärkungen erfahren.

---

*) Nach dem Reichsgesetz vom 15. April 1905 soll die Friedenspräsenzstärke bis 1910 auf ungefähr 506 000 Mann erhöht werden.

Wir haben geſehen, wie ſpät Deutſchland an die großen Überlieferungen der ſeemächtigen Hanſe wieder angeknüpft hat (Vgl. S. 108.) Die deutſche Kriegsflotte iſt ſo alt wie das neue Reich, und auch die preußiſche kaum über ein halbes Jahrhundert. Als Beſtand der Flotte wurden 1906 angegeben: 35 Panzerſchiffe, 10 Panzerkanonenboote, 51 Kreuzer, 9 Kanonenboote, 13 Schulſchiffe und 12 Schiffe zu beſonderen Zwecken. Der Tonnengehalt dieſer 130 Schiffe und Fahrzeuge beträgt 603 400, ihre Pferdekräfte 934 000, ihre Bemannung 50 500; die 1900 und 1906 beſchloſſenen Neubauten werden dieſen Beſtand noch vermehren.

Von den Schutzgebieten des Deutſchen Reiches haben Deutſch-Oſtafrika und Deutſch-Südweſtafrika Schutztruppen, die übrigen nur Polizeitruppen. Die Geſamtſtärke dieſer kleinen Formationen beträgt ungefähr 3000.

Die wirtſchaftlichen Kräfte*)

Deutſchland bildet nach § 33 der Reichsverfaſſung ein Zoll- und Handelsgebiet. Die deutſche Zollgrenze fällt nicht mit der politiſchen Grenze zuſammen, ſondern faßt einige Gebiete in ſich, die nicht zum Reiche gehören, während ſie andrerſeits einige kleine Gebiete nicht mit einſchließt, die im politiſchen Sinne Teile des Reiches ſind. Das deutſche Zollgebiet umfaßt noch Luxemburg, die tiroliſche Gemeinde Jungholz und die vorarlbergiſche Gemeinde Mittelberg.

Dieſe nichtdeutſchen Gebiete vergrößern das deutſche Zollgebiet um 2603 Quadratkilometer und ſeine Bevölkerung um 219 000. Außerhalb der deutſchen Zollgrenze liegen die Freihafengebiete von Hamburg, Bremen, Bremerhaven, Geeſtemünde, ein Teil von Cuxhaven, Helgoland und ein badiſcher Streifen an der Grenze von Schaffhauſen, zuſammen 68 Quadratkilometer mit wenig über 13 000 Menſchen. Das deutſche Zoll-

---

*) Vergleiche die Abſchnitte über die Bodenſchätze, Seite 23, und die Bodenkultur Seite 131 ſowie über den Fluß- und Kanalverkehr Seite 80.

gebiet ist also wesentlich größer als das Gebiet des Deutschen Reiches. Wie überzeugend spricht sich hierin auch die Kräftigung des deutschen Staatskörpers aus, der vor hundert Jahren durch Hunderte von Zollgrenzen durchsetzt und dadurch wirtschaftlich noch schlimmer als politisch „entgliedert" war. Der heutige Zustand ist langsam geworden, und in diesem Werden bereitete sich zugleich durch eine Reihe von Zollbündnissen das Reich vor.

Deutschland nimmt im Welthandel jetzt die zweite Stelle ein. Es führte 1909 an Waren und Edelmetallen aus 6592 Millionen Reichsmark und ein 8520 Millionen Reichsmark. Das ist nahezu soviel wie zwei Dritteile der englischen Ein- und Ausfuhr desselben Jahres. Mit seinen Nachbarn pflegt Deutschland den lebhaftesten Handel. Außerdem steht es mit den Vereinigten Staaten von Nordamerika in einem sehr regen Austausch, dessen Betrag 1909 an zweiter Stelle stand. Im übrigen folgten in der Einfuhr 1909 Rußland, Österreich-Ungarn, Großbritannien, Frankreich, Belgien, Niederlande und die Schweiz; in der Ausfuhr Großbritannien, Österreich Ungarn, Belgien, die Schweiz, Frankreich, Niederlande und Rußland.

Deutschlands Ein- und Ausfuhrlisten lassen ein Land erkennen, dessen Produktion aus Ackerbau, Viehzucht und Forstwirtschaft noch immer bedeutend ist, das aber längst das Schwergewicht seiner Eigenerzeugung auf die industrielle Basis verschoben hat. Es treten uns mit den größten Summen in der Ausfuhr (1908) entgegen: Chemische Fabrikate, Eisenwaren, Baumwollwaren, Kohle, Maschinen, Wollwaren, Eisen, Zucker, Häute und Felle, Seiden- und Kurzwaren. In der Einfuhr dagegen erscheinen am stärksten Getreide, Baumwolle, Wolle und Seide, Häute und Felle, Holz, Vieh, Kolonialwaren, Obst, Eisen, Eier, Kautschuk. Deutschland führt also hauptsächlich Nahrungsmittel und Rohstoffe der Industrie ein, seine Ausfuhren sind dagegen größtenteils Erzeugnisse der Industrie, Rohstoffe und Kolonialwaren, die der Handel umsetzt.

Deutschland treibt nicht bloß Handel für seinen eignen Bedarf. Die geographische Lage macht Deutschland zu einem großen Durchfuhrland, Hamburg zum Seehafen für Böhmen, Danzig und Königsberg für Teile von Polen und Litauen, Mannheim zum Rheinhafen für die Schweiz. Lübeck hat den alten regen Verkehr mit den skandinavischen Ländern und Finnland wieder entwickelt.

Die Lage und die Leistung der deutschen Verkehrsstraßen erteilt die politische Lehre, daß Deutschlands Leben mit dem seiner Nachbarn auf das engste zusammenhängt. Die politische Grenze zwischen Deutschland und seinen beiden nordwestlichen Nachbarn verschwindet völlig vor unserm Auge, wenn wir den gewaltigen Betrag des Güter- und Menschenverkehrs zwischen der Seeküste Hollands und Belgiens und den deutschen Rheinplätzen betrachten. Auch die Weichsel und die Memel können, soweit sie auf deutschem Boden fließen, ihrer Bestimmung nur nachkommen, wenn die russische Grenze dem Verkehr mit der Ostsee geöffnet ist. Die deutsche Donau würde ohne die österreichischen Dampfer noch viel einsamer sein, und der Bodensee und der Rhein zwischen Bodensee und Schaffhausen dienen dem deutschen, österreichischen und schweizerischen Verkehr. Endlich binden Ill, Zorn und Mosel und die Kanäle nach der Saone und Marne den Rheinverkehr mit dem der Rhone und Seine und dem ganzen hochentwickelten französischen Fluß- und Kanalnetz zusammen. Auch die Grenzgebirge sind von zahlreichen Eisenbahnen durchschnitten; über das Erzgebirge weg verbinden allein sechs Linien Sachsen mit Böhmen.

Deutschland fällt also durch seine Lage zwischen Nordsee und Mittelmeer, zwischen Ost- und Westeuropa eine Aufgabe im Verkehrsleben zu, die weit über die Grenzen des Landes hinausreicht. Das deutsche Eisenbahnnetz ist von europäischer Wichtigkeit, weil Deutschland ein Durchgangsland für die wichtigsten europäischen Staaten ist. Deutschland selbst hat (1906) 57 600 Kilometer öffentliche Eisenbahnen. Bezeichnend für die internationale Bedeutung dieser Eisenbahnen ist aber der Anschluß an dieses Netz von weitern 44 000 Kilometern Eisenbahnen, die dem Verein deutscher Eisenbahnverwaltungen angehören, hauptsächlich österreichisch-ungarische, niederländische, luxemburgische, rumänische. Deutschlands Grenze überschritten Ende 1897 2 Eisenbahnen nach Jütland, 10 nach den Niederlanden, 5 nach Belgien, 4 nach Luxemburg, 7 nach der Schweiz, 34 nach Öster-

Industrie — Die wichtigsten Verkehrsbeziehungen 215

reich und 5 nach Rußland. Hier zeigen sich große Ungleichheiten, die zum Teil politischer Natur sind, wie die spärlichen deutsch-russischen Verbindungen und der Mangel einer die eigentlichen Vogesen durchschneidenden Bahn, während in der Natur selbst der Mangel einer bayrisch-tirolischen Verbindung westlich von der Linie München—Kufstein—Innsbruck in den Schwierigkeiten des Geländes begründet ist. Auch an Resten jener sonderbarsten Auswüchse fehlt es nicht, die die Kleinstaaterei sogar im Verkehrsleben getrieben hat, wo sie die kürzesten Verbindungen hinderte und die Eisenbahnen um mißliebige Orte herumführte. Erfreulich mutet uns aber die ungemeine Verdichtung des Eisenbahnnetzes am Oberrhein an. Wo vor 1870 nur eine feste Brücke, drei Schiffbrücken und nur ein Eisenbahnübergang waren, stehn jetzt vier feste und elf Schiffbrücken, und sechs Eisenbahnen überschreiten den Rhein zwischen Lauterburg und St. Ludwig.

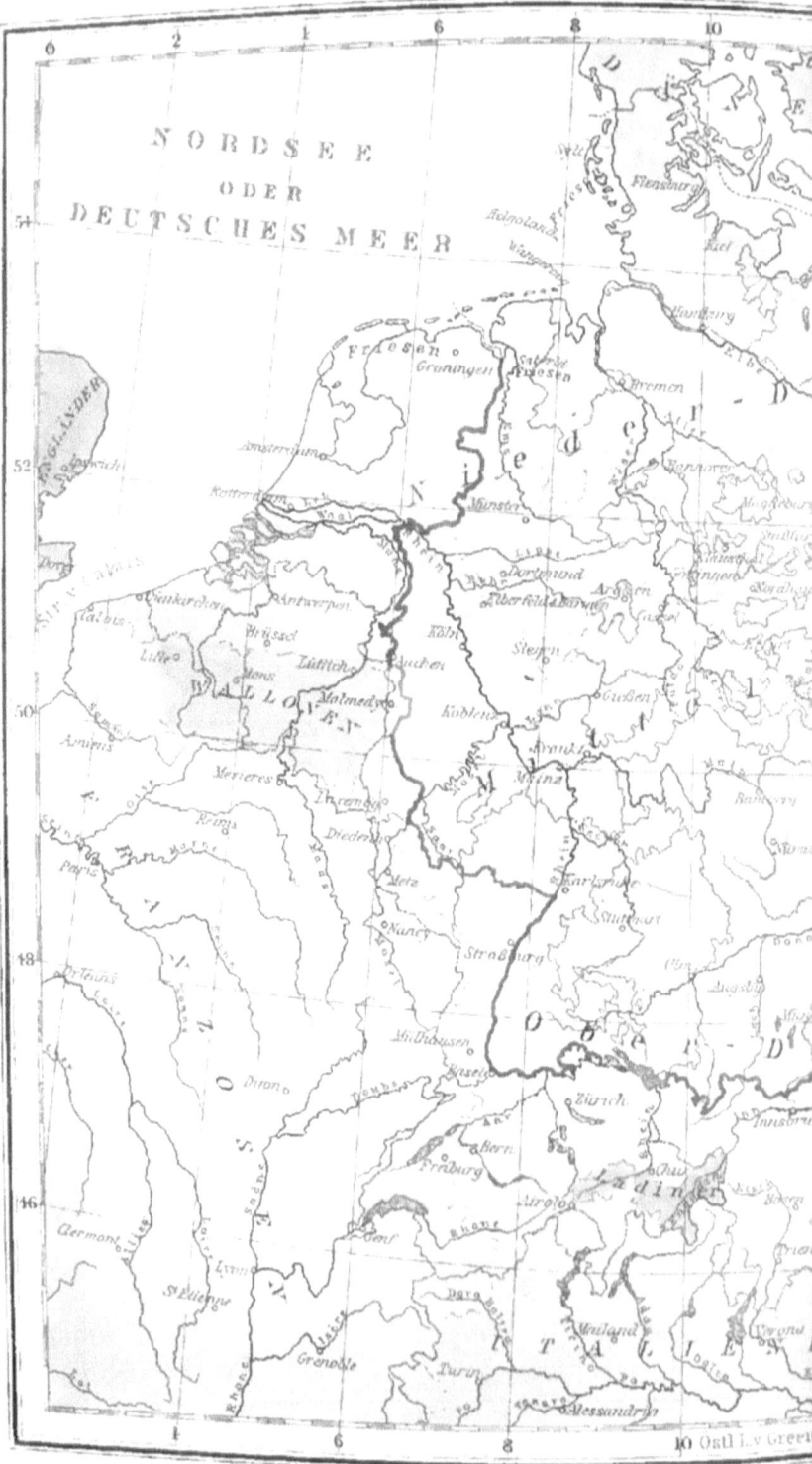

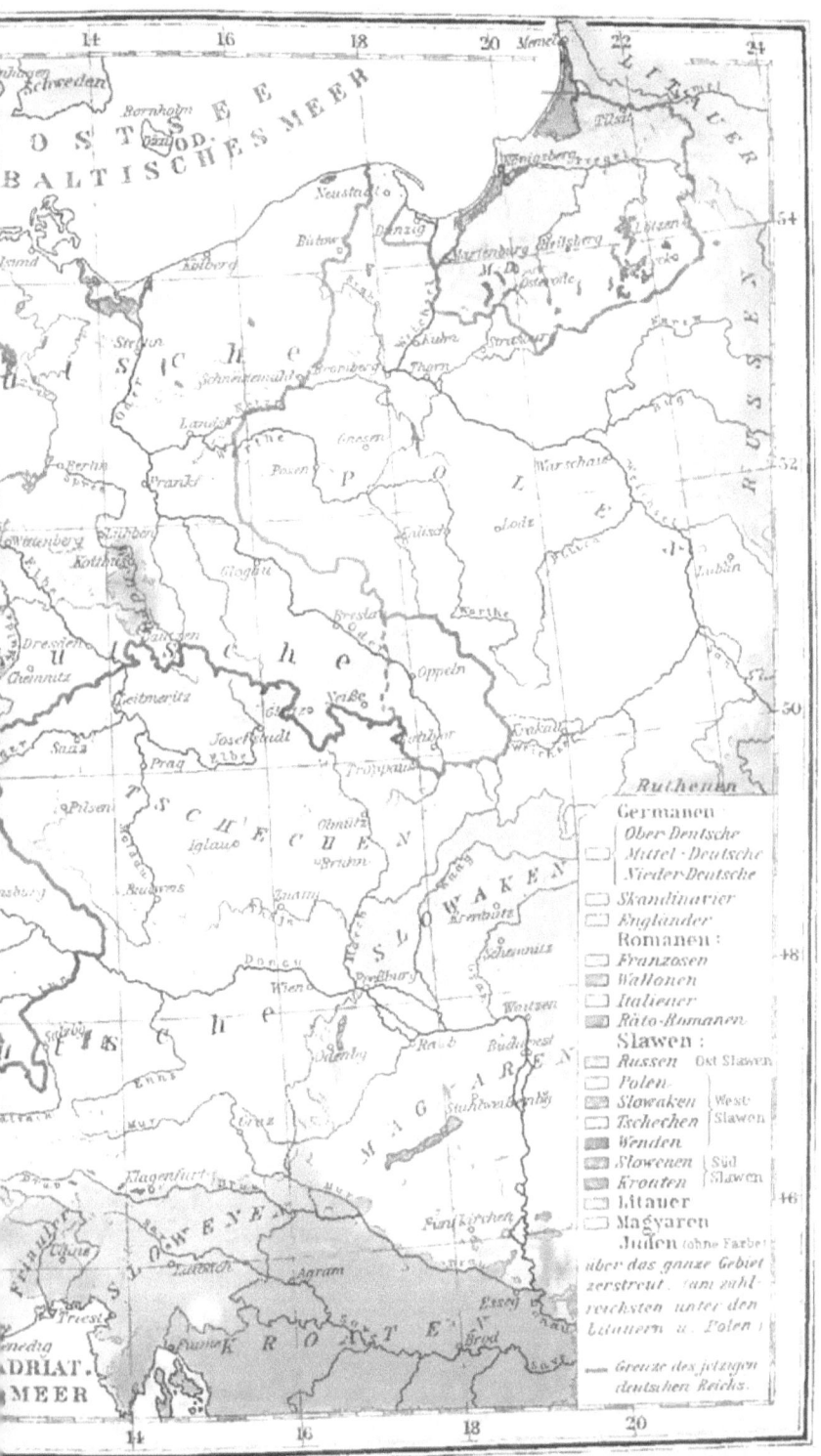

www.ingramcontent.com/pod-product-compliance
Lightning Source LLC
Chambersburg PA
CBHW020407230426
43664CB00009B/1214